电气自动化技能型人才实训系列

计算机控制

实用技术

主编　赵宇驰

参编　张继峰　刘文龙　史小华　孙振兴

中国电力出版社

CHINA ELECTRIC POWER PRESS

内 容 提 要

计算机控制技术是从事自动化专业技术人员应该掌握的一项实用技术，但是由于计算机控制技术中涉及的技术问题很多，初学者很难上手。本书是一本应用型的指导书，通过本书的学习，旨在使读者能够掌握计算机控制系统的基本设计方法。本书共6章，内容包括计算机控制系统概述、工业控制计算机、计算机控制系统中接口技术与I/O设备、组态王简明教程、计算机控制算法，以及计算机控制系统设计与实例。

本书可作为自动化、电气自动化、计算机控制类专业学生的教材，也可作为控制类工程技术人员入门与提高的学习参考书。

图书在版编目(CIP)数据

计算机控制实用技术/赵宇驰主编. —北京：中国电力出版社，2014.1 (2019.7 重印)
(电气自动化技能型人才实训系列)
ISBN 978-7-5123-4667-3

Ⅰ.①计…　Ⅱ.①赵…　Ⅲ.①计算机控制　Ⅳ.①TP273

中国版本图书馆 CIP 数据核字(2013)第 154232 号

中国电力出版社出版、发行
(北京市东城区北京站西街 19 号　100005　http://www.cepp.sgcc.com.cn)
北京九州迅驰传媒文化有限公司印刷
各地新华书店经售

*

2014 年 1 月第一版　2019 年 7 月北京第三次印刷
787 毫米×1092 毫米　16 开本　14.5 印张　388 千字
定价 45.00 元

前　言

随着科学技术的发展，计算机的应用已经深入到国民经济的各个领域，工业控制是其中一个非常重要的领域。计算机控制技术是实现工业控制的重要技术手段，也是工业自动化程度的重要标志，计算机控制技术是为适应现代自动化要求发展起来的新型技术，它主要是研究如何将计算机技术和自动控制技术相结合，包含了工业自动化技术、计算机技术、软件技术、网络通信技术和系统集成技术，涉及面非常广泛，所以对于刚刚接触此方面内容的学生和工程技术人员来说有比较大的难度。

本书是面向大中专院校各类自动化、电气工程及其自动化、机电类专业以及相关工程技术人员的一本入门型技术指导书。本书第1章是计算机控制系统概述，主要讲解计算机控制系统的组成形式，使初学者建立宏观概念；第2章为工业控制计算机，主要讲解工业控制计算机的特点；第3章为计算机控制系统中接口技术与I/O设备，主要讲解计算机控制系统中的各种设备；第4章是组态王简明教程，主要讲解常用工业组态软件——组态王的使用；第5章为计算机控制算法，讲解计算机控制中的常用典型算法；第6章为计算机控制系统设计与实例，主要讲解计算机控制系统的设计方法，并利用单机型计算机控制系统设计实例使初学者掌握计算机控制系统的设计方法。本书与同类教材相比，偏重实用性和应用。

本书第1章由东北石油大学秦皇岛分校史小华编写，第2章由东北石油大学秦皇岛分校孙振兴编写，第3章由东北石油大学秦皇岛分校张继峰编写，第4章由东北石油大学秦皇岛分校赵宇驰编写，第5章由东北石油大学秦皇岛分校刘文龙编写，第6章及附录由东北石油大学秦皇岛分校刘文龙和赵宇驰共同编写。全书由赵宇驰统稿，张继峰、刘文龙、史小华、孙振兴审阅。

在本书编写过程中，得到了多方的大力支持与帮助，在此表示感谢。由于时间仓促，作者水平有限，书中难免有不妥之处，恳请广大读者批评指正。

编　者

2013年5月

目　录

第1章 计算机控制系统概述

1.1 计算机控制系统的组成及特点

现代科学技术领域中，自动化技术与计算机技术被认为是发展最快的两个分支。自动控制技术对于工农业生产和科学技术的发展具有越来越重要的作用。自动控制技术不仅对航空航天、导弹制导、核技术、生物工程等新兴学科领域的发展必不可少，而且在金属冶炼、仪器制造及一般工业生产如煤炭、建筑、石化等同样具有重要的意义。计算机控制技术对工业过程实现自动控制，提高生产效率，改善劳动强度，高产稳产，提高经济效益起到决定性作用。计算机控制理论是以自动控制理论和计算机技术为基础发展起来的，是一门新兴学科，与自动控制理论和计算机技术有密切关系。

古典控制理论是在20世纪40年代发展起来的，现在仍是分析、设计自动控制系统的主要理论基础，应用较多的是频率法和根轨迹法。这些方法用来处理单输入单输出（SISO）的单变量线性系统控制非常有效。随着生产力的发展，控制对象越来越复杂，自动控制要解决的问题越来越难，出现了多变量系统（MIMO）、非线性系统、系统参数随时间变化的实变系统、分布参数控制系统以及最优控制系统等，而古典控制理论难以分析设计上述复杂系统。进入20世纪60年代逐渐形成了以状态空间法为基础的现代控制理论，现代控制理论的形成与发展为数字计算机应用于自动控制领域创造了条件。生产技术的进步和科学技术的发展，要求有更加复杂、更加完善的控制装置，以期达到更高的精度、更快的速度和更大的经济利益，常规控制方法难以满足如此高的性能要求。计算机的出现并应用于自动控制，使得自动控制发生了巨大飞跃。因为计算机具有精度高、速度快、存储量大，以及逻辑判断的功能等，因此可以实现高级复杂的控制算法，获得快速精密的控制效果。早在20世纪50年代，就形成了计算机采样控制系统理论，随着计算机控制技术的推广和应用，人们不断总结、提高，逐步形成了计算机控制理论。计算机控制已成为自动控制的重要手段，广泛应用于各种生产过程和生产设备，构成计算机控制系统。计算机控制系统的分析与设计方法不断得到提高与完善。计算机所具有的信息处理能力，能够将过程控制和生产管理有效结合起来，从而对工厂、企业或企业体系的管理实现信息自动化和信息资源共享化。20世纪70年代以后，由于微电子技术迅猛发展，计算机本身也得到飞速发展，每5至8年，计算机的计算速度提高约10倍，体积缩小90%，成本降低90%。现在的计算机在速度、性能、可靠性、能耗、性价比等方面都有了突飞猛进的变化。现在一台PC机的运算速度已经相当于原来的大型机甚至巨型机的速度。

1.1.1 典型的计算机控制系统

计算机控制系统的应用领域非常广泛，控制对象从小到大、从简单到复杂。计算机可以控制单台设备或单个阀门，也可以控制和管理一个车间、整个工厂、一座大厦以至整个企业。计算机控制既可以是单回路参数的简单控制，也可以是复杂控制规律的多变量解耦控制、最优控制、自适应控制以及具有人类智慧的智能控制。下面介绍几个典型的计算机控制系统，以对计算机控制和计算机控制系统有一个概貌性的认识，并且了解计算机控制系统的结构、功能以及计算机控制的特点。

- **实例 1：制冷过程计算机控制系统。**

某工厂的冷库是国内第一个采用计算机控制的万吨级冷库。它有三个制冷系统：结冻系统、低温冷藏系统和高温冷藏系统。采用计算机对制冷工艺进行实时控制，要求为：

（1）实现能量匹配的自动调节，以提高制冷效率；

（2）对各制冷系统作闭环调节，使高温、低温冷库分别实现恒温控制，结冻系统达到速冻、低耗；

（3）对现场参数实现巡回监测，报警监测。

制冷控制是以 1 台工控机为中心，通过 AI 通道、DI 通道及中断扩展接口采集有关工艺参数，并送到计算机进行运算、分析和判断，再通过 AO 通道、DO 通道及有关接口进行调节控制。当主机检修时，可进行人工集中检测和遥控。控制系统的结构如图 1-1 所示。

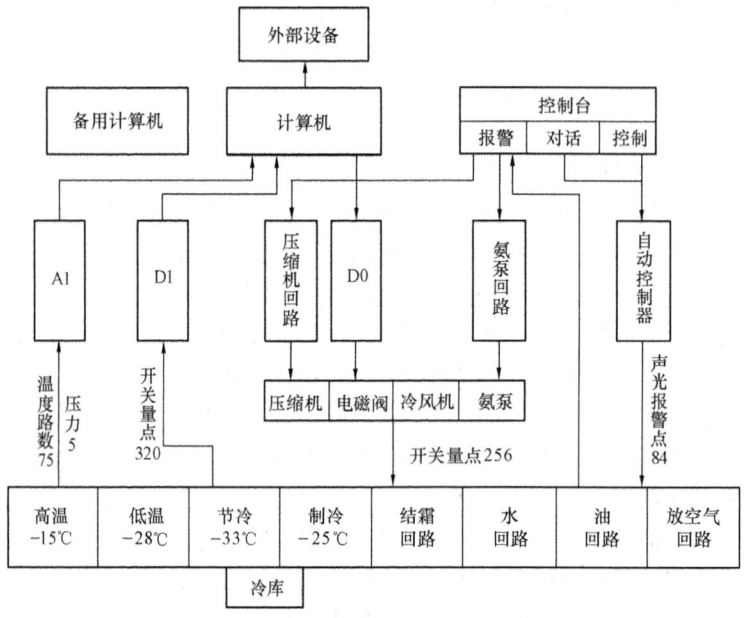

图 1-1 制冷过程计算机控制系统结构图

计算机控制系统的功能如下。

（1）通过 AI 通道对现场 75 路温度、5 路压力的参数进行巡回监测，定时打印制表。

（2）对现场 84 个限值监视点进行声、光报警监视。

（3）对温度进行闭环控制。

1）−15℃高温冷藏库房（5 间）恒温调节。

2）−28℃低温冷藏库房（34 间）恒温调节。

3）−33℃冷冻系统（8 间）进行速冻、低耗的最优控制。

4）系统蒸发温度的调节。

（4）自动启停和能量匹配。

1）对 10 台氨压缩机进行自动启停、配组及能量匹配控制。

2）对氨泵回路进行自动启停控制。

3）对冷风机进行自动启停控制。

（5）事故处理。

1）设备异常事故的处理及备用设备的投入运行。

2）系统及重要事故的处理。

制冷过程计算机控制系统操作简便、维修容易、切换灵活、投资少、见效快。系统运行比较稳定可靠，在提高保鲜质量、降低食品干耗、节约电能、减轻劳动强度、安全生产等方面取得了显著效果。

- **实例2：水泥厂生料系统质量计算机控制系统。**

水泥厂生料系统质量控制直接影响到水泥质量，生料系统的控制，对水泥厂提高水泥质量、产量具有非常重要的意义。生料系统计算机控制是典型的基础控制与先进控制的例子。控制系统的结构如图1-2所示。

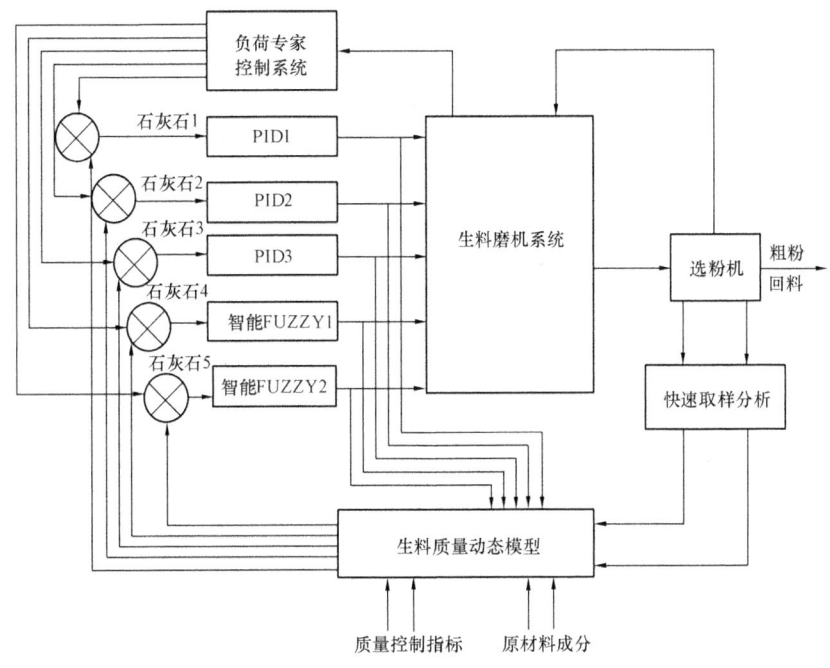

图1-2 生料计算机控制系统结构图

计算机控制系统的基本功能如下。

（1）生料生产过程控制（设备控制有启停、急停、就地、集中、逻辑闭锁等）。

（2）石灰石、铁粉、黏土、萤石配料闭环控制。

（3）生料磨机负荷最优控制，磨机轴瓦温度检测与控制。

（4）生料率值的质量先进控制。

水泥厂生料系统质量控制在全厂DCS（Distributed Control Systems，分散控制系统）中实现，作为DCS系统的子环节。计算机控制系统的主要功能如下。

（1）模拟量输入20路，完成对现场温度、仓位、给料量、磨机负荷等参数的检测，并直接生成产量统计报表，发送至网络服务器，以便决策层及时对生产实际情况作出决策。

（2）控制系统对生料磨机的负荷进行实时检测，并控制系统总的给料量，使磨机始终处于最佳负荷工作状态，防止磨机空磨和饱磨发生。

（3）四个给料环节通过PID或FUZZY控制，使物料配比精确，保证产品质量。

（4）以三个率值为目标，用先进控制理论建立水泥质量控制模型，对系统实现动态质量控制，实现高产高效。

（5）开关量输入输出 60 点，完成对生产设备的状态监测，对故障、超限等进行声光报警。

综上所述可知，所谓计算机控制系统（Computer Control System，简称 CCS），是应用计算机参与控制并借助一些辅助部件与被控对象相联系，以获得一定控制目的而构成的系统。这里的计算机通常指数字计算机，可以有各种规模，如从微型到大型的通用或专用计算机。辅助部件主要指输入输出接口、检测装置和执行装置等。与被控对象的联系和部件间的联系，可以是有线方式，如通过电缆的模拟信号或数字信号进行联系；也可以是无线方式，如用红外线、微波、无线电波、光波等进行联系。

1.1.2　计算机控制系统原理框图

微型计算机控制系统结构原理框图如图 1-3 和图 1-4 所示，图 1-3 是按偏差进行控制的闭环控制系统。图 1-3 中，控制器首先接受给定信号，然后向执行机构发出控制信号以驱动执行机构工作；测量元件对被控对象的被控参数（如温度、压力、流量、液位等）进行测量；变换发送单元将被测参数变成电压（或电流）信号，反馈给控制器；控制器将反馈信号与给定信号进行比较。如有偏差，控制器就产生新的控制信号，修正执行机构的动作，使被控参数的值达到预定的要求。

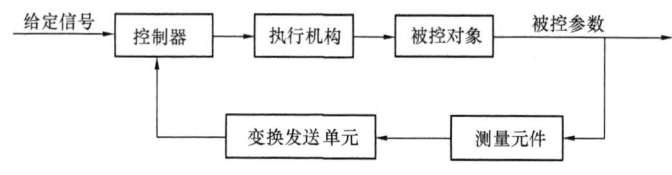

图 1-3　闭环控制系统框图

图 1-4 中给出了开环控制系统框图。它与闭环控制系统不同，它的控制器直接根据给定信号去控制被控对象工作。被控制量在整个控制过程中对控制量不产生影响。与闭环控制系统相比，它的控制性能较差。

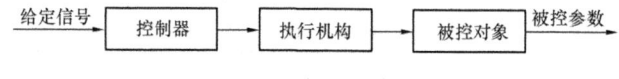

图 1-4　开环控制系统框图

从图 1-3 和图 1-4 可以看出，自动控制系统的基本功能是信号的传递、加工和比较。这些功能是由测量元件、变换发送单元、控制器和执行机构来完成的。控制器是控制系统中最重要的部分，它决定着控制系统的性能和应用范围。

闭环控制是自动控制中广泛采用的一种控制方式，当控制精度要求较高、干扰影响较大时，一般采用闭环控制。但设计比较麻烦，结构也比较复杂，所以成本较高。

把图 1-3 中的控制器用微型计算机来代替，就可以构成典型的微型计算机控制系统，其基本框图如图 1-5 所示。在微机控制系统中，只要运用各种指令，就能编写出符合某种控制规律的程序。微处理器执行该程序，就能实现对被控参数的控制。

另外，计算机控制系统分为实时、在线和离线三种工作方式。

（1）实时方式：所谓"实时"，是指信号的输入、计算和输出都是在一定时间范围内完成的，即计算机对输入信息以足够快的速度进行处理，并在一定的时间内作出反应并进行控制，超出了这个时间就会失去控制时机，控制也就失去了意义。

（2）在线方式：在计算机控制系统中，如果生产过程设备直接与计算机连接，生产过程直接

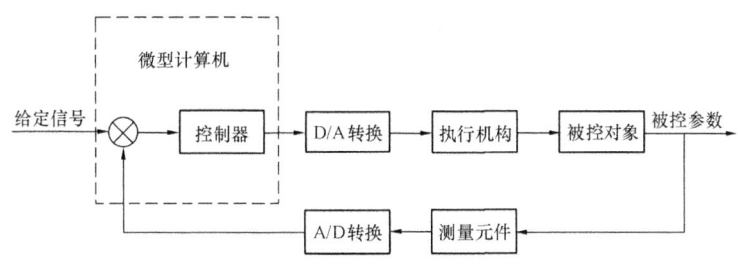

图 1-5 典型微机控制系统框图

受计算机的控制，就叫做"联机"方式或"在线"方式。

（3）离线方式：若生产过程设备不直接与计算机相连接，其工作不直接受计算机的控制，而是通过中间记录介质，靠人进行联系并作相应操作的方式，叫做"脱机"方式或"离线"方式。

1.1.3 计算机控制系统的软/硬件组成及作用

计算机控制系统由控制部分和被控对象组成，其控制部分包括硬件部分和软件部分，这不同于模拟控制器构成的系统只由硬件组成。计算机控制系统软件包括系统软件和应用软件。

硬件部分的系统组成如图 1-6 所示，包括被控对象（生产机械或者生产过程）、过程通道、微型计算机、人机交互设备。

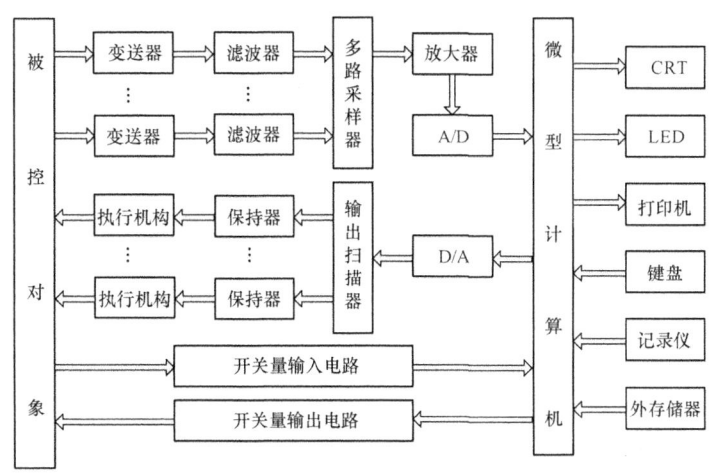

图 1-6 计算机测控系统的硬件组成

1. 硬件部分

（1）主机。主机是微型计算机控制系统的核心，通过接口它可以向系统的各个部分发出各种命令，同时对被控对象的被控参数进行实时检测及处理。主机的主要功能是控制整个生产过程，按控制规律进行各种控制运算（如调节规律运算、最优化计算等）和操作，根据运算结果做出控制决策；对生产过程进行监督，使之处于最优工作状态；对事故进行预测和报警；编制生产技术报告、打印制表等。考虑到实时控制的特点，选择主机应注意数据存储速度及运算速度，应满足在一个采样周期内完成单路或多路的数据采集、处理、运算及将输出量输出到执行机构等所需的时间。其信息处理能力要与控制系统的动态性能相适应。当前国内外常用的工业控制机型号很多，生产厂家很多，国外有美国 IBM 和 ICS、德国西门子、日本康泰克等，这些产品可靠性好、市场定位高。我国台湾地区是工控机的主要生产区，其品牌主要有研华、威达、艾讯、磐仪、大众、博文等厂家，其中，研华是世界三大工控厂商之一，在中国大陆及台湾市场均有较高的市场占有率。国内也有很多工控机品牌，如研祥、华控、康拓、艾雷斯、北京华北等。

（2）过程通道。过程通道是计算机和被控对象之间交换数据的桥梁，过程通道由各种硬件设备组成，它们起着信息变换和传递的作用，过程输入通道把生产对象的被控参数转换成微机可以接收的数字代码。过程输出通道把微机输出的控制命令和数据，转换成可以对生产对象进行控制的信号。配合相应的输入输出程序，从而实现生产过程的控制。

（3）检测与执行机构。在微机控制系统中，为了收集和测量各种参数，采用了各种检测元件及变送器。传感器把被测物理量（如温度、压力、流量、液位等）转换成正比的直流电信号。传感器用来对被控参数瞬时值进行检测，将其变为电信号。变送器用来信号调理的电路，将传感器得到的电信号变为统一的直流电流（0～20mA 或者 4～20mA）或者直流电压（0～5V 或者 1～5V）信号。例如热电偶把温度转换成 mV 信号；压力变送器可以把压力转换为电信号，这些信号经变送器转换成统一的计算机标准电平信号（0～5V 或 4～20mA）后，再送入微机。

要控制生产过程，必须有执行机构，它是微机控制系统中的重要部件，其功能是根据微机输出的控制信号，改变输出的角位移或直线位移，并通过调节机构改变被调介质的流量或能量，使生产过程符合预定的要求。例如，在温度控制系统中，微机根据温度的误差计算出相应的控制量，输出给执行机构（调节阀）来控制进入加热炉的煤气（或油）量以实现预期的温度值。常用的执行机构有电动、液动和气动等控制形式，也有的采用马达、步进电机及可控硅元件等进行控制。执行机构要反馈一个信号给计算机，以便检验控制命令是否被执行。它们有的是产生一系列的脉冲使执行机构达到所需要的位置。有的是通过继电器的闭合或产生某个电平的跳变启动或者停止某个马达。通过数模转换产生正比于某设定值的电压或者电流去驱动执行机构。

（4）人机交互（外部设备）。计算机控制系统必须为操作员提供关于被控过程和控制系统本身运行情况的全部信息，为操作员直观地进行操作提供各种手段。包括各种控制信息和画面，打印各种记录，为工程师和管理人员提供各种信息（生产装置每天的工作记录及历史情况的记录，各种分析报表等），以便掌握生产过程的情况和做出改善生产情况的决策等。通过计算机给出的信息，利用专用键盘将进行操作（改变设定值，手动调节各种执行机构，在发生报警的时候进行处理等）。

2. 软件部分

软件是指能够完成各种功能的计算机程序的总和。整个计算机控制系统的动作，都是在软件的指挥下协调进行的，因此软件是计算机控制系统的中枢神经。就功能来分，软件可分为系统软件、应用软件及数据库。

（1）系统软件：它是由计算机设计者提供的专门用来使用和管理计算机的程序。对用户来说，系统软件只是作为开发应用软件的工具，是不需要自己设计的。

系统软件包括操作系统、诊断系统、开发系统和信息处理。

1）操作系统：即为管理程序、磁盘操作系统程序、监控程序等。

2）诊断系统：指的是调节程序及故障诊断程序。

3）开发系统：包括各种程序设计语言、语言处理程序（编译程序）、服务程序（装配程序和编辑程序）、模拟主系统（系统模拟、仿真、移植软件）、数据管理系统等。

4）信息处理：指文字翻译、企业管理等。

（2）应用软件：它是面向用户本身的程序，即指由用户根据要解决的实际问题而编写的各种程序。应用软件的构成见图 1-7。

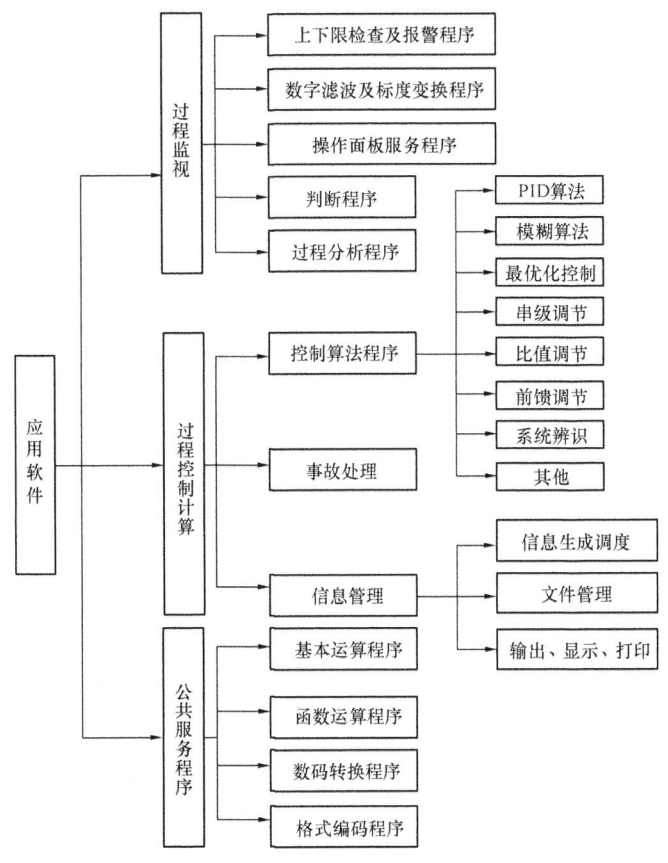

图 1-7　应用软件构成

　　用户用何种语言编写应用程序，主要取决于系统软件的配置情况和测控系统的要求。在测控系统中，应用软件的优劣，将对系统的调试、系统的可靠性、系统的精度和效率带来很大的影响。

1.1.4　计算机控制系统特点

　　计算机控制系统与常规仪表控制系统相比，在工作方式上有许多特点。计算机控制系统通常具有精度高、速度快、存储容量大和有逻辑判断功能等特点，因此可以实现高级复杂的控制方法，获得快速精密的控制效果。计算机技术的发展已使整个人类社会发生了可观的变化，自然也应用到工业生产和企业管理中。而且，计算机所具有的信息处理能力，能够进一步把过程控制和生产管理有机地结合起来（如 CIMS），从而实现工厂、企业的全面自动化管理。

1.2　计算机控制系统的典型应用形式

　　微型计算机控制系统与其所控制的生产对象密切相关，控制对象不同，其控制系统也就不同。

1.2.1　操作指导控制系统（OIS）

　　所谓操作指导控制系统（Operational Information System，即 OIS）或者叫数据采集系统，是计算机的输出不直接用来控制生产对象，它对生产过程各种工艺变量进行巡回检测、处理、记录及变量的超限报警，同时对这些变量进行累计分析和实时分析，得出各种趋势分析，为操作人员提供参考。其控制系统构成如图1-8所示。

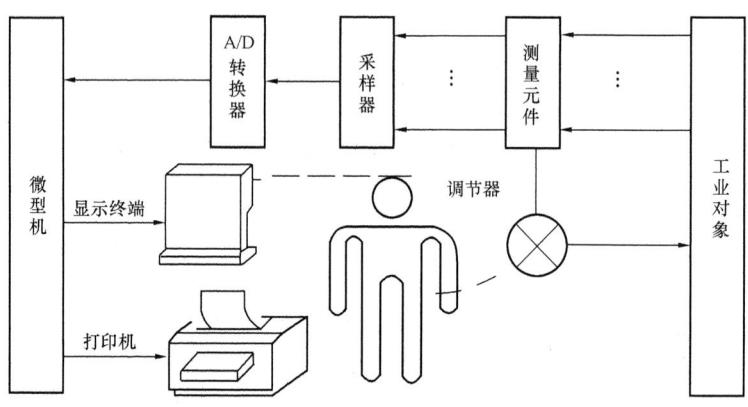

图1-8 操作指导控制系统组成框图

该控制系统属开环控制型结构。这时微机的输出与生产过程的各个控制单元不直接发生联系，而是由操作人员根据计算机输出的数据对调节器进行操作。在这种系统中，每隔一定的时间，计算机进行一次采样，经A/D转换后送入计算机进行加工处理，然后进行输出（包括打印和显示，甚至报警等）。操作人员根据这些结果进行设定值的改变或必要的操作。该系统最突出的优点是比较简单，且安全可靠。特别是对于未摸清控制规律的系统更为适用，常常被用于计算机系统的初级阶段，或用于试验新的数学模型和调试新的控制程序等。它的缺点是仍要人工进行操作，所以操作速度不可能太快，而且不能同时操作多个环节。它相当于模拟仪表控制系统的手动和半自动工作状态。

1.2.2 直接数字控制系统（DDC）

所谓直接数字控制系统（Direct Digital Control 简称DDC），就是用一台微型计算机对多个被控参数进行巡回检测，检测结果与设定值进行比较，再按PID（比例、积分、微分）规律或直接数字控制方法进行控制运算，然后输出到执行机构对生产过程进行控制，使被控参数稳定在给定值上。其系统原理如图1-9所示。

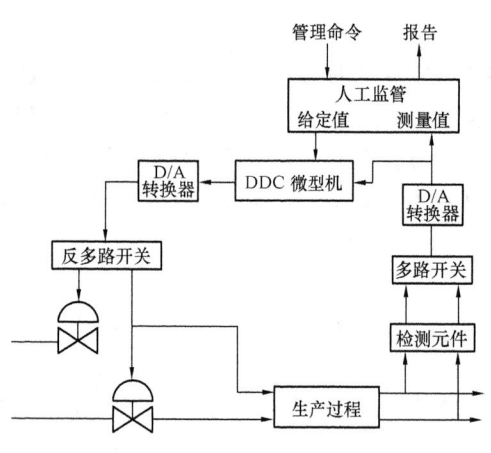

图1-9 直接数字控制系统原理图

在DDC系统中使用微型机作为数字控制器，DDC系统是计算机用于工业生产过程控制的最典型的一种系统，在热工、化工、机械、冶金等部门已获得广泛应用。DDC系统中的微型机是闭环控制过程中的一个重要环节。它不仅能完全取代模拟调节器，实现多回路的PID调节，而且不需改变硬件，只改变程序就能有效地实现较复杂的控制，如前馈控制、非线性控制、自适应控制、最优控制等。因此，DDC控制系统的优点是灵活性大，可靠性高。

1.2.3 计算机监督系统（SCC）

计算机监督系统（Supervisory Computer Control，简称 SCC 系统）。在上述的 DDC 系统中，是用计算机代替模拟调节器进行控制的。而在计算机监督系统中，则是由计算机按照描述生产过程的数学模型，计算出最佳给定值送给模拟调节器或者 DDC 计算机，最后由模拟调节器或 DDC 计算机控制生产过程，从而使生产过程处于最优工作情况。SCC 系统较 DDC 系统更接近不断变化的生产实际情况，它不仅可以进行给定值控制，同时还可以进行顺序控制、最优控制以及自适应控制等，它是操作指导控制系统和 DDC 系统的综合与发展。SCC 系统有两种不同的结构形式。一种是 SCC＋模拟调节器控制系统，另一种是 SCC＋DDC 系统。

1. SCC＋模拟调节器控制系统

SCC＋模拟调节器控制系统原理图如图 1-10 所示。在此系统中，SCC 监督计算机的作用是收集检测信号及管理命令，然后，按照一定的数学模型计算后，输出给定值到模拟调节器。此给定值在模拟调节器中与检测值进行比较后，其偏差值经模拟调节器调节后输出到执行机构，以达到控制生产过程的目的。这样，系统就可以根据生产情况的变化，不断地改变给定值，以达到实现最优控制的目的。而没有 SCC 的模拟系统是不能及时根据检测信号改变给定值的。因此，这种系统特别适用于老企业的技术改造，既用上了原有的模拟调节器，又实现了最佳给定值控制。

2. SCC＋DDC 控制系统

SCC＋DDC 控制系统原理图如图 1-11 所示。本系统为两级计算机控制系统，一级为监督级 SCC，其作用与 SCC＋模拟调节器中的 SCC 一样，用来计算最佳给定值。直接数字控制器（DDC）用来把给定值与测量值（数字量）进行比较，其偏差由 DDC 进行数字控制计算，然后经 D/A 转换器和多路开关分别控制各个执行机构进行调节。与 SCC＋模拟调节器系统相比，其控制规律可以改变，用起来更加灵活，而且一台 DDC 可以控制多个回路，提高了系统的工作效率，并且简化了系统。总之，SCC 系统比 DDC 系统有着更大的优越性，可以更加接近于生产的实际情况。另一方面，当系统中模拟调节器或 DDC 控制器出了故障时，可用 SCC 系统代替调节器进行调节。因此，大大提高了系统的可靠性。

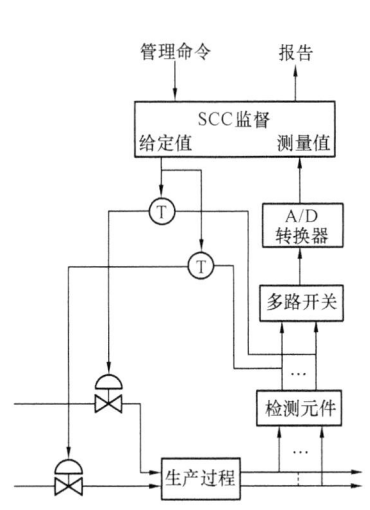

图 1-10　SCC＋模拟调节器控制系统原理图

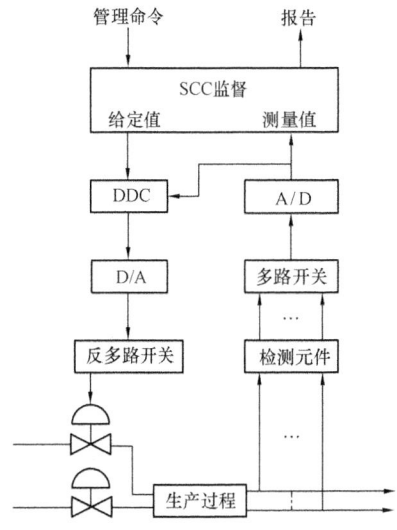

图 1-11　SCC＋DDC 控制系统原理图

9

1.2.4 分级计算机控制系统（DCS）

分级计算机控制系统（Distributed Control System，简称 DCS），由于生产过程中既存在控制问题，也存在大量的管理问题。过去，由于计算机价格高，复杂的生产过程控制系统往往采取集中控制方式，以便充分利用计算机。这种控制方式由于任务过于集中，一旦计算机出现故障，将会影响全局。价廉而功能完善的微型计算机的出现，使得有若干台微处理器或微型计算机分别承担部分任务成为可能，并且分级（或分布）式计算机控制系统逐步呈现出代替集中控制系统的趋势。该系统的特点是将控制功能分散，用多台计算机分别执行不同的控制功能，用一台或两三台计算机进行统一的控制与管理，这样的计算机系统既能进行控制又能实现管理。因此计算机控制和管理的范围缩小了，使用灵活方便了，可靠性提高了。分级计算机控制系统是一个四级系统，各个计算机的功能如图 1-12 所示。

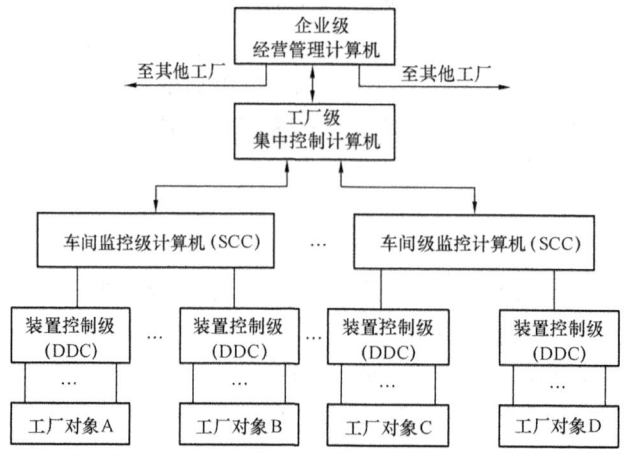

图 1-12　分级计算机控制系统

（1）装置控制级（DDC 级）。它对生产过程或单机行直接控制，如进行 PID 控制或前馈控制，使所控制的生产过程在最优化的状态下工作。

（2）车间监督级（SCC 级）。它根据厂级下达的命令和通过装置控制级获得的生产过程的数据，进行最优化控制。它还担负着车间内各工段间的工作协调及担负对 DDC 级进行监控。

（3）工厂集中控制级（MIS）。它根据上级下达的任务和本厂情况，制订生产计划、安排本厂工作、进行人员调配及各车间的协调，并及时将 SCC 级和 DCC 级的情况向上级反映。

（4）企业管理级（MIS）。制定长期发展计划、生产计划、销售计划，发布命令至各工厂，并接受各工厂、各部门发回来的信息，实行全企业的调度。

1.2.5 现场总线控制系统（FCS）

现场总线系统（Fieldbus Control System，简称 FCS），是新一代分布式控制系统，由各种现场仪表通过互联与控制室内人机界面所组成的系统，一个全分散、全数字化、全开放和可互操作的生产过程自动控制系统，是 DCS 技术的继承和发展。以现场总线作为技术支撑的 FCS 在工业自动化领域有明显的优势。比如仪表的智能化、网络化，控制的分散化，易于维护和扩展，可以节约软硬件投资，被称为第五代控制系统。近年来，由于现场总线的发展，智能传感器跟执行器也向数字化方向发展，用数字信号取代 4～20mA 模拟信号，为现场总线的应用奠定了基础。现场总线被称为 21 世纪的工业控制网络标准。

当前流行的几种现场总线有：Foundation Fieldbus，Profibus（Process Fieldbus），LonWorks（Local Operating Networks），CAN（Control Area Network），HART（Highway Addressable Remote Transducer）。

1.3 计算机控制系统的发展趋势

随着大规模及超大规模集成电路的发展，微型机的性能/价格比越来越高，因此微型机得到了越来越广泛的应用，用微型机组成的各种控制系统也越来越多。微型计算机控制系统的发展趋势有如下几个方面。

1.3.1 可编程控制器（PLC）

可编程控制器（PLC）是一种数字运算操作的电子系统，专为在工业环境下应用而设计的。采用可编程序的存储器，其内部存储了执行逻辑运算、顺序控制、定时、计数和算术运算等操作指令，并通过数字式和模拟式的输入和输出，控制各种类型的生产过程。随着电子技术及微型计算机技术的发展，可编程控制器得到了迅速的发展，并日臻完善。目前，PLC广泛应用在冶金、机械、石化、轻纺等各个工业领域。它可以取代传统的继电器完成开关量的控制，如输入、输出，以及定时、计数等。输入信号可来自按钮、行程开关、无触点开关等，输出信号可用来驱动电磁阀、步进电动机等各种执行机构。此外，高档的PLC还可以和上位机一起构成复杂的控制系统，完成对温度、压力、流量、液位、成分等诸多参数的自动检测及过程调节和控制，如DDC和分布式控制系统。特别是它们与智能显示终端连起来可完成各种画面的控制及组态功能，如动态流程图、报警画面、动态趋势画面及状态指示画面等。

1.3.2 集散控制系统

集散控制系统是分散型综合控制系统（Total Distributed Control Systems）或分散型微处理器控制系统（Distributed Microprocessor Control Systems）的简称。现代工业过程对控制系统的要求已不局限于能实现自动控制，还要求工业生产过程能长期运行在最佳状态下。对一个规模庞大、结构复杂、因素众多的工程大系统，必须要解决生产过程综合自动化问题。

1.3.3 人工智能

人工智能是用计算机模拟人类大脑的逻辑判断功能，其中具有代表性的两个尖端领域是专家系统和机器人。所谓专家系统，即计算机专家咨询系统，是一个存储了大量专门知识的计算机程序系统。不同的专家系统将不同领域专家的知识，以适当的形式存放于计算机中。根据这些专家知识，专家系统可以对用户提出的问题做出判断和决策，以回答用户的咨询。在人工智能的应用中，处于尖端地位而且引起人们最广泛关注的莫过于机器人了。简单地说，机器人是一种能模拟人类智能和肢体动作的装置，据统计，当今世界上已有10万个机器人在不同的工作岗位上工作着。由于综合了人工智能及众多学科技术，所以机器人还具有重大的科学实验价值。目前已出现的机器人可以分为两类，工业机器人和智能机器人。工业机器人中常见的有遥控机器人、程序机器人和示教再现机器人。其中使用最多的是第三种。这是一种程序可变的自动机构，一般是计算机控制一只机械手，在人对它示教时，就把机械手应完成的动作编成程序存起来，再启动后，便可按此程序再现示教动作。改变操作则要重新示教。工业机器人没有过多的智能，但它能准确、迅速、精力集中和不知疲倦地执行交给它的任务。最近几年来，人们又致力于给机器人配置各种智能，如感知能力、推理能力、绘画能力等，结果出现了越来越聪慧灵巧的机器人。它们具有创造力和洞察力，能够观察环境，并根据不同的环境，采取相应的决策来完成自己的任务。组装机器人甚至可以装配一个小机器人，它先用视觉，顺序排列每步要安装的零配件，并确定各零配件将要装配的位置，然后一步一步地抓取所要的零部件并精确地安装到位，最后完成整体任务。

1.3.4　神经网络控制系统

国外在 20 世纪 80 年代掀起神经网络（Neural Network）控制系统的研究和应用热潮，我国在 90 年代也开始了这方面的研究。由于神经网络的特点（大规模的并行处理和分布式的信息存储，良好的自适应性、自组织性和很强的学习功能、联想功能及容错功能），使它的应用越来越广泛，其中一个重要的方面是智能控制，包含机器人控制。

 习题与思考题

　　1. 什么是计算机控制系统？它由哪几部分组成？

　　2. 计算机控制系统的典型形式有哪些？各有什么优点？

　　3. 简述计算机控制系统的发展趋势。

第 2 章 工业控制计算机

2.1 工业控制计算机的特点

2.1.1 工业控制计算机的发展历史

中国工业控制计算机（简称工控机）技术的发展经历了 20 世纪 80 年代的第一代 STD 总线工控机，90 年代的第二代 IPC 工控机，90 年代末期进入了第三代 CompactPCI 总线工控机时期，而每个时期大约要持续 15 年左右的时间。STD 总线工控机解决了当时工控机的有无问题；IPC 工控机解决了低成本和 PC 兼容性问题；CompactPCI 总线工控机解决的是可靠性和可维护性问题。作为新一代工控机技术，CompactPCI 总线工控机将不可阻挡地占据生产过程的自动化层，IPC 将逐渐由生产过程自动化层向管理信息化层移动，而 STD 总线工控机必将退出历史舞台，这是技术发展的必然结果。同时，新一代工控机技术也是下一代网络（NGN）技术设备的基础。因此，覆盖 CompactPCI 总线、PXI 总线以及 AdvancedTCA 技术的新一代工控机技术具有巨大的市场潜力和广阔的应用前景。

1. 第一代工控机技术开创了低成本工业自动化技术的先河

第一代工控机技术起源于 20 世纪 80 年代初期，盛行于 80 年代末和 90 年代初期，到 90 年代末期逐渐淡出工控机市场，其标志性产品是 STD 总线工控机。STD 总线最早是由美国 Pro-Log 公司和 Mostek 公司作为工业标准而制定的 8 位工业 I/O 总线，随后发展成 16 位总线，统称为 STD80，后被国际标准化组织吸收，成为 IEEE 961 标准。国际上主要的 STD 总线工控机制造商有 PRO-LOG、Winsystems、Ziatech 等，而国内企业主要有北京康拓公司和北京工业大学等。STD 总线工控机是机笼式安装结构，具有标准化、开放式、模块化、组合化、尺寸小、成本低、PC 兼容等特点，并且设计、开发、调试简单，得到了当时急需用廉价而可靠的计算机来改造和提升传统产业的中小企业的广泛欢迎和采用，国内的总安装容量接近 20 万套，在中国工控机发展史上留下了辉煌的一页。PC DOS 软件的兼容性使 STD 总线得以发展，也由于运行 PC Windows 软件的局限性使 STD 总线被淘汰出局，而取而代之的是与 PC 完全兼容的 IPC 工控机。

2. 第二代工控机技术造就了一个 PC-based 系统时代

1981 年 8 月 12 日 IBM 公司正式推出了 IBM PC 机，震动了世界，也获得了极大成功。随后 PC 机借助于规模化的硬件资源、丰富的商业化软件资源和普及化的人才资源，于 80 年代末期开始进军工业控制机市场。IPC 在中国的发展大致可以分为三个阶段：第一阶段是从 20 世纪 80 年代末到 90 年代初，这时市场上主要是国外品牌的昂贵产品。第二阶段是从 1991 年到 1996 年，台湾生产的价位适中的 IPC 工控机开始大量进入大陆市场，这在很大程度上加速了 IPC 市场的发展，IPC 的应用也从传统工业控制向数据通信、电信、电力等对可靠性要求较高的行业延伸。第三阶段是从 1997 年开始，大陆本土的 IPC 厂商开始进入该市场，促使 IPC 的价格不断降低，也使工控机的应用水平和应用行业发生极大变化，应用范围不断扩大，IPC 也随之发展成了中国第二代主流工控机技术。中国 IPC 工控机的大小品牌约有 15 个左右，主要有研华、凌华、研祥、深圳艾雷斯和华北工控等。

3. 迅速发展和普及的第三代工控机技术

PCI 总线技术的发展、市场的需求以及 IPC 工控机的局限性，促进了新技术的诞生。作为新一代主流工控机技术，CompactPCI 工控机标准于 1997 年发布之初就备受业界瞩目。相对于以往的 STD 和 IPC，它具有开放性、良好的散热性、高稳定性、高可靠性及可热插拔等特点，非常适合于工业现场和信息产业基础设备的应用，被众多业内人士认为是继 STD 和 IPC 之后的第三代工控机的技术标准。采用模块化的 CompactPCI 总线工控机技术开发产品，可以缩短开发时间、降低设计费用、降低维护费用、提升系统的整体性能。"CompactPCI 是 PCI 总线的电气和软件加上欧洲卡，它具有在不关闭系统的情况下的'即插即用'功能，该功能的实现对高可用系统和容错系统非常重要"，2004 年度科技部科技型中小企业技术创新基金项目指南中的这段话，概括出了 CompactPCI 总线工控机的主要特点和重要性。国家发改委也已经把 CompactPCI 总线工控机列为主要产业化项目之一。

4. 新一代工控机的产业化及应用前景

从 1998 年到今天，CompactPCI 总线工控机在国内发展迅速，并得到了一定程度的应用，但远没有达到理想的程度。业界专家普遍认为，制约新一代工控机技术发展的因素主要有四个：一是由于 CompactPCI 总线工控机的生产规模和应用数量还不够大，成本过高，用户还在观望，等待价格的进一步降低；二是国产化的 CompactPCI 总线 I/O 模板的种类和数量还不丰富，配套性还不够，用户难以得到完整的解决方案；三是 CompactPCI 总线设计技术难度大，普及程度不够，多数企业还不具备自行研制系统配套 I/O 模板的能力；四是缺少权威的有关 CompactPCI 总线工控机设计和应用技术的指导性文献，需要培养更多的掌握该技术的专业设计人才和推广应用人才。因此，需要在科技部和国家有关部委相关政策的引导下，在中国计算机行业协会 PICMG/PRC 的统一组织下，联合国内外从事 CompactPCI 总线工控机技术研制和生产的企业、大专院校、科研院所以及用户，进一步加大国产化 CompactPCI 总线工控机的研制和推广力度，扩大生产规模，增加产品种类和数量，降低产品价格，提高产品的互操作性，实现产业化，培养更多的人才，为 CompactPCI 总线工控机的发展创造更有利的条件。

如今的时代是变革的时代，也是推陈出新的时代。以 CompactPCI 总线工控机技术为核心，覆盖 CompactPCI、PXI 和 ATCA 的新一代工控机技术注定要成为这个时代的主旋律。业界权威人士已经预测：第一，CompactPCI 将以每年 15%～20% 的增长速度取代传统的 IPC 工控机；第二，CompactPCI 与嵌入式系统将成为未来工业控制器的两大主流技术；第三，中国将成为 CompactPCI 全球最大的市场。

2.1.2 工业控制计算机的概念

工业控制计算机（IPC，Industrial Personal Computer），主要用于工业过程测量、控制、数据采集等工作。以工控机为核心的测量和控制系统，处理来自工业系统的输入信号，再根据控制要求将处理结果输出到执行机构，去控制生产过程，同时对生产进行监督和管理。选好合适的工业控制计算机是实现计算机控制的基础。伴随计算机技术的不断进步，对生产过程控制功能的要求逐步提高，用于工业控制的计算机也得到了快速发展。为适应各方面的需要，目前工业控制计算机有各种类型可供选用。本章从应用出发，介绍了工业控制计算机的基本组成和几类常用的工业控制计算机。工业控制计算机，特别是工业 PC 机是目前逐步推广应用的工业控制计算机，它很适合控制工程师选用。它采用开放式的总线结构，将各种过程通道做成相应的模板，可以和工业现场的各种传感器、执行结构直接相连，配以功能齐全的工业组态软件后，即可构成完善的计算机控制系统。

2.1.3 工业控制计算机的特点

工控机与通用的计算机相比有许多不同点，其主要特点如下。

(1) 可靠性高。工控机通常用于控制不间断的生产过程，在运行期间不允许停机检查，一旦发生故障将会导致质量事故，甚至生产事故。因此要求工控机具有很高的可靠性，也就是说要有许多提高安全性可靠性的措施，以确保平均无故障工作时间（MTBF）达到几万小时，同时尽量缩短故障修复时间（MTTR），以达到很高的运行效率。

(2) 实时性好。工控机对生产过程进行实时控制与监测，因此要求它必须实时地响应控制对象各种参数的变化。当生产过程参数出现偏差或故障时，工控机能及时响应，并能实时地进行报警和处理。为此工控机需配有实时多任务操作系统（RTDOS）。

(3) 环境适应性强。工业现场环境恶劣，电磁干扰严重，供电系统也常受大负荷设备启停的干扰，其接"地"系统复杂，共模、串模干扰大。因此要求工控机具有很强的环境适应能力，如对温度/湿度变化范围要求高；要具有防尘、防腐蚀、防振动冲击的能力；要具有较好的电磁兼容性和高抗干扰能力以及高共模抑制的能力。

(4) 过程输入和输出配套较好。工控机要具有丰富的公众功能的过程输入和输出配套模板，如模拟量、开关量、脉冲量、频率量等输入输出模板。具有多种类型的信号调理功能，如隔离型和非隔离型信号调理；各类热电偶，热电阻信号输入调理；电压/电流信号输入和输出信号的调理等。

(5) 系统扩充性好。随着工厂自动化水平的提高，控制规模也在不断扩大，因此要求工控机具有灵活的扩充性。

(6) 系统开放性。要求工控机具有开放性体系结构，也就是说在主机接口、网络通信、软件兼容及升级等方面遵守开放性原则，以便于系统扩充、异机种连接、软件的可移植和互换。

(7) 控制软件包的功能强。工控软件包要具备人机交互方便、画面丰富、实时性好等性能；具有实时报警及事故追忆等功能。此外尚需具有丰富的控制算法，除了常规 PID（比例、积分、微分）控制算法外，还应具有一些高级控制算法，如模糊控制、神经元网络、优化、自适应、自整定等算法，并具有在线自诊断功能。目前一个优秀的控制软件包经常将连续控制功能与断续控制功能相结合。

(8) 系统通信功能强。具有串行通信、网络通信功能。由于实时性要求高，因此要求工控机通信网络速度高，并且符合国际标准通信协议，如 IEEE 802.4、IEEE 802.3 协议等；有了强有力的通信功能，工控机可构成更大的控制系统，如 DCS 分散型控制系统、CIMS 计算机集成制造系统等。

(9) 后备措施齐全。包括供电后备、存储器信息保护、手动/自动操作后备、紧急事故切换装置等。

(10) 具有冗余性。在可靠性要求更高的场合，要求有双机工作及冗余系统，包括双控制站、双操作站、双网通信、双供电系统、双电源等，具有双机切换功能、双击监视软件等，以确保系统长期不间断地运行。

2.2 工业控制计算机的分类

2.2.1 分类

依赖于某种标准总线，按工业标准化设计，由主机板以及各种 I/O 模板等组成，用于工业控制等目的的微型计算机称为总线式工控机。总线式工控机采用标准并行底板总线，其特点是能以简单的硬件支持高速的数据传送和处理，且使系统具有标准化、模块化、组合化的开放式结构，能适应各种不同的控制对象，应用极为广泛。按照所采用的总线标准类型可将工业控制机分成下列四类。

（1）PC 总线工控机：有 ISA 总线、VESA 局部总线（VL-BUS）、PCI 总线、PC104 总线等几种类型工控机，主机 CPU 类型有 80386、80486、Pentium 等。

（2）STD 总线工控机：采用 STD 总线，主机 CPU 类型有 80386、80486、Pentium 等，另外与 STD 总线相类似的尚有 STE 总线工控机。

（3）VME 总线工控机：采用 VME 总线，主机 CPU 类型以 Motorola 公司的 M68000、M68020 和 M68030 为主。

（4）多总线工控机：采用 MULTIbus 总线，以 Intel 工控机为代表，主机 CUP 类型有 80386、80486 和 Pentium 等。

广义而言，工控机的类型更广些，主要有 IPC 工控机、PLC 可编程控制器、专用控制机以及其他类型的工控机，如单回路或多回路智能控制器等。

2.2.2 PC 总线工控机

PC 总线工业控制机的主要特点如下。

（1）兼容性好，升级容易。由于采用 ISA 标准总线，兼容性好，且升级容易。如升级到 VL-BUS 局部总线，只需在 ISA 总线基础上加上 VL 总线部分即可；升级到 PCI 总线工控机，只需在 ISA 总线基础上增加 PCI 总线即可。对于 CPU 芯片，从 80386 到 80486 以至到 Pentium 芯片也很容易实现升级。

（2）性能价格比高。PC 总线工控机的性能比其他几种高，但其价格却比其他几种低。

（3）丰富的软件支持。工控机软件包括操作系统、应用软件、数据库、网络通信、工控软件包等。这些软件有许多公司的产品支持，并可应用商用 PC 机软件。

（4）通信功能强。工控机具有多种通信网卡和通信支持软件，因而极易构成分散型控制系统（DCS）。

（5）可靠性高。抗冲击振动能力、抗尘埃性能、抗浪涌能力、抗腐蚀性气体能力以及适应宽的温度能力等方面，工业 PC 均比普通 PC 提高 2～3 倍。

2.2.3 STD 总线工控机

1. 总线标准

STD 总线最早由 PRO-LOG 公司在 1978 年推出，正式标准为 IEEE 961 标准。

2. 支持的处理机系统

发明 STD 总线的目的在于推广一个面向工业控制的 8 位机总线系统。STD 标准可以支持几乎所有的 8 位处理机，如 Intel 的 8080、8085、8088，Motorola 的 6800、6809、68008，Zilog 公司的 Z80，National 公司的 NSC800，MOSTechnology 的 6502 以及 Texas Instrument 的 9995。在 16 位机大量生产之后，利用总线周期窃取和复用技术，改进型的 STD 总线可支持 16 位处理机，如 8086、68000、80286。为了进一步提高 STD 总线系统的性能，新推出了 STD 32 位处理机。

3. 总线的基本组成

STD 总线由 56 根线组成。56 根线按功能分为 4 组。最早的 STD 总线定义为：8 根双向数据线、16 根地址线、2 根控制线和 10 根电源和地线。支持 16 位处理机的 STD 总线利用了总线复用技术，使原来的 8 根数据总线 D0～D7 与高位的 8 根地址线复用，从而形成 24 根地址线；而把原来的高 8 位地址线 A8～A15 与高 8 位数据总线复用，形成 D8～D15，从而形成 16 位的数据总线。控制信号线又分为 6 个部分：存储器和 I/O 控制线、外围设备定时、时钟和复位、中断和总线控制、串行优先链和 CPU 状态。

4. STD 总线系统的特点

（1）小板结构。STD 总线模板只有 4.5 in 和 6.5 in，因此，它的机械强度大，抗振动、冲击能力强。此外，小板结构成本低，易于被中小用户所接受。小板结构还有一个优点是功耗小、散热容易，而且机柜尺寸小。随着芯片集成度的不断提高，STD 产品的性能也可以达到很高。

（2）标准化和模块化结构。STD 总线模板设计有严格的标准，总线定义中无剩余信号线，使得不同厂家的产品容易兼容。同时，这种标准化的开放系统结构促进了产品的模块化。世界上除 PRO-LOG 公司以外，有大批的公司从事 STD 模板及系统的生产。每块 STD 模板一般功能较为单一，生产容易，组成系统也较规范化，只要根据目标系统的功能要求选购不同的模板就可以容易地集成一个系统。

（3）高可靠性。STD 一开始就是作为一种工业控制总线而推出的。因此，该总线从各方面考虑总线产品的可靠性问题。PRO-LOG 的 STD 产品保修期为 5 年。而且，采用工业机箱侧面直接插拔模块，维修性也很好。

2.2.4 可编程控制器（PLC）

1. PLC 的基本组成

PLC 是微机技术和继电器常规控制概念相结合的产物，是一种以微处理器为核心的用作控制的特殊军事家，因此它的组成部分与一般的微机装置类似。它主要由中央处理单元、输入接口、输出接口、通信接口等部分组成，其中 CPU 是 PLC 的核心，I/O 部件是连接现场设备与 CPU 之间的接口电路，通信接口用于与编程器和上位机连接。对于整体式 PLC，所有部件都装在同一机壳内，对于模块式 PLC，各功能部件独立封装，称为模块或模板，各模块通过总线连接，安装在机架或导轨上。PLC 的逻辑框图如图 2-1 所示，下面对主要组成部分进行简单介绍。

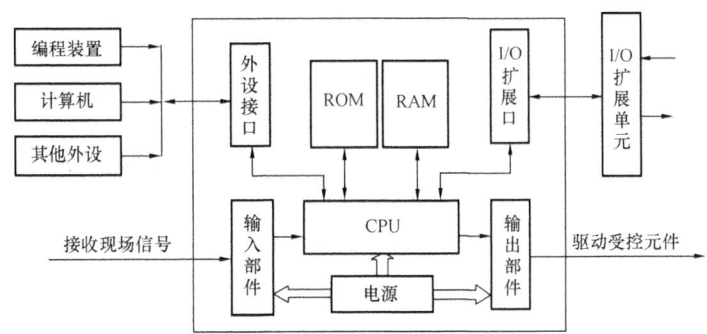

图 2-1 PLC 逻辑框图

2. PLC 各组成部分

（1）中央处理单元（CPU）。

同一般微处理机一样，中央处理单元是 PLC 的主要部分，是系统的核心。它通过输入装置读入外设的状态，由用户程序去处理，并根据处理结果通过输出装置去控制外设。一般的中型 PLC 多分双微处理器系统。一个是字处理器，多为 8 位或 16 位的微处理器。如 OMRON C200H

用的是 MOTOROLA 公司的 MC68B09，这是一种增强型的 8 位微处理器；日本光洋（KOYO）电子公司生产的 SG-8 PLC，其字处理器采用 NEC V30 MP70116，是 8086 增强型的 16 位微机芯片；也有一些 PLC 采用的是单片机，如 MCS-51 系列单片机等。另一个是位处理器，也称布尔处理器，是一些厂家设计制造的专用芯片。

字处理器是主处理器，由它处理字节操作指令，控制系统总线、内部计数器、内部定时器，监视扫描时间，统一管理编程接口，同时协调位处理器及输入/输出，位处理器也称从处理器，它的主要作用是处理位操作指令和在机器操作系统的管理下实现 PLC 编程语言向机器语言的转换。位处理器的采用，加快了 PLC 的扫描速度，是 PLC 能较好地满足实时控制要求。

（2）存储器。

在可编程控制器系统中，存储器主要存放系统程序、用户程序及工作数据。系统程序是由 PLC 的制造厂家在研制系统时确定的，和机器的硬件组成有关，完成系统诊断、命令解释、功能子程序调用管理、逻辑运算、通信和各种参数设定等功能。系统程序在 PLC 使用过程中是不变动的，中小型 PLC 多使用 EPROM 或 PROM 来存放，大型 PLC 多使用熔丝快速 ROM 存放。系统程序关系到 PLC 的性能，用户不能访问、修改这一部分存储器的内容。用户程序是随 PLC 的应用对象而设定的，它是用户根据使用环境和生产工艺的控制要求来编写的。用户程序一般存放于带有后备电池的 CMOS 静态 RAM、紫外线可擦的 EPROM 和电可改写的 EEPROM 中。为保证在断电和加电的瞬间，RAM 中的数据不丢失或被随机改写，应采取掉电抗干扰保护措施和选择带控制端的 CMOS RAM，控制端有效时禁止外电路对存储器的读写，只维持数据，避免了电源被动和正常电源与后备电池切换时产生的误写入。工作数据是 PLC 在应用过程中经常变化、经常存取的一些数据。这部分数据存储在 RAM 中，以适应随机存取的要求。在 PLC 系统的工作数据存储区，开辟有输入输出数据映像区、计数器、定时器、辅助继电器等逻辑部件，这些部件的设定值和当前值是根据用户程序的初始设置和运行状况而确定的。根据需要，部分数据在停电时用后备电池维持现行状态。在掉电时可以保持数据的存储器区域称保持数据区。综上所述，PLC 所用存储器基本上由 PROM、EPROM、EEPROM 及 RAM 等组成，存储容量的大小随机器的型号而改变。由于系统程序用户不可改变，因而 PLC 产品样本或使用说明书中所列存储器容量是指用户程序和数据存储器而言。

（3）输入/输出部件。

输入/输出部件通常亦称为 I/O 单元或 I/O 模块，PLC 通过 I/O 单元与工业生产过程现场相联系。通过 I/O 接口可以检测被控对象或被控生产过程的各种参数，以这些现场数据作为 PLC 对被控对象进行控制的信息依据。同时 PLC 又通过 I/O 接口将处理结果送给被控设备或工业生产过程，以实现控制。PLC 提供了多种操作电平和驱动能力的 I/O 单元，有各种各样功能的 I/O 单元供用户选用。外部设备传感器和执行机构所需的信号电平是多种多样的，而 PLC 中 CPU 处理的信息只能是标准电平，所以 I/O 单元需实现各种转换。I/O 单元的主要类型有数字输入、数字量输出、模拟量输入、模拟量输出等。通常，I/O 单元上具有状态显示和 I/O 接线端子排，运行状况直观，安装和维护方便。因为 PC 总线工控机在工业控制中的应用最为广泛，所以本书中，主讲 PC 总线工控机。

2.3　工业控制计算机的组成

本节我们以常用的 PC 总线工控机为例，来介绍工业控制计算机的组成。

2.3.1 PC总线工业控制机的体系结构

工业 PC（IPC）是以 PC 总线（ISA、VESA、PCI 总线）为基础构成的工业计算机。其总线结构便于维护、扩充和模块化。IPC 构成如图 2-2 所示。

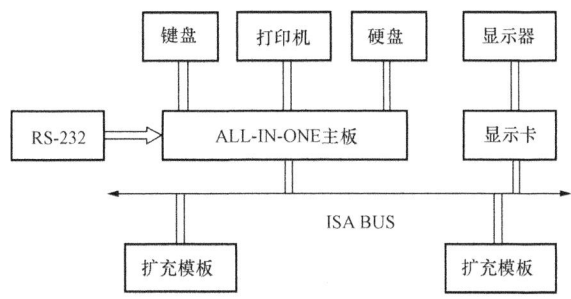

图 2-2 IPC 构成原理

IPC 主要结构包括：加固型机箱、无源总线底板、工业电源、ALL-IN-ONE 主机板、显示卡、3.5 in 软盘驱动器、硬盘、CD-ROM 驱动器、显示器、键盘以及鼠标等。

2.3.2 PC总线工业控制机的机械结构

PC 总线工控机的结构组成如图 2-3 所示。IPC 结构包括下列各项。

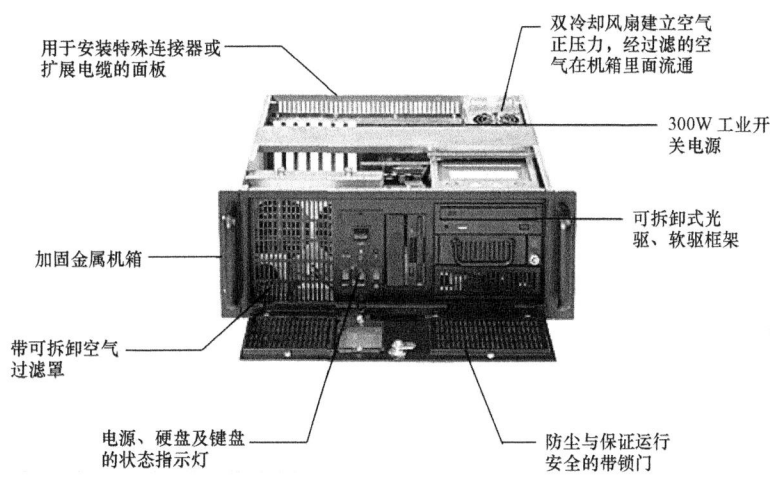

图 2-3 IPC 总线工控机结构

（1）19 in 标准工业机箱（符合 IEA RS-310）。全钢结构，适合工业环境，具有防电磁干扰能力。

（2）PC/AT 总线，或 PCI 总线兼容的无源总线底板，有 6 槽、8 槽、12 槽、20 槽几种。

（3）磁盘驱动器框架：能容纳 1 个软盘、1 个硬盘、1 个 CD-ROM 驱动器。

（4）双冷却风扇。分别安装在前面板及后面板电源单元中，由于前风扇为进风，后面风扇为排风，在设计上使得进风量大于排风量，从而保证了机箱内的正压力，防止灰尘及腐蚀性气体进入。

（5）前风扇处安装有可拆卸式过滤罩，用于空气过滤。

（6）防尘和保证运行安全的带锁门。在前面板安装一个带锁门，门内装有磁盘驱动器、电源开关、复位开关和指示灯。平常工作时将门关闭，锁好，以防止灰尘侵入，对磁盘工作予以保护，同时也防止了他人的误动作影响主机的运行，保证了运行的安全。

（7）防振和调节夹钳。可调节上下高度，带有橡胶缓冲体，用于模板压紧，提高抗震能力。

（8）指示灯。1个LED指示电源上电（绿色），1个LED指示键锁状态（KeyBoard-Lock），一个LED指示硬盘驱动器在工作（红色）。

（9）开关。电源开关（ON/OFF）、复位开关（RESET）、键锁开关（KeyBoard-Lock）。

（10）扬声器。阻抗8Ω。

（11）供电电源。有200W、250W、300W等（以300W工业电源为例）工业开关电源，输出+5V、30A，−5V、0.5A，+12V、12A，−12V、0.5A四种规格直流电压。浪涌电流在115V供电时最大60A，在230V供电时最大100A。它具有过功率和短路保护功能，当功率超过300～400W时，电源自动保护。输入电压为AC 90～130V或AC 170～180V，输入频率为47～63Hz。

2.3.3　工控机的机箱电源简介

1. 加固型工业机箱

常见的加固型工业机箱如图2-4所示。由于工控机应用于较恶劣的工业现场环境，因此机箱必须采取一系列加固措施，以达到防振、防冲击、防尘、通风散热良好，适应较宽的温度和湿度范围。机箱内具有正的空气压力和良好的屏蔽，以达到电磁兼容（EMC）行业标准。

2. 工业电源

工业电源如图2-5所示，它是一种抗干扰能力强的工业电源，具有防冲击、过电压、过电流保护的功能。

 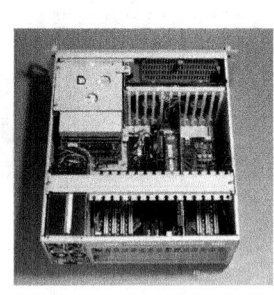 

图2-4　常见工控机机箱（外观和内部）　　　　图2-5　常见工控机电源

2.3.4　工控机的底板

底板也称为背板（Back Plane），如图2-6所示，装设工控机箱的中间空白处，通常按照需求来选择不同型号的背板，而不同的背板设计会使得一个工业机壳含有不同数量的系统，每个系统有一块主板含在其中。

如果在一个背板上安装的系统数较多，由于耗电量增加，可能会使得系统的电力不足。在每天24h不间断的操作情况下，极有可能使得系统的电源承受不了而导致电源供应器损坏，可采用350W的电源。无源底板一般以总线型结构形式（如STD、ISA、PCI总线等）

设计成多插槽的底板，所有的电子组件均采用模块化设计，维修简便。无源底板的插槽由 ISA 和 PCI 总线的多个插槽组成，ISA 或 PCI 插槽的数量和位置根据需要有一定的选择，一般为四层结构，中间两层分别为底层和电源层，这种结构方式可以减弱板上逻辑信号的相互干扰和降低电源阻抗。底板可插接各种板卡，包括 CPU 卡、显示卡、控制卡、I/O 卡等。采用无源底板结构，而非商用机的大板结构，提高了系统的可扩展性，最多可扩展到 20 块板卡；降低了死机的概率，简化了差错过程，板卡插拔方便，快速修复时间短；使升级更简便，并使整个系统更有效。

图 2-6 常见工控机的底板

2.3.5 工控机的主板

主板（Main Board）又称系统板（System Board）或母板（Mother Board），相当于计算机的躯干，是计算机系统最基本、最重要的部件之一。主板为 CPU、内存条、鼠标、键盘等部件提供了插座、插槽和接口，计算机的所有部件都必须与它结合才能运行，它对计算机的所有部件的工作起着统一协调的作用。图 2-7 所示就是一款主板。在图上我们可以看到许多插座、插槽以及接口，那是为计算机各部件提供的"栖身"之处。有些直接插在上面，有些则通过排线相连。

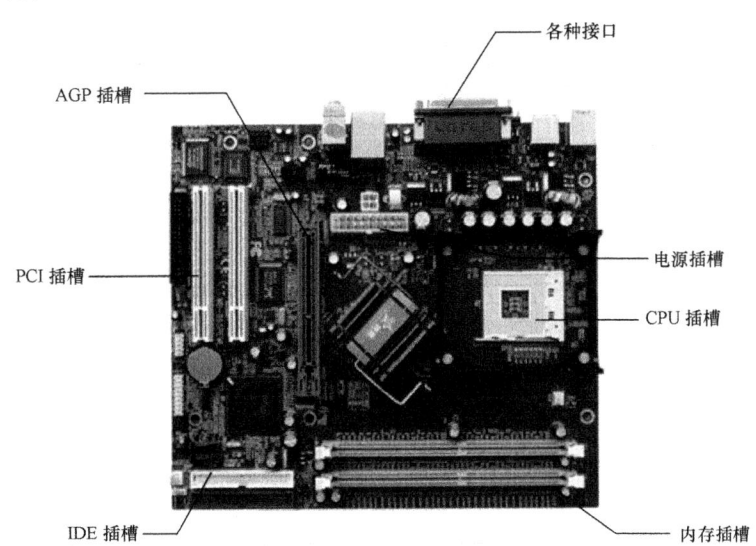

图 2-7 主板的外观

1. 各种插槽

（1）CPU 插槽。插槽的结构主要包括 Slot1、Socket370、Socket478 等。

（2）PCI 插槽。是 PCI 总线的扩展槽，能够提供 33bit 的传输速率。

（3）ISA 插槽。是 ISA 总线的扩展槽，是提供 16.6bit 的传输速率，单是由于传输速率较低，在家用机上已经被淘汰，Intel 820 以后的芯片组已经不再提供 ISA 插槽，但是在工业控制领域依然具有广泛的应用。

（4）AGP 插槽。是 AGP 总线的扩展插槽，当 CPU 速度一直在加速的时候，CPU 外围设备没有跟上 CPU 提速的时候，那么整个系统在速度上失去了平衡，尤其是面对图形和影像庞大的数据处理时，PCI 总线结构已渐感沉重，无法担负大量数据的处理，随着 Pentium 系列 CPU 的推出，图形和影像的数据处理已经成为了系统的瓶颈，使这些快速的 CPU 无用武之地，所以 Intel 公司为 CPU 和外界通道畅通发挥 CPU 的功能，制定了 AGP 总线的规格，其中主要结构是 AGP 芯片与显卡、主存储器之间建立了一条专用通道，使主存储器和显卡之间建立了一条专用的数据传输通道，让影像和图形直接由 CPU 置于主存储器中，再由快速的 AGP 芯片组与外界进行影像和数据的传送。

（5）DIMM 插槽。是连接内存的插槽。

（6）I/O 接口。包括串口、并口、USB 和 PS2 等接口。

（7）FDC 接口。是软驱的接口。

（8）电源接口。是主板外接电源的接口。

2. PCI 接口

PCI 插槽是基于 PCI 局部总线（Peripheral Component Interconnection，周边元件扩展接口）的扩展插槽，其颜色一般为乳白色，位于主板上 AGP 插槽的下方、ISA 插槽的上方。其位宽为 32bit 或 64bit，工作频率为 33MHz，最大数据传输速率为 133MB/s（32 位）和 266MB/s（64bit）。可插接显卡、声卡、网卡，内置 Modem，内置 ADSL Modem、USB2.0 卡、IEEE 1394 卡、IDE 接口卡、RAID 卡、电视卡、视频采集卡以及其他种类繁多的扩展卡。PCI 插槽是主板的主要扩展插槽，通过插接不同的扩展卡可以获得目前计算机能实现的几乎所有功能，是名副其实的"万用"扩展插槽。PCI 插槽如图 2-8 所示。

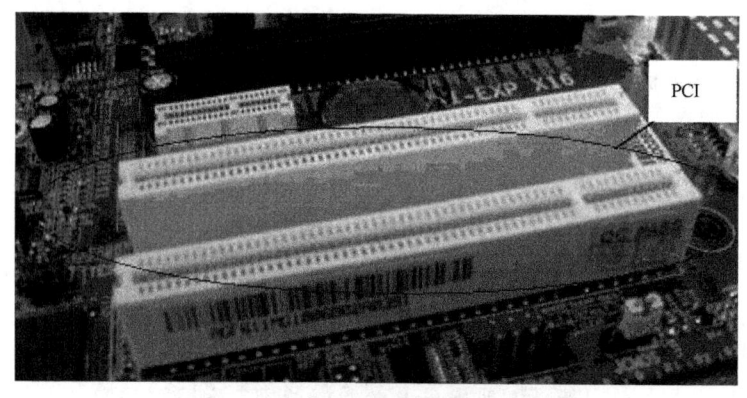

图 2-8　PCI 插槽

PCI 总线标准是一种由英特尔（Intel）公司 1991 年推出的用于定义局部总线的标准。此标准允许在计算机内安装多达 10 个遵从 PCI 标准的扩展卡。最早提出的 PCI 总线工作在 33MHz 频率之下，传输带宽达到 133MB/s（33MHz×32bit/s），基本上满足了当时处理器的发展需要。随着对更高性能的要求，1993 年又提出了 64bit 的 PCI 总线，后来又提出把 PCI 总线的频率提升到 66MHz。目前广泛采用的是 32bit、33MHz 的 PCI 总线，64bit 的 PCI 插槽更多是应用于服务器产品。从结构上看，PCI 是在 CPU 和原来的系统总线之间插入的一级总线，具体由一个桥接电路实现对这一层的管理，并实现上下之间的接口以协调数据的传送。管理器提供信号缓冲，能在高时钟频率下保持高性能，适合为显卡、声卡、网卡、Modem 等设备提供连接接口，工作频率为 33MHz/66MHz。

PCI 总线系统要求有一个 PCI 控制卡，它必须安装在一个 PCI 插槽内。这种插槽是目前主板带有最多数量的插槽类型，在当前流行的台式机主板上，ATX 结构的主板一般带有 5～6 个 PCI

插槽,而小一点的 MATX 主板也都带有 2~3 个 PCI 插槽。根据实现方式不同,PCI 控制器可以与 CPU 一次交换 32bit 或 64bit 数据,它允许智能 PCI 辅助适配器利用一种总线主控技术与 CPU 并行地执行任务。PCI 允许多路复用技术,即允许一个以上的电子信号同时存在于总线之上。

由于 PCI 总线只有 133MB/s 的带宽,对声卡、网卡、视频卡等绝大多数输入/输出设备显得绰绰有余,但对性能日益强大的显卡则无法满足其需求。Intel 在 2001 年春季的 IDF 上,正式公布了旨在取代 PCI 总线的第三代 I/O 技术,该规范由 Intel 支持的 AWG(Arapahoe Working Group)负责制定。2002 年 4 月 17 日,AWG 正式宣布 3GIO1.0 规范草稿制定完毕,并移交 PCI-SIG(PCI 特别兴趣小组,PCI-Special Interest Group)进行审核。开始的时候大家都以为它会被命名为 Serial PCI(受到串行 ATA 的影响),但最后却被正式命名为 PCI Express,Express 意思是高速。

2002 年 7 月 23 日,PCI-SIG 正式公布了 PCI Express 1.0 规范,并于 2007 年初推出 2.0 规范(Spec 2.0),将传输速率由 PCI Express 1.1 的 2.5GB/s 提升到 5GB/s;目前主流的显卡接口都支持 PCI-E 2.0。

3. ISA 接口

ISA 插槽是基于 ISA 总线(Industrial Standard Architecture,工业标准结构总线)的扩展插槽,其颜色一般为黑色,比 PCI 接口插槽要长些,位于主板的最下端。其工作频率为 8MHz 左右,为 16bit 插槽,最大传输速率 8MB/s,可插接显卡、声卡、网卡以及所谓的多功能接口卡等扩展插卡。其缺点是 CPU 资源占用太高,数据传输带宽太小,是已经被淘汰的插槽接口。目前还能在许多老主板上看到 ISA 插槽,现在新出品

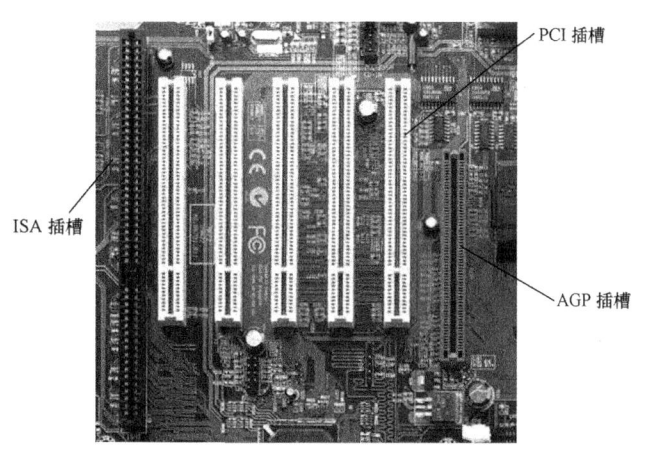

图 2-9　ISA 接口的外观

的主板上已经几乎看不到 ISA 插槽的身影了,但也有例外,某些品牌的 845E 主板甚至 875P 主板上都还带有 ISA 插槽,估计是为了满足某些特殊用户的需求。如图 2-9 所示,图中左侧最长的插槽为 ISA 插槽(黑色),中间白色的为 PCI 插槽,右边棕色的为 AGP 插槽。

4. 串行接口

串行接口简称串口,也称串行通信接口(通常指 COM 接口),是采用串行通信方式的扩展接口。

串行接口是指数据一位一位地顺序传送,其特点是通信线路简单,只要一对传输线就可以实现双向通信,并可以利用电话线,从而大大降低了成本,特别适用于近距离通信,但传送速度较慢。一条信息的各位数据被逐位按顺序传送的通信方式称为串行通信。串行通信的特点是:数据位传送,传送按位进行,最少只需一根传输线即可完成;成本低但传送速度慢。串行通信的距离可以从几米到几千米;根据信息的传送方向,串行通信可以进一步分为单工、半双工和全双工三种。串口的出现是在 1980 年前后,数据传输速率是 115~230Kb/s。串口出现的初期是为了实现连接计算机外设的目的,初期串口一般用来连接鼠标和外置 Modem 以及老式摄像头和写字板等设备。串口也可以应用于两台计算机(或设备)之间的互联及数据传输。由于串口(COM)不支持热插拔及传输速率较低,目前部分新主板和大部分笔记本电脑已开始取消该接口。目前串口

多用于工控和测量设备以及部分通信设备中。串行接口外观如图 2-10 所示。

图 2-10 串行接口的外观

串口通信的两种最基本的方式：同步串行通信方式和异步串行通信方式。同步串行（Interface Serial Peripheral，简称 ISP），顾名思义就是串行外围设备接口。ISP 总线系统是一种同步串行外设接口，它可以使 MCU 与各种外围设备以串行方式进行通信以交换信息，TRM450 是 ISP 接口。异步串行（Universal Asynchronous Receiver Transmitter，UART），是指通用异步接收/发送。UART 是一个并行输入成为串行输出的芯片，通常集成在主板上。UART 包含 TTL 电平的串口和 RS-232 电平的串口。TTL 电平是 3.3V 的，而 RS-232 是负逻辑电平，它定义＋5～＋12V 为低电平，而－12～－5V 为高电平，MDS2710、MDS SD4、EL805 等是 RS-232 接口，EL806 有 TTL 接口，节点通是串行通信行家。串行接口按电气标准及协议来分，包括 RS-232C、RS-422、RS-485 等。RS-232C、RS-422 与 RS-485 标准只对接口的电气特性做出规定，不涉及接插件、电缆或协议。

（1）RS-232。RS-232 也称标准串口，最常用的一种串行通信接口。它是在 1970 年由美国电子工业协会（EIA）联合贝尔系统、调制解调器厂家及计算机终端生产厂家共同制定的用于串行通信的标准。它的全名是"数据终端设备（DTE）和数据通信设备（DCE）之间串行二进制数据交换接口技术标准"。传统的 RS-232C 接口标准有 22 根线，采用标准 25 芯 D 型插头座（DB25），后来使用简化为 9 芯 D 型插座（DB9），现在应用中 25 芯插头座已很少采用。RS-232 采取不平衡传输方式，即所谓单端通信。由于其发送电平与接收电平的差仅为 2～3V，所以其共模抑制能力差，再加上双绞线上的分布电容，其传送距离最大约为 15m，最高速率为 20Kb/s。RS-232 是为点对点（即只用一对收、发设备）通信而设计的，其驱动器负载为 3～7kΩ，所以 RS-232 适合本地设备之间的通信。

（2）RS-422。标准全称是"平衡电压数字接口电路的电气特性"，它定义了接口电路的特性。典型的 RS-422 是四线接口。实际上还有一根信号地线，共 5 根线。其 DB9 连接器引脚定义。由于接收器采用高输入阻抗和发送驱动器比 RS-232 更强的驱动能力，所以允许在相同传输线上连接多个接收节点，最多可接 10 个节点。即一个主设备（Master），其余为从设备（Slave），从设备之间不能通信，所以 RS-422 支持点对多的双向通信。接收器输入阻抗为 4kΩ，故发端最大负载能力是 10×4kΩ＋100Ω（终接电阻）。RS-422 四线接口由于采用单独的发送和接收通道，因此不必控制数据方向，各装置之间任何必须的信号交换均可以按软件方式（XON/XOFF 握手）或硬件方式（一对单独的双绞线）实现。RS-422 的最大传输距离为 1219m，最大传输速率为 10Mb/s。其平衡双绞线的长度与传输速率成反比，在 100Kb/s 速率以下，才可能达到最大传输距离。只有在很短的距离下才能获得最高传输速率。一般 100m 长的双绞线上所能获得的最大传输速率仅为 1Mb/s。

(3) RS-485。RS-485 是从 RS-422 基础上发展而来的，所以 RS-485 许多电气规定与 RS-422 相仿，如都采用平衡传输方式、都需要在传输线上接电阻等。RS-485 可以采用二线与四线方式，二线制可实现真正的多点双向通信，而采用四线连接时，与 RS-422 一样只能实现点对多的通信，即只能有一个主（Master）设备，其余为从设备，但它比 RS-422 有改进，无论四线还是二线连接方式在总线上可多接到 32 个设备。RS-485 与 RS-422 的不同还在于其共模输出电压是不同的，RS-485 的是－7V～＋12V，而 RS-422 的是－7V～＋7V，RS-485 接收器最小输入阻抗为 12kΩ，而 RS-422 的是 4kΩ；由于 RS-485 满足所有 RS-422 的规范，所以 RS-485 的驱动器可以在 RS-422 网络中应用。RS-485 与 RS-422 一样，其最大传输距离约为 1219m，最大传输速率为 10Mb/s。平衡双绞线的长度与传输速率成反比，在 100Kb/s 速率以下，才可能使用规定最长的电缆长度。只有在很短的距离下才能获得最高传输速率。一般 100m 长双绞线最大传输速率仅为 1Mb/s。

5. 并行接口

并行接口，指采用并行传输方式来传输数据的接口标准。从最简单的一个并行数据寄存器或专用接口集成电路芯片如 8255、6820 等，一直至较复杂的 SCSI 或 IDE 并行接口，种类有数十种。一个并行接口的接口特性可以从两个方面加以描述。

(1) 以并行方式传输的数据通道的宽度，也称接口传输的位数。

(2) 用于协调并行数据传输的额外接口控制线或称交互信号的特性。数据的宽度可以是 1～128bit 或者更宽，最常用的是 8bit，可通过接口一次传送 8 个数据位。在计算机领域最常用的并行接口是通常所说的 LPT 接口，如图 2-11 所示。

通常所说的并行接口一般称为 Centronics 接口，也称为 IEEE 1284，最早由 Centronics Data Computer Corporation 公司在 20 世纪 60 年代中期制定。Centronics 公司当初是为点阵行式打印机设计的并行接口，1981 年被 IBM 公司采用，后来成

图 2-11 并行接口的外观

为 IBM PC 机的标准配置。它采用了当时已成为主流的 TTL 电平，每次单向并行传输 1B（8bit）数据，速度高于当时的串行接口（每次只能传输 1bit），获得广泛应用，成为打印机的接口标准。1991 年，Lexmark IBM、Texas instruments 等公司为扩大其应用范围而与其他接口竞争，改进了 Centronics 接口，使它能实现更高速的双向通信，以便能连接磁盘机、磁带机、光盘机、网络设备等计算机外部设备（简称外设），最终形成了 IEEE 1284—1994 标准，全称为 "Standard Signaling Method for a Bi-directional Parallel Peripheral Interface for Personal Computers"，数据传输速率从 10Kb/s 提高到 2Mb/s（16Mbit/s）。但事实上这种双向并行通信并没有获得广泛使用，并行接口仍主要用于打印机和绘图仪，其他方面只有的少量设备应用，这种接口一般被称为打印接口或 LPT 接口 。

并行接口是指数据的各位同时进行传送，其特点是传输速率快，但当传输距离较远、位数又多时，就导致通信线路复杂且成本提高。

如果比较一下串口和并口的区别，打个比方，串口就是一条车道，而并口就是有 8 个车道，同一时刻能传送 8bit（1B）数据。但是这并不意味着并口快。由于 8bit 通道之间的互相干扰，传输速率就受到了限制。而且当传输出错时，要同时重新传 8bit 的数据。而串口没有干扰，传输出错后重发一位就可以了，所以要比并口快。串口硬盘就是这样被人们重视的。

6. USB 接口

通用串行总线（Universal Serial Bus，简称 USB），是连接外部装置的一个串口汇流排标准，在计算机上使用广泛，但也可以用在机顶盒和游戏机上，补充标准 On-The-Go（OTG）使其能够用于在便携装置之间直接交换资料。其外观如图 2-12 所示。

图 2-12　USB 接口的外观

USB 是一个外部总线标准，用于规范计算机与外部设备的连接和通信。USB 接口支持设备的即插即用和热插拔功能。USB 接口可用于连接多达 127 种外设，如鼠标、调制解调器和键盘等，已成功替代串口和并口，并成为当今个人计算机和大量智能设备的必配的接口之一。从 1994 年 11 月 11 日发表了 USB V0.7 版本以后，USB 版本经历了多年的发展，到现在已经发展为 3.0 版本。

USB 设备之所以会被大量应用，主要具有以下优点：

（1）可以热插拔。这就让用户在使用外接设备时，不需要重复"关机将并口或串口电缆接上再开机"这样的动作，而是直接在计算机上工作时，就可以将 USB 电缆插上使用。

（2）携带方便。USB 设备大多以"小、轻、薄"见长，对用户来说，同样 20GB 的硬盘，USB 硬盘比 IDE 硬盘要轻一半的重量，在想要随身携带大量数据时，当然 USB 硬盘会是首要之选了。

（3）标准统一。大家常见的是 IDE 接口的硬盘、串口的鼠标键盘、并口的打印机扫描仪，可是有了 USB 之后，这些应用外设统统可以用同样的标准与个人计算机连接，这时就有了 USB 硬盘、USB 鼠标、USB 打印机等。

（4）可以连接多个设备。USB 在个人计算机上往往具有多个接口，可以同时连接几个设备，如果接上一个有四个端口的 USB HUB 时，就可以再连上四个 USB 设备，依此类推，尽可以连下去，将你家的设备都同时连在一台个人计算机上而不会有任何问题（注：最高可连接至 127 个设备）。

2.4　工业控制计算机的发展趋势

20 世纪 90 年代以来，由于基于 PC 的工业计算机（工业 PC）的发展，以工业 PC、I/O 装置、监控装置、控制网络组成的基于 PC 的自动化系统得到了迅速普及，成为实现低成本工业自动化的重要途径。PC 总线也成为了工控机范畴内一个重要的总线类型，代表了工控机技术的发展方向和未来趋势。基于 PC 控制技术是融合 PC 技术、信号测量与分析技术、控制技术、通信技术于一体的高性能测量与控制技术，用于信号测量、工业过程数据采集与控制、运动控制、通信控制等。包括工业计算机平台、功能卡和应用软件，通过插入各种功能卡和编写软件，形成功能强大的数据采集系统、通信控制器和运动控制系统。近年来，基于 PC 的控制技术正向更快速、更精确的测控方向发展。由于基于 PC 的控制器被证明可以像 PLC 一样可靠，并且被操作和维护人员接受，因此，一个接一个的制造商至少在部分生产中正在采用 PC 控制方案。基于 PC

的控制系统易于安装和使用，有高级的诊断功能，为系统集成商提供了更灵活的选择，从长远角度看 PC 控制系统维护成本低。由于基础自动化和过程自动化对工业 PC 的运行稳定性、热插拔和冗余配置要求很高，现有的 IPC 已经不能完全满足要求，将逐渐退出该领域，取而代之的将是基于 PC Compact PCI 的工控机，而 IPC 将占据管理自动化层。Intel 和 Microsoft 公司认为，通过插卡的方式增强 PC 功能的时代就要结束了，未来的 PC 机将从并行插卡式总线转移到串行接口总线，达到互连和扩展外设的目的。USB 和 IEEE 1394 就是两种低成本的串行接口总线，仅需要几根连接电缆，可以嵌入到 CPU 内部运行。所以 Compact PCI 技术将进一步融合 USB 和 IEEE 1394 技术，并通过 PCI-USB 和 PCI-1394 的桥接进行转换。

当"软 PLC"出现时，曾认为工业 PC 将会取代 PLC。然而时至今日，工业 PC 并没有代替PLC 主要有两个原因：一个是系统集成商的原因；另一个是软件操作系统的原因。一个成功的基于 PC 的控制系统要具备两点：一是所有工作要由一个平台上的软件完成；二是向客户提供所需要的所有东西。工业 PC 与 PLC 的竞争将主要在高端应用上，其数据复杂且设备集成度高。工业 PC 不可能与低价的微型 PLC 竞争，这也是 PLC 市场增长最快的一部分。从发展趋势看，控制系统的将来很可能存在于工业 PC 和 PLC 之间。随着软 PLC 控制组态软件的进一步完善和发展，安装有软 PLC 组态软件和基于 PC 控制的市场份额将逐步得到增长。可以相信 PLC 将继续向开放式控制系统方向转移，尤其是基于工业 PC 的控制系统。基于 PC 的控制将更加广泛地应用于中小规模的过程控制，各 DCS 厂商也将纷纷推出基于工业 PC 的小型 DCS 系统。开放性的DCS 系统将同时向现场总线（CFCS）和工业以太网方向发展，使来自生产过程的现场数据在整个企业内部自由流动，实现信息技术与控制技术的无缝连接，向测控管一体化方向发展。总之，随着计算机技术及应用的发展，工业控制机不断向数字化、微型化、分散化、个性化、专用化方向发展，工业控制机系统向网络化、集成化、综合化、智能化方向发展。

 习题与思考题

1. 在中国工业控制计算机经历了哪几个时代的发展？
2. 工业控制计算机的概念是什么？
3. 工业控制计算机与通用计算机相比，有哪些特点？
4. 工业控制计算机上有哪些常见的接口？

第3章 计算机控制系统中接口技术与I/O设备

　　计算机控制系统的输入/输出接口（经常被称作生产过程通道）是计算机与生产过程或外部设备之间交换信息的桥梁，也是计算机控制系统中的一个重要组成部分。工业过程控制的计算机，必须实时地了解被控对象的情况，并根据现场情况发出各种控制命令控制执行机构动作，如果没有输入/输出接口的支持，计算机控制系统就失去了实用的价值。用于过程控制计算机的输入/输出接口可以分为模拟量输出接口、模拟量输入接口、开关量（数字量）输入/输出接口。其中模拟量输出接口的功能是把计算机输出的数字信号转换成模拟的电压或电流信号，以便驱动相应的模拟执行机构动作，达到控制生产过程的目的；模拟量输入接口的功能是把工业生产控制现场送来的模拟信号转换成计算机能接收的数字信号，完成现场信号的采集与转换功能；开关量输入/输出接口是把现场的开关量信号，如触点信号、电平信号等送入计算机，实现环境、动作、数量等的统计、监督等输入功能，并根据事先设定好的参数，实施报警、联锁、控制等输出功能。

3.1　计算机控制中的接口技术概述

　　现在工业上通常把计算机控制系统的生产过程通道做成板卡或智能模块（包括智能设备）的形式，便于系统集成应用。工业控制计算机系统是由各种模板插件构成的，总线是这些模板插件之间进行信息传送的通路。计算机通过标准通信总线对这些板卡或智能模块进行控制。标准通信总线又称外总线，用于工控机和各终端设备、仪器或其他设备的通信，有时也用于系统之间的通信。通信总线又分并行总线和串行总线两种。并行总线一般为位并行、字节串行形式，即数据宽度为一个字节，一次一个字节连续传送。其优点是数据传输速率高，适用于短距离传输，缺点是与串行总线相比要用较多的导线或电缆，成本较高。串行总线是完全串行形式，即一次一位连续传送。其缺点是数据传输速率比并行总线低，但是使用导线或电缆数量少，甚至仅用一对双绞线即可传送，成本低，适合于较远距离的传输。在工控机系统中常用的标准串行总线有 RS-232、RS-422 和 RS-485，常用的标准并行总线是 ISA 总线及 PCI 总线。工业计算机控制系统中的通信总线与生产过程通道的连接有两种主要形式：并行总线连接和串行总线连接。并行总线连接通过板卡形式的生产过程通道。板卡一端插在工控机机箱总线插槽内（ISA 总线或 PCI 总线），另一端通过电缆连接工业现场设备。系统结构框图如图 3-1 所示。

　　串行总线连接通过智能模块形式的生产过程通道。智能模块的一端连接工业现场设备，另一端通过电缆连接计算机外部串行通信接口。所有智能模块通过一根电缆直接挂在串行通信总线上，系统结构框图如图 3-2 所示。

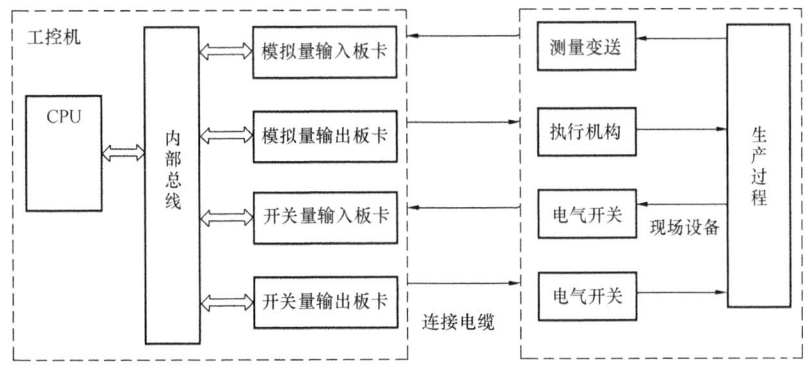

图 3-1　板卡类设备过程通道与系统连接框图

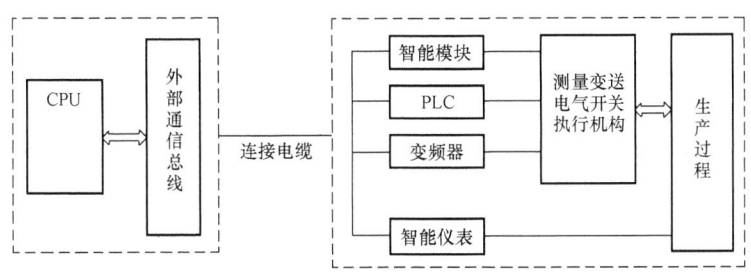

图 3-2　智能模块类设备过程通道与系统连接框图

3.2　并行通信中的接口技术

目前市场上 PC 总线类型有：XT 总线、ISA 总线、EISA 总线、VESA 总线（VL-BUS）以及 PCI 总线。ISA 总线就是 AT 总线，它是在 XT 总线基础上扩充设计的 16 位总线，其寻址空间最大 16MB，操作速度为 8MHz，数据传输速率为 16Mbps。EISA（Extend Industrial Standard Architecture）总线是一个 32 位总线，它支持总线主控，其数据传输速率可达 32 Mbps。VL-BUS 也称 VESA 总线，它是局部总线（Local BUS）标准，是 ISA 总线的简单扩展，可以与 ISA 或 EISA 总线同时使用。其主要技术思路是使过去通过 ISA 总线进行的数据交换改成由 CPU 总线直接进行，传送速度与 CPU 速度一致，局部总线设备可直接连接到处理器总线上，并以处理器的时钟频率运行。这里所讲的 VL-BUS 标准，实际上就是通常所说的 VESA 总线标准，它已被通用 PC 界广泛接受。PCI（外部设备连接接口）总线是 1993 年 Intel 公司主导推出的。其定义的是一个功能强大的新型总线结构。它支持并发 CPU 和总线主控部件操作，支持 64 位奔腾（Pentium）处理器。目前，在工控机上已普遍应用 PCI 总线。上述几种总线标准中在目前市场、人才和技术三个方面，ISA 总线较为成熟，因此工业 PC 机主要以 ISA 总线（AT 总线）、PCI 总线为主流。

3.2.1　ISA 总线接口技术

ISA 总线是在 XT 总线基础上扩充的，即把 XT 总线的 62 线信号扩充为 98 线。ISA 所扩充的 36 线信号主要用于寻址范围、数据位数、中断资源以及 DMA 传输资源的扩充。ISA 总线的 98 根信号线如图 3-3 所示。

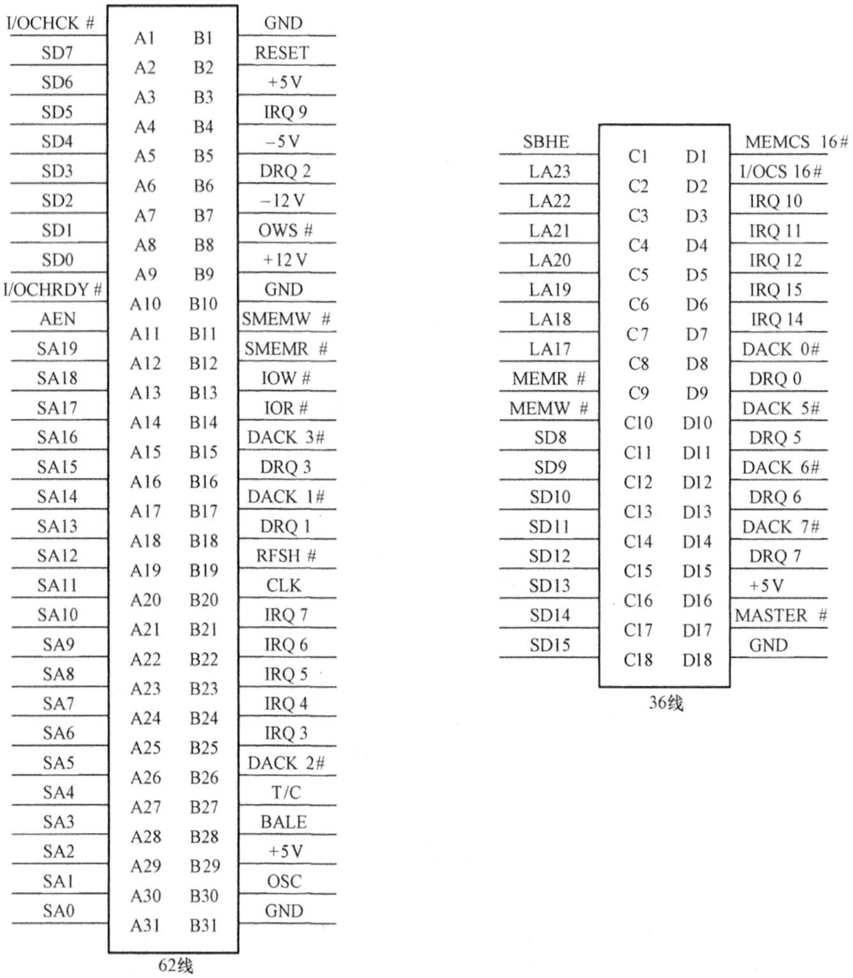

I/OCHCK #	A1	B1	GND
SD7	A2	B2	RESET
SD6	A3	B3	+5 V
SD5	A4	B4	IRQ 9
SD4	A5	B5	−5 V
SD3	A6	B6	DRQ 2
SD2	A7	B7	−12 V
SD1	A8	B8	OWS #
SD0	A9	B9	+12 V
I/OCHRDY #	A10	B10	GND
AEN	A11	B11	SMEMW #
SA19	A12	B12	SMEMR #
SA18	A13	B13	IOW #
SA17	A14	B14	IOR #
SA16	A15	B15	DACK 3#
SA15	A16	B16	DRQ 3
SA14	A17	B17	DACK 1#
SA13	A18	B18	DRQ 1
SA12	A19	B19	RFSH #
SA11	A20	B20	CLK
SA10	A21	B21	IRQ 7
SA9	A22	B22	IRQ 6
SA8	A23	B23	IRQ 5
SA7	A24	B24	IRQ 4
SA6	A25	B25	IRQ 3
SA5	A26	B26	DACK 2#
SA4	A27	B27	T/C
SA3	A28	B28	BALE
SA2	A29	B29	+5 V
SA1	A30	B30	OSC
SA0	A31	B31	GND

62线

SBHE	C1	D1	MEMCS 16#
LA23	C2	D2	I/OCS 16#
LA22	C3	D3	IRQ 10
LA21	C4	D4	IRQ 11
LA20	C5	D5	IRQ 12
LA19	C6	D6	IRQ 15
LA18	C7	D7	IRQ 14
LA17	C8	D8	DACK 0#
MEMR #	C9	D9	DRQ 0
MEMW #	C10	D10	DACK 5#
SD8	C11	D11	DRQ 5
SD9	C12	D12	DACK 6#
SD10	C13	D13	DRQ 6
SD11	C14	D14	DACK 7#
SD12	C15	D15	DRQ 7
SD13	C16	D16	+5 V
SD14	C17	D17	MASTER #
SD15	C18	D18	GND

36线

图 3-3　ISA 总线引脚图

各信号线定义如下所示。

（1）CLK（输出，第 B20 脚）。一个 8MHz 系统时钟信号。它同步于微处理器周期时钟，周期时间为 167ns，占空比为 50 ％。此信号仅用来同步信号，不能当一个同步频率来使用。

（2）RESET（输出，第 B2 脚）。在系统上电或从过电压恢复时复位或初始化系统逻辑，它在高电平时有效。

（3）SA0～SA19（输入/输出，第 A31～A12 脚）。20 位地址线。SA0～SA19 用于系统中的存储器及 I/O 装置的寻址。这 20 条地址线再加上 LA17～LA23，就可以对多达 16MB 的存储器空间进行存取操作。当 BALE 高电平时，SA0～SA19 就挂到系统总线上；而在 BALE 的下降沿，它们被锁存。这些信号是由微处理器或 DMA 控制器产生的，也可以由其他微处理器或 DMA 控制器来驱动。

（4）LA17～LA23（输入/输出，第 C8～C2 脚）。非锁存信号。它们用于系统中的存储器及 I/O 装置的寻址，由于这些信号线的加入，允许的可寻址空间可达 16MB。当 BALE 为高电平时，这些信号才有效。在微处理器周期，LA17～LA23 不被锁存，所以在整个周期内均为无效。这样是因为存储器的译码需要 1 个等待状态存储器的周期，而这些译码在 BALE 的下降沿由 I/O 适配器锁存。这些信号同样也可以由装在 I/O 通道上的其他微处理器或 DMA 控制器来驱动。

（5）SD0～SD15（输入/输出，第 A9～A2 脚、第 C11～C18 脚）。为微处理器、存储器和I/O装置提供 16 位数据总线，SD0 是最低有效位，SD15 是最高有效位，在 I/O 通道上，所有的 8 位装置都使用 SD0～SD7 来和微处理器通信，16 位装置则使用 SD0～SD15。为了支持 8 位装置，在 8 位传输期间，SD8～SD15 上的数据作为 SD0～SD7 的选通；而在 16 位微处理器向 8 位装置传输时，则将转换为两个 8 位来进行。

（6）BALE（输出，第 B28 脚）。地址锁存允许信号。它是由 82288 总线控制器提供的信号，用于对系统主板上来自微处理器的有效地址和存储器译码。它把 I/O 通道作为有效的微处理器地址或 DMA 地址（当与 AEN 一起作用时）的指示器。微处理器的地址 SA0～SA19 是在 BALE 下降沿被锁存的，而在 DMA 周期里，BALE 被强制为高电平。

（7）I/OCHCK#（输入，第 A1 脚）。I/O 通道检验信号，它为系统提供有关 I/O 通道上的存储器或装置的奇偶校验错误信息。当该信号发生时，表示有无法更正的系统错误。

（8）I/OCHRDY#（输入，第 A10 脚）。I/O 通道准备就绪信号，它受存储器或 I/O 装置控制，当它为低电平时（没有准备就绪），就要延长存储器 I/O 周期，任何慢速装置使用这条线就使它为低电平。直到收到有效的地址码和读写命令为止。机器周期以时钟周期（167ns）的整数倍方式延长。此信号的低电平保持不得超过 $2.5\mu s$。

（9）IRQ3～IRQ7，IRQ9～IRQ12，IRQ14～IRQ15（输入，第 B25～B21、B4、D3～D7 脚）。中断请求 3～7，9～12，14～15 信号。它们用来通知微处理器注意 I/O 装置的请求。这些中断请求具有优先次序，其中 IRQ9～IRQ12 和 IRQ14～IRQ15 的优先级较高（IRQ9 最高），而 IRQ3～IRQ7 的优先级较低（IRQ7 最低）。当 IRQ 线由低电平变为高电平时，即产生中断请求。此高电平一直要保持到微处理器响应中断请求、执行中断服务子程序为止，IRQ13 在系统板上，对 I/O 通道无效，而 IRQ8 则用于实时时钟。

（10）IOR#（输入/输出，第 B14 脚）。I/O 读信号，它指示 I/O 装置把数据送到数据总线上。它可以由系统微处理器或 DMA 控制器驱动，也可以由装在 I/O 通道上的微处理器或 DMA 控制器驱动。此信号低电平有效。

（11）IOW#（输入/输出，第 B13 脚）。I/O 写信号，它指示 I/O 装置读取数据总线上的数据。它可以由系统微处理器或 DMA 控制器驱动，也可以由装在 I/O 通道上的微处理器或 DMA 控制器驱动，此信号低电平有效。

（12）SMEMR#（输出，第 B12 脚）、MEMR#（输入/输出，第 C9 脚）。这两个信号指示存储器将数据送到数据总线上。SMEMR# 仅当存储器译码处在低于 1MB 的存储空间有效，而 MEMR# 适用于所有的存储器读周期。MEMR# 可以由系统中任何微处理器或 DMA 控制器来驱动，SMEMR# 则由 MEMR# 以及存储器低于 1MB 的译码而得来。当 I/O 通道上的微处理器要驱动 MEMR# 时，必须在使 MEMR# 有效之前先使得总线上的地址线保持一个时钟周期为有效。这两个信号都是低电平有效。

（13）SMEMW#（输出，第 B11 脚）、MEMW#（输入/输出，第 C10 脚）。这两个信号指示存储器把当前数据总线上的数据存入。SMEMW# 仅当存储器译码处于低于 1MB 的存储空间的时候有效，而 MEMW# 适用于所有的存储器写周期。MEMW# 可以由系统中任何微处理器或 DMA 控制器来驱动，SMEMW# 则由 MEMW# 以及存储器低于 1MB 的译码得来。当 I/O 通道上的微处理器要驱动 MEMW# 时，必须在 MEMW# 有效之前保持一个时钟周期有效。这两个信号也是低电平有效。

（14）DRQ0～DRQ3、DRQ5～DRQ7（输入，第 D9、B18、B6、B16、D11、D13、D15 脚）。DMA 请求信号。DMA 请求 0～3 和 5～7 是非同步通道的请求，用于外围装置和 I/O 通道微处理

器取得 DMA 服务（或对系统的控制）。它们具有优先次序，DRQ0 的优先级最高，DRQ7 的优先级最低。DRQ 线进入有效电平就产生了请求，它必须保持有效高电平，直到响应的 DMA 请求响应（DACK）线有效为止。DRQ0～DRQ3 执行 8 位 DMA 传送。而 DRQ5～DRQ7 执行 16 位传送．DRQ4 为系统主板使用对 I/O 通道无效。

（15）DACK0♯～DACK3♯、DACK5♯～DACK7♯（输出，第 D8、B17、B26、B15、D10、D12、D14 脚）。DMA 响应信号。DMA 响应 0～3 和 5～7 用于对响应的 DMA 请求应答，它们是低电平有效信号。

（16）AEN（输出，第 A11 脚）。地址允许信号，用于把微处理器及其他装置从 I/O 通道上释放以便能够执行 DMA 传送。当此线有效时，DMA 控制器将控制地址总线、数据总线、读取命令线（存储器和 I/O 通道）及写命令线（存储器和 I/O）。

（17）RFSH♯（输入/输出，第 B19 脚）。此信号用来指示刷新周期，它可以由 I/O 通道上的微处理器来驱动。

（18）T/C（输出，第 B27 脚）。定时计数信号。当任何 DMA 通道上的计数到达时，该定时计数线将提供一个脉冲。

（19）SBHE（输入/输出，第 C1 脚）。总线高位允许信号，它指示在数据总线上的高位（SD8～SD15）上传输数据。16 位的装置可用 SBHE 来设定与 SD8～SD15 有关的数据总线缓冲器。

（20）MASTER♯（输入，第 D17 脚）。信号线与 DRQ 线一起用于夺取对系统的控制权。I/O 通道上的处理器或 DMA 控制器可以在中断模式下向 DMA 通道发出 DRQ 并接收 DACK，在收到 DACK 之后，MASTER♯为低电平时，以控制系统的地址、数据和控制线（即所谓三态情形）。在 MASTER♯为低电平以后，I/O 微处理器在驱动地址和数据线之前要等待一个系统时钟周期。如果保持此信号为低电平的时间超过 $15\mu s$，系统存储器将因为没有得到刷新而丢失内容。

（21）MEMCS16♯（输入，第 D1 脚）。存储器 16 位芯片选择信号，用来通知系统主板，当前的数据传送是一个等待状态、16 位的存储器周期。它必须由来自 LA17～LA23 的译码所驱动。在电路上，由能够吸收 20mA 电流的集电极开路或三态驱动器驱动。

（22）I/OCS16♯（输入，第 D2 脚）。I/O16 位芯片选择信号，用来通知系统主板，当前的数据传送是一个 16 位的、等待状态的 I/O 周期。它的驱动来自地址的译码。在电路上 I/OCS16♯也是低电平有效，而由能够吸收 20mA 电流的集电极开路或三态驱动器驱动。

（23）OSC（输出，第 B30 脚）。晶体振荡器信号，是一个高速时钟信号，该信号不与系统时钟同步，其占空比为 50%。

（24）OWS♯（输入，第 B8 脚）。零状态等待信号，用来告诉微处理器，它可以完成当前的总线周期，不必增加任何附加的等待状态。为了要在此等待状态的 16 位装置上执行一个存储器周期，须从读命令或写命令的地址译码中获得 OWS 线的驱动。而要在至少两个等待状态的 8 位装置上执行一个存储器周期，在装置的地址译码选通读命令或写命令以后一个系统时钟周期，OWS 被驱动为有效。对 8 位装置的存储器读命令和写命令是在系统时钟的下降沿为有效。OWS 是低电平有效信号，它也要由能够吸收 20mA 电流的集电极开路或三态驱动器驱动。ISA 总线可提供 24 位存储器地址，数据访问可选择 8 位或 16 位。

3.2.2 PCI 总线接口技术

PCI 总线被认为确实是一种高速的互连系统，它既不是扩展总线，也有别于局部总线，所以它还有一个名称叫"夹层总线"。Intel 公司于 1990 开始的 PCI 设计之初是基于 Pentium 系统的，但随后就放弃了这一初衷，采用脱离处理器、脱离 Intel CPU 的设计方案，使得 PCI 有一个较宽的适用范围。也正是这些意识超前的设计，使得 PCI 标准得到了众多厂商和用户的青睐，并得以迅速推广。目前的 PCI 标准已经推出了 2.2 版。PCI 的标准较多，包容面也较宽，有 3.3V PCI 与 5.0V PCI 之分、有普通 PCI 与便携 PCI 标准之分。本书介绍的 PCI 总线标准是台式 PC 机 32 位 PCI 标准。

1. PCI 总线的特点

（1）与处理器无关的设计。如中断的设计、总线速度的设计，这些设计使得 PCI 总线不依赖 CPU 的型号及厂商，有利于 PC 机的发展。

（2）突发模式的设计。类似于数据流的概念，在给出首地址后，成批数据的传送变得简单而迅速，并且可以有效地提高接口总线的吞吐容量，这种方式的引入，可以在 32 位 PC 机上达到 132Mb/s 的输入/输出量（64bit/66MHz 时可达 264Mb/s）。

（3）高带宽设计。可以支持 64bit、66MHz PC 机的接口速度。

（4）地址线与数据线合并的设计。节省接口信号引脚，但又不影响接口的输入/输出速度。这种设计在小型 CPU 或单片机的设计中较为普遍。

（5）热插拔技术的设计。方便 PC 机的维护，提高 PC 机的可靠性。

2. PCI 引脚信号

只要数一数某一 PCI 形式扩展卡上的金手指，就可以得出 PCI 总线标准共有 120 个引脚信号，但实际上情况略微复杂一些。5V/64 位 PCI 标准所定义的引脚信号共有 188 个，但是绝大部分的 PC 机只采用其中的属于 32 位 PCI 标准的共 124 个信号，引脚排列为 A1、B1、A2、B2…… A62、B62，其中也包含 4 个未用信号（A50、A51、B50 和 B51），这 124 个信号是 PCI 标准中 32 位标准，它并未使用 64 位的扩展信号，共有有用信号线 120 根。这些信号线分为系统信号、地址/数据信号、接口控制信号、仲裁信号、错误报告信号、中断信号和支持高速缓冲信号，另外还有 64 位扩展总线信号，JTAG/边缘扫描信号等类型。部分信号的具体说明如下。

（1）时钟信号，CLK，输入。时钟信号，上升沿作用，总线传送数据的基准时钟，绝大多数的 PCI 信号均是由此信号产生的，并且在 CLK 信号上升沿采样，支持超过 33MHz 的时钟频率，允许使用与 CPU 不同的时钟发生器。

（2）复位信号，RST♯，输入。RST♯信号，低电平有效。强迫 PCI 总线的连接设备复位。

（3）地址/数据信号，AD31～AD0，双向。AD 信号，三态，为地址/数据复合控制信号。每当进入读或写的周期时，第一个时钟周期出现地址，第三个时钟周期出现数据。突发模式下只出现一个地址周期，但可以随后出现多个数据周期，数据信号周期一般占有一个时钟周期的宽度，但由于 IRDY♯或 TRDY♯无效，会因加入 TRDY♯而适当延长。发送数据，当 IRDY♯有效时，主设备发送（写）数据稳定有效，TRDY♯有效时，从设备接收（读）准备好，反之类似，而在 IRDY♯和 TRDY♯同时有效时，数据传送才得以完成。

（4）控制/字节允许信号，C/BE3♯～C/BE0♯，双向。C/BE 信号，三态，低电平有效，为复合总线信号或为字节允许信号。在地址周期内，表示总线控制命令，C/BE3～C/BE0 的不同组合，表示 PCI 总线不同控制命令时的工作状态；在数据周期内，表示字节允许，意味着相应的地址/数据总线上有稳定数据，C/BE3♯应用于 MSB，C/BE0♯应用于 LSB，表示相应的 8 位传送数据是否有效。总线控制命令主要分为以下不同的情况：中断响应，特别周期，I/O 读，I/O 写，存储器读，存储器行读，存储器多重读，存储器写，存储器无效写，读配置，写配置和双地址周期。

（5）奇偶信号，PAR，双向。PAR 信号，三态，为奇偶校验信号。根据 AD 和 C/BE 信号的状态产生奇偶校验在地址周期之后一个时钟周期内稳定。在写周期内由主设备的地址驱动，而在读周期内则由从设备的地址驱动。

(6) 框架信号，FRAME♯，双向。FRAME♯信号，低电平有效，持续信号。由当前总线主设备激活，表示传送周期开始而且正在进行。它在开始时有效，在最终一个数据周期开始主设备准备好以后开始失效。

(7) 主设备准备好信号，IRDY♯，双向。IRDY♯信号，低电平有效，持续信号。由当前总线主设备激活，表示主设备准备好。在读期间内，表示主设备接收数据准备好，在写期间内，表示当前 AD 总线上数据已经稳定有效。

(8) 从设备准备好信号，TRDY♯，双向。TRDY♯信号，低电平有效，持续信号。由当前总线从设备激活，表示受控设备准备好。在读期间内，表示当前 AD 总线上数据已经稳定有效，在写期间内，表示从设备已经做好接收数据的准备。

(9) 停止信号，STOP♯，双向。STOP♯信号，低电平有效，持续信号。由从设备激活，表示当前从设备希望主设备停止当前传送。

(10) 锁定信号，LOCK♯，双向。LOCK♯信号，低电平有效，持续信号。表示一个需要多倍处理的微操作。

(11) 设置片选信号，IDSEL，输入。IDSEL 信号，高电平有效。设备初始化或设置时的选择信号，用于在读写处理方式设置时的片选。

(12) 设备选择信号，DEVSEL，双向。DEVSEL 信号，高电平有效。由主设备的地址译码而得，表示当前主设备是否选中从设备。

(13) 仲裁请求 REQ♯，双向。REQ♯信号，低电平有效。表示设备需要对总线访问，请求仲裁，它是一根点对点的信号线。

(14) 仲裁允许，GNT♯，双向。GNT♯信号，低电平有效。表示设备经仲裁已经准许获得总线的访问权。它是一个点对点的信号线。

(15) 奇偶错误信号，PERR♯，双向。PERR♯信号，低电平有效。表示已经由写周期的目标或读周期的初始指针侦查到一个数据奇偶错误。

(16) 系统错误信号，SERR♯，双向。SERR♯信号，低电平有效，共享信号。表示设备有地址奇偶错误、临界错误和其他一些奇偶错误。

(17) 中断信号，INTA♯，输入。INTA♯信号，低电平有效，共享信号。用于中断请求。允许多条设备 INT 线共享。

(18) 中断信号，INTB♯，输入。INTB♯信号，低电平有效，共享信号。用于中断请求。只能允许在多功能设备上有含义。允许多条设备 INT 线共享。

(19) 中断信号，INTC♯，输入。INTC♯信号，低电平有效，共享信号。用于中断请求。只能允许在多功能设备上有含义。允许多条设备 INT 线共享。

(20) 中断信号，INTD♯，输入。INTD♯信号，低电平有效，共享信号。用于中断请求。只能允许在多功能设备上有含义。允许多条设备 INT 线共享。

(21) Snoop BackOff 信号，SBO♯，双向。Snoop BackOff 信号，表示缓冲改写出现冲突，SBO♯无效且 SDONE 有效时，表示消除 Snoop 结果。

(22) Snoop Done 信号，SDONE，双向。Snoop Done 信号，表示当前 Snoop 的状态，SDONE 被激活时，表示 Snoop 已经完成。

以下为 64 位扩展总线信号。

(23) 地址/数据信号，AD63～AD32，双向。AD 信号，三态，为地址/数据复合信号。每当进入读或写的周期时，第一个时钟周期出现地址，第三个时钟周期出现数据。突发模式下只出现一个地址周期。用于扩展的64位总线。

（24）控制/字节允许信号，C/BE7♯～C/BE4♯，双向。C/BE信号，三态，低电平有效，为复合总线信号或为字节允许信号。在地址周期内，表示总线控制命令，C/BE3♯～C/BE0♯的不同组合，表示不同的控制；在数据周期内，表示传送的字节宽度。

（25）64位请求信号，REQ64♯，双向。REQ64♯信号，三态，低电平有效，用于64位传送请求。

（26）64位响应信号，ACK64♯，双向。ACK64♯信号，三态，低电平有效，表示从设备已经决定准备进行64位传送。

（27）64位奇偶信号，PAR64，双向。PAR64，三态，表示根据一个周期后外部A/D和C/BE信号线状态而得到的奇偶状态。

（28）时钟测试信号，TCK，输入。

（29）输入测试信号，TDI，输入。

（30）输出测试信号，TDO，输出。

（31）模式测试信号，TMS，输入。

（32）复位测试信号，TRST♯，输入。

3.3 串行通信中的接口技术与通信协议

3.3.1 RS-232C与RS-485总线接口技术

1. EIA RS-232C串行总线标准

RS-232C是美国电子工业联合会（EIA）制定的串行通信接口标准，它是从国际电话电报通信咨询委员会（CCITT）推荐的V24标准演变而来的。它定义某些形式的数据终端设备（DTC）和某些形式的数据通信设备（DCE）之间接口的电气特性。

（1）RS-232C信号线。标准规定RS-232C的连接中必须有两根数据传输线。一根用于发送数据，另一根用于接收数据。同时有一根信号地线作为信号电流的返回路径。另外，在DCE和DTE之间还有许多控制线，这些信号线用于建立和保持计算机与终端间的通信。

（2）信号电平。RS-232C对于不同的信号线，采用不同信号电平。对于数据线而言，采用负逻辑，+5～+25V的正电压代表逻辑"0"；-5～-25V的负电压代表逻辑"1"。对于控制线而言，采用正逻辑，+5～+25V的正电压代表逻辑"1"；-5～-25V的负电压代表逻辑"0"。RS-232C接收器必须能识别+3V的逻辑"0"信号和-3V的逻辑"1"信号。使用RS-232C标准时，必须将TTL电平信号转换成RS-232C的电平，或进行相反的转换。可用现成的集成电路完成这种转换，如美国Motorola公司的MC1488和MC1489电路，或用单电源±5V的MAX232E。当然，RS-232C驱动器和接收器还可以用分立元件的晶体管线路实现。

（3）串行数据格式。在RS-232C接口中，数据是以串行方式转输的。在标准中，逻辑"1"信号电平称为标志状态（Mark Condition），逻辑"0"信号电平称为空格状态（Space Condition）。传送字符开始时，总是首先发送起始位。起始位以后，连续传送7位ASCII数据代码，数据按顺序由最低有效位（LSB）到最高有效位（MSB）发送，在数据传输线上每一位都保持位时间间隔。紧跟着数据位的是奇偶校验位，这一位用于差错校验。传输的最后一位是停止位。这些位不携带信息，但是它通知接收器准备接收下一个字符。停止位可以1位、1.5位或2位。ASCII码串行数据格式示于图 3-4。接收器和传输器的位传输速率，以及奇偶校验位和停止位的数目必须保持一致。位时间决定能够传输的最大速率，标准的位速率为 50、75、110、134.5、150、300、600、1200、1800、2400、3600、4800 和 9600B/s。每秒位速率也称波特率。目前最常用的数据码是 7 位 ASCII 码。当然，RS-232C 标准对下列的字符代码也完全适用，如 5 位 Murrsy&Baudot 码，IBM 6 位对应码和 8 位 EBCDIC 码。

（4）RS-232C 接口。规定采用 DB-25 型 25 脚标准接插件，这种标准接插件示于图 3-5。

RS-232C 标准对 DB-25 型接插件的引脚信号作了严格规定，现将 RS-232C 接口标准的信号规范列在表 3-1 中。表中，DCE 为工控机接口或调制解调器；DTE 为外部终端设备。在实际线路中，为了将一个终端设备（例如鼠标器）接到工控机上，仅需用此标准接插件中的三根引出线。对 DTE 而言，引脚 2 用于发送串行数据；引脚 3 用于接收数据，引脚 7 为信号地线；引脚 1 接机壳地。当采用屏蔽电缆时，接电缆屏蔽线。上述连接方式仅适用于距离小于 15m 的设备连接。若使用调制解调器，借助电话线可将通信距离增大至 8km。

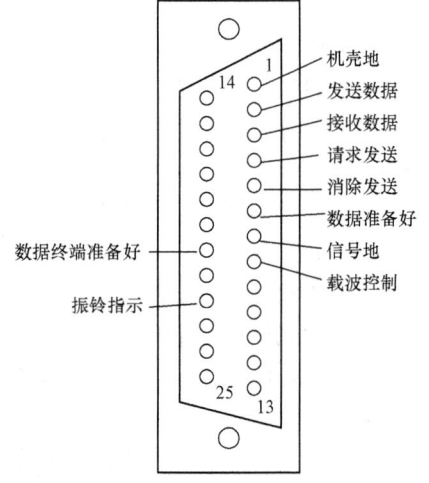

图 3-5　RS-232 标准插接件

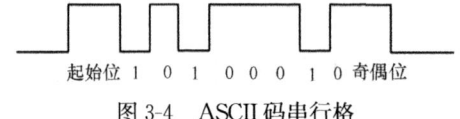

起始位 1 0 1 0 0 0 1 0 奇偶位

图 3-4　ASCII 码串行格

表 3-1　　　　　　　　　　　　　　　RS-232C 接口标准信号规范

引脚	符号	符号名称	助记符	方向	用途	说明
1	AA	机壳地		DCE→DTE	保护地	提供系统安全地线
2	BA	发送数据	TD	DCE→DTE	数据	把串行数据传送到外部设备
3	BB	接收数据	RD	DCE←DTE	数据	把串行数据从外部设备传送到接口
4	CA	请求发送	RTS	DCE→DTE	发送控制	通知外部设备接收数据
5	CB	清除发送	CTS	DCE←DTE	发送控制	接通时，表示外部设备已准备好接收数据
6	CC	数据准备好	DSR	DCE←DTE	建立呼唤	此信号由外部设备接通，表示外部设备电源已接通，已能进行数据传输
7	AS	信号地	—	DCE→DTE	信号地	提供 RS-232C 设备间公共的信号连接
8	CF	载波检测	CD	DCE←DTE	发送控制	接通状态表示一个调制解调器在从另一个远方调制解调器处接收信息。在接收模式中，此线断开状态表示一次传送结束或故障情况
20	CD	数据终端准备好	DTR	DCE→DTE	建立呼唤	每当通信接口正在请求使用一个外部设备时，此信号置于接通状态
22	CE	振铃指示	RI	DCE←DTE	建立呼唤	接通时，表示响应远方呼唤的调制解调器正在要求建立一次通信交换

除了 DB-25 型连接器外，在 AT 机及以后，还使用 DB9 连接器，作为提供多功能 I/O 卡或主板上 COM1 和 COM2 两个串行接口的连接器。它只提供异步通信的 9 个信号。DB9 型连接器的引脚分配与 DB25 型引脚信号完全不同，如图 3-6 所示。

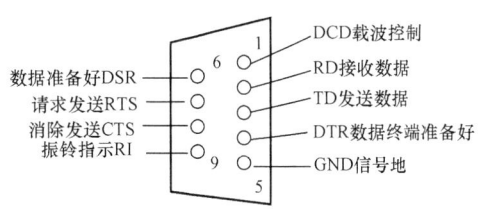

图 3-6　RS-232 标准 DB9 型连接器

2. RS-422 与 RS-485 串行通信接口标准

随着通信技术的发展，对通信速率的要求越来越高，距离要求越来越远。根据 RS-232C 标准，它的最高传输速率为 20Kb/s 时，最远距离仅为 15m，当然在使用中也可达到 60m，但这远远不能满足上述发展对速率及距离所提出的新的要求。美国 EIA 学会于 1977 年在 RS-232C 基础上提出了改进的标准 RS-449，现在的 RS-422 和 RS-485 都是从 RS-449 派生出来的。RS-422 是利用差分传输方式提高通信距离和可靠性的一种通信标准，它在发送端使用 2 根信号线发送同一信号（2 根线的极性相反），在接收端对这 2 根信号线上的电压信号相减得到实际信号，这种方式可以有效地抗共模干扰，提高通信距离，最远可以传送 1200m。RS-485 的电气标准与 RS-422 完全相同，但当 RS-485 线路空闲（即不传送信号）时，线路处于高阻（或挂起）状态，这时 RS-485 线路就可以允许被其他设备占用，也就是说，具有 RS-485 通信接口的设备可连成网络。根据 RS-485 驱动能力的不同，一个 RS-485 数据发送设备可以驱动 32～256 台 RS-485 数据接收设备。当 RS-485 网络上的设备多于 2 台时，就必须采用半双工方式进行通信，即数据发送和接收使用同一线路，发送时不允许接收数据进入线路，反之亦然，在 RS-485 网络中只允许有一个设备是主设备，其余全部是从设备；或者无主设备，各个设备之间通过传递令牌获得总线控制权。由于 RS-422 和 RS-485 具有诸多优点，现已被大量采用，但普通 PC 机很少直接配置 RS-422 和 RS-485 通信接口，只有某些工控机提供 RS-422 和 RS-485 通信接口。

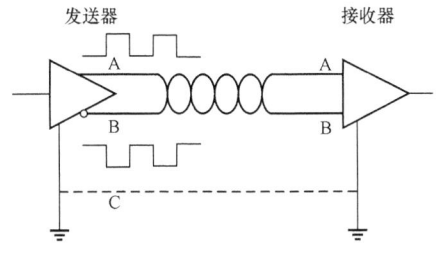

图 3-7　平衡传输原理图

（1）平衡传输。RS-422、RS-485 与 RS-232C 不一样，数据信号采用差分传输方式，也称作平衡传输。传输原理如图 3-7 所示。它使用一对双绞线，将其中一线定义为 A，另一线定义为 B，如果其中一条线是逻辑"1"状态，另一条就为逻辑"0"状态。通常情况下，发送器 A、B 之间的正电平为 +2～+6V，是一个逻辑状态；负电平为 -6～-2V，是另一个逻辑状态。另有一个信号地 C，在 RS-485 中还有一个"使能"端，而在 RS-422 中这是可用可不用的。"使能"端是用于控制发送驱动器与传输线的切断与连接。当"使能"端起作用时，发送驱动器处于高阻状态，称作"第三态"，即它是有别于逻辑"1"与"0"的第三态。

接收器与发送端有相对应的规定，收/发端通过平衡双绞线将 AA 与 BB 对应相连，当在接收端 AB 之间有大于 +200mV 的电平时，输出正逻辑电平；小于 -200mV 时，输出负逻辑电平。接收器接收平衡线上的电平范围通常在 200mV～6V。

（2）RS-422 的电气规定。RS-422 标准全称是"平衡电压数字接口电路的电气特性"，它定义了接口电路的特性。其电路由发送器、平衡连接电缆、电缆终端负载、接收器几部分组成。图 3-8 是典型的 RS-422 四线接口。实际上还有一根信号地线，共 5 根线。图 3-9 是其 DB9 连接器引脚定义。由于接收器采用高输入阻抗和发送驱动器，具有比 RS-232C 更强的驱动能力，所以允许在相同传输线上连接多个接收节点，最多可接 10 个节点。即一个主设备（Master），其余为从设备（Salve），从设备之间不能通信，所以 RS-422 支持点对多点的双向通信。接收器输入阻抗为 4kΩ。RS-422 四线接口由于采用单独的发送和接收通道，因此不必控制数据方向，各装置之间任何必须的信号交换均可以按软件方式（XON/XOFF 握手）或硬件方式（一对单独的双绞线）实现。RS-422 的最大传输距离为 4000ft（约 1219m），最大传输速率为 l0Mb/s。其平衡双绞线的长度与传输速率成反比，在 100Kb/s 速率以下，才可能达到最大传输距离。只有在很短的距离下才能获得最高传输速率。一般 100m 长的双绞线上所能获得的最大传输速率仅为 1Mb/s。RS-422 需要一个终接电阻，要求其阻值约等于传输电缆的特性阻抗。在短距离传输时不需终接电阻，即一般在 300m 以下不需终接电阻。终接电阻接在传输电缆的最远端。RS-422 标准 DB9 型连接器如图 3-9 所示。

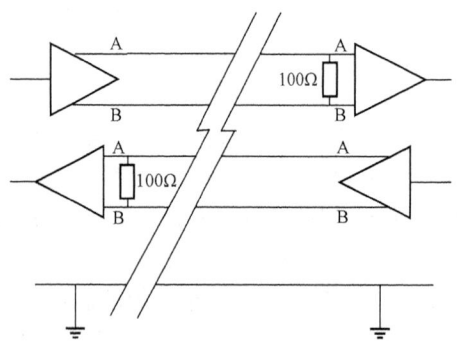
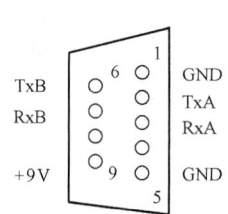

图 3-8　RS-422 电气连接图　　　　　图 3-9　RS-422 标准 DB9 型连接器

（3）RS-485 的电气规定。由于 RS-485 是在 RS-422 基础上发展而来的，所以 RS-485 许多电气规定与 RS-422 相似。如都采用平衡传输方式、都需要在传输线上接终端电阻等。RS-485 可以采用二线与四线方式，二线制可实现真正的多点双向通信。而采用四线连接时，与 RS-422 一样只能实现点对多点的通信，即只能有一个主设备，其余为从设备，但它比 RS-422 有改进，无论四线还是二线连接方式总线上可多接达 32 个设备。RS-485 与 RS-422 的不同之处还在于其共模输出电压是不同的，RS-485 是 −7～+12V，而 RS-422 在 −7～+7V，RS-485 接收器最小输入阻抗为 12kΩ，RS-422 最小输入阻抗为 4kΩ；RS-485 满足所有 RS-422 的规范，所以 RS-485 的驱动器可以用在 RS-422 网络中应用。

（4）RS-232C、RS-422、RS-485 对照。RS-422 和 RS-485 电气接口电路，采用的是平衡驱动差分接收电路，其收、发不共地，这可以大大减少共地所带来的共模干扰。RS-422 和 RS-485 的区别是前者为全双工型（即收、发可同时进行），后者为半双工型（即收、发分时进行）。图 3-10 所示为各种接口的电路原理图。

由图 3-10 可见，由于 RS-232C 采用单端驱动非差分接收电路，在收、发两端必须有公共地线，这样当地线上有干扰信号时，则会当作有用信号接收进来，故不适合于在长距离、强干扰的条件下使用。而 RS-422 和 RS-485 的驱动电路相当于两个单端驱动器，当输入同一信号时其输出是反相的，故如有共模信号干扰时，接收器只接收差分输入电压，从而大大提高抗共模干扰能力，所以可进行长距离传输。表 3-2 所示

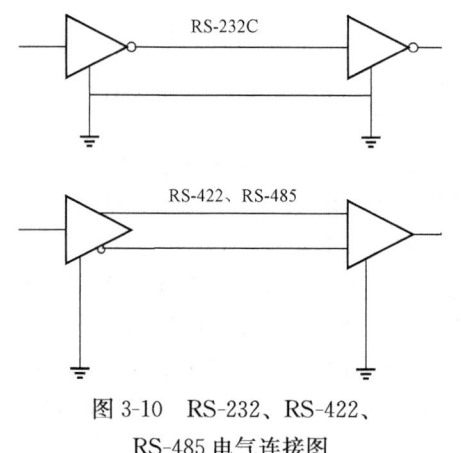

图 3-10　RS-232、RS-422、
RS-485 电气连接图

为 RS-422、RS-485 性能参数对照表。

表 3-2 　　　　　　　　　　　RS-422、RS-485 性能参数对照表

项目、接口		RS-422	RS-485
动作方式		差动方式	差动方式
可连接的台数		1台驱动器、10台接收器	32台驱动器、32台接收器
最大距离（m）		1200	1200
传输速率最大值	12m	10Mb/s	10Mb/s
	120m	1Mb/s	1Mb/s
	1200m	100Kb/s	100Kb/s
同相电压的最大值（V）		+6、−0.25	+12、−7
驱动输出电压（V）	无负载时	±5	±5
	有负载时	±2	±2
驱动器的负载阻抗（Ω）		100	54
驱动器的输出阻抗（高阻抗状态）	上电	没有规定	±100μA、−7V<U<12V
	断电	±100μA、−0.25V<U<6V	±100μA、−7V<U<12V
接收器输入电压范围（V）		−7～+7	−7～+12
接收器输入敏感度（mV）		±200	±200
接收器输入阻抗（kΩ）		>4	>12

（5）RS-485 应用事项。在实际应用中 RS-485 接口常被用于组成分布式控制系统，即多个节点设备公用一个双绞线构成的公共网络，如图 3-11 所示。网络拓扑一般采用终端匹配的总线型结构。在总线的两端使用 120Ω 终端匹配电阻，但在短距离与低速率可以不考虑终端匹配。

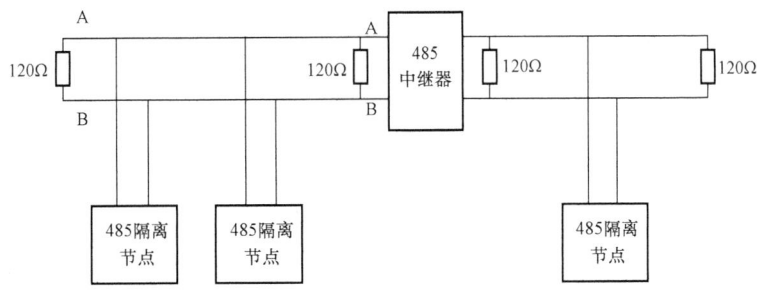

图 3-11　RS-485 分布系统图

由于工业现场环境比较复杂，各节点宜采用隔离接口，以解决接地引起的共模干扰问题，避免共模干扰电压超过接口允许电压而损坏接口电路。当最远的两个节点间的距离不超过最大值（约 1200m）时，最高传输速率应低于 100 Kb/s，一般 9.6Kb/s。当距离超过 1200m 时，可采用 485 中继器延长网络线路。需注意的是，485 中继器两端应接终端匹配电阻，同时考虑到 485 中继器的时间延迟，适当降低通信速率，避免产生通信故障。在 RS-485 互连中，某一时刻两个站

中只有一个站可以发送数据，而另一站只能接收，因此，其发送电路必须由使能端加以控制。RS-485 用于多站互连十分方便，可以节省昂贵的信号线。同时，它可以高速远距离传送。许多智能仪器均配有 RS-485 总线接口，将它们联网构成分布式系统十分方便。采用 RS-422/485 串行通信接口也可以构成环形数据链路系统，在该环路中，某工作站可以在发送信息时利用插入信息的办法将信息提供给其他工作站。在多站或环路中的每一个工作站均有其唯一的地址标记，利用地址标记，每个工作站或设备只接收包含其专用地址的信息。普通计算机一般不配备 RS-422、RS-485 接口，但工业控制计算机常配置 RS-422、RS-485 接口。普通计算机欲配备上述两个通信端口，可通过插入通信板予以扩展。在实际使用中，有时为了把距离较远的两个或多个带 RS-232C 接口的计算机系统连接起来进行通信或组成分散型系统，通常用 RS-232C/RS-422 转换器把 RS-232C 转换成 RS-422 再进行连接。

3.3.2 ModBus 通信协议

ModBus 通信协议是工业控制网络中用于对现场控制设备进行访问控制的主从式通信协议，由 Modicon 公司开发，在工业控制中得到广泛应用，也是 RS-485 网络常用的协议。它定义了连接口的引脚、电缆、信号位、传输速率、奇偶校验。它有以下特点：

（1）物理接口符合 RS-485 规范。

（2）控制器能直接或经由 Modem 组网。

（3）通信速率可达 19.2Kb/s。

（4）组成主从访问的单主控制网络，即通信使用主、从技术，仅一个设备（主设备）能初始化传输（查询）；其他设备（从设备）根据主设备查询提供的数据作出相应反应。主设备可单独和从设备通信，也能以广播方式和所有从设备通信。如果是单独通信，则从设备返回一消息作为回应；如果是以广播方式通信，则不作任何回应。

1. ModBus/RTU 传输模式

ModBus 协议有两种传输模式：ModBus/ASCII 或 ModBus/RTU。在同样的波特率下，ModBus/RTU 可比 ModBus/ASCII 传送更多的数据。这里只讲述 ModBus/RTU 模式。ModBus/RTU 在报文中的每字节为 8 位数据，其包含两个 4 位的十六进制字符，ModBus/RTU 传输模式的特点如下。

（1）代码系统。8 位二进制，十六进制数 0～9、A～F；消息中的每个 8 位域都是由两个十六进制字符组成。

（2）每字节的位。1 个起始位；8 个数据位，最小的有效位先发送；1 个奇偶校验位，无校验则无；1 个停止位（有校验时），2 个停止位（无校验时）。

（3）错误检测域。CRC（循环冗余校验）。

2. ModBus 消息帧

传输设备将 ModBus 消息转为有起点和终点的帧，这就允许接收的设备在消息起始处开始工作，读地址分配信息，判断哪一个设备被选中（广播方式则传给所有设备），判断何时信息已完成。部分的消息也能侦测到，并且错误能设置为返回结果。

（1）RTU 帧。使用 ModBus/RTU 模式，消息发送至少要以 3.5 个字符时间的停顿间隔开始。传输的第一个域是设备地址。可以使用的传输字符是十六进制的 0～9、A～F。网络设备不断侦测网络总线，包括停顿间隔时间内。当第一个域（地址域）接收到，每个设备都进行解码以判断是否是发给自己的。在最后一个传输字符之后，一个至少 3.5 个字符时间的停顿标定了消息的结束。一个新的消息可在此停顿后开始。整个消息帧必须作为一连续的流传输。如果在帧完成之前有超过 1.5 个字符时间的停顿时间，接收设备将刷新不完整的消息并假定下一字节是一个新消息的地址域。同样地，如果一个新消息在小于3.5个字符时间内接着前个消息开始，接收的设备将认为它是前一消息的延续。这将导致一个错误，因为最后的CRC域的值不可能是正确的。一典型的消息帧如下所示。

起始位	设备地址	功能代码	数据	CRC校验	结束符
T1-T2-T3-T4	8位	8位	n个8位	16位	T1-T2-T3-T4

(2) 地址域。消息帧的地址域包含两个字符（ASCII）或8位（RTU）。可能的从设备地址是0～247（十进制）。单个设备的地址范围是1～247。主设备通过将要联络的从设备的地址放入消息中的地址域来选通从设备。当从设备发送回应消息时，它把自己的地址放入回应的地址域中，以便主设备知道是哪一个设备作出回应。地址0用作广播地址，以使所有的从设备都能认识。当ModBus协议用于更高水准的网络时，广播可能不允许或以其他方式代替。

(3) 功能域。消息帧中的功能代码域包含了两个字符（ASCII）或8位（RTU）。可能的代码范围是十进制的1～255。当然，有些代码是适用于所有控制器，有些是应用于某种控制器，还有些保留以备后用。当消息从主设备发往从设备时，功能代码域将告之从设备需要执行哪些行为。例如，读取输入的开关状态，读一组寄存器的数据内容，读从设备的诊断状态，允许调入、记录、校验在从设备中的程序等。当从设备回应时，它使用功能代码域来指示是正常回应（称作无误）还是有某种错误发生（称作异议回应）。对正常回应，从设备仅回应相应的功能代码；对异议回应，从设备返回一等同于正常代码的代码，但最重要的位置为逻辑1。例如，一从主设备发往从设备的消息要求读一组保持寄存器，将产生如下功能代码：00000011（03H），对正常回应，从设备仅回应同样的功能代码。对异议回应，它返回10000011（83H）。除功能代码因异议错误做了修改外，从设备将一独特的代码放到回应消息的数据域中，这能告诉主设备发生了什么错误。主设备应用程序得到异议的回应后，典型的处理过程是重发消息，或者诊断发给从设备的消息并报告给操作员。

(4) 数据域。数据域是由多个字节（每个字节包含两个十六进制数）组成的，范围00H～FFH。根据网络传输模式，这可以由一对ASCII字符组成或由一RTU字符组成。从主设备发给从设备消息的数据域包含附加的信息：从设备必须用于执行由功能代码所定义的所为。这包括了像不连续的寄存器地址、要处理项的数目、域中实际数据字节数。例如，如果主设备需要从设备读取一组保持寄存器（功能代码03H），数据域指定了起始寄存器以及要读的寄存器数量；如果主设备写一组从设备的寄存器（功能代码10H），数据域则指明了要写的起始寄存器以及要写的寄存器数量、数据域的数据字节数、要写入寄存器的数据。如果没有错误发生，从从设备返回的数据域包含请求的数据；如果有错误发生，此域包含一异议代码，主设备应用程序可以用来判断采取下一步行动。

(5) 错误检测域。当选用RTU模式作字符帧，错误检测域包含一16位值（用2个8位的字符来实现）。错误检测域的内容是通过对消息内容进行CRC方法得出的。CRC域附加在消息的最后，添加时先是低字节然后是高字节，故CRC的高位字节是发送消息的最后一个字节。

(6) 字符的连续传输。当消息在标准的ModBus系列网络传输时，每个字符或字节以如下方式发送（从左到右）：最低有效位到最高有效位。使用RTU字符帧时，位的序列是：

1) 有奇偶校验：起始位 1 2 3 4 5 6 7 奇偶位 停止位。

2) 无奇偶校验：起始位 1 2 3 4 5 6 7 停止位 停止位。

3. ModBus 功能码定义

ModBus 功能码定义如表 3-3 所示。

表 3-3 ModBus 功能码

功能码	名　称	作　用
01	读取线圈状态	取得一组逻辑线圈的当前状态（ON/OFF）
02	读取输入状态	取得一组开关输入的当前状态（ON/OFF）
03	读取保持寄存器	在一个或多个保持寄存器中取得当前的二进制值
04	读取输入寄存器	在一个或多个输入寄存器中取得当前的二进制值
05	强置单线圈	强置一个逻辑线圈的通断状态
06	预置单寄存器	把具体二进制值装入一个保持寄存器
07	读取异常状态	取得 8 个内部线圈的通断状态，这 8 个线圈的地址由控制器决定，用户逻辑可以将这些线圈定义，以说明从机状态，短报文适宜于迅速读取状态
08	回送诊断校验	把诊断校验报文送至从机，以对通信处理进行评鉴
09	编程（只用于 484）	使主机模拟编程器作用，修改 PC 从机逻辑
10	探询（只用于 484）	可使主机与一台正在执行长程序任务的从机通信，探询该从机是否已完成其操作任务，仅在含有功能码 9 的报文发送后，本功能码才发送
11	读取事件计数	可使主机发出单询问，并随即判定操作是否成功，尤其是该命令或其他应答产生通信错误时
12	读取通信事件记录	可使主机检索每台从机的 ModBus 事务处理通信事件记录。如果某项事务处理完成，记录会给出有关错误
13	编程（184/384 484 584）	可使主机模拟编程器功能修改 PC 从机逻辑
14	探询（184/384 484 584）	可使主机与正在执行任务的从机通信，定期探询该从机是否已完成其程序操作，仅在含有功能 13 的报文发送后，本功能码才得发送
15	强置多线圈	强置一串连续逻辑线圈的通断
16	预置多寄存器	把具体的二进制值装入一串连续的保持寄存器
17	报告从机标识	可使主机判断编址从机的类型及该从机运行指示灯的状态
18	884 和 MICRO 84	可使主机模拟编程功能，修改 PC 状态逻辑
19	重置通信链路	发生非可修改错误后，是从机复位于已知状态，可重置顺序字节
20	读取通用参数（584L）	显示扩展存储器文件中的数据信息
21	写入通用参数（584L）	把通用参数写入扩展存储文件，或修改之
22～64	保留作扩展功能备用	
65～72	保留以备用户功能所用	留作用户功能的扩展编码
73～119	非法功能	
120～127	保留	留作内部作用
128～255	保留	用于异常应答

　　ModBus 网络只有一个主机，所有通信都由它发出。网络可支持 247 个之多的远程从属控制器，但实际所支持的从机数要由所用通信设备决定。采用这个系统，各 PC 可以和中心主机交换信息而不影响各 PC 执行本身的控制任务。表 3-4 是 ModBus 各功能码对应的数据类型。

表 3-4 　　　　　　　　　　　　ModBus 功能码与数据类型对应表

代码	功能	数据类型	代码	功能	数据类型
01	读	位	06	写	整型、字符型、状态字、浮点型
02	读	位	08	N/A	重复"回路反馈"信息
03	读	整型、字符型、状态字、浮点型	15	写	位
04	读	整型、状态字、浮点型	16	写	整型、字符型、状态字、浮点型
05	写	位	17	读	字符型

4. ModBus 的数据校验方式

ModBus 采用 CRC-16（循环冗余错误校验）校验，CRC-16 错误校验程序如下：报文（此处只涉及数据位，不指起始位、停止位和任选的奇偶校验位）被看做是一个连续的二进制，其最高有效位（MSB）首选发送。报文先与 $X\uparrow16$ 相乘（左移 16 位），然后被 $X\uparrow16+X\uparrow15+X\uparrow2+1$ 除，$X\uparrow16+X\uparrow15+X\uparrow2+1$ 可以表示为二进制数 1100000000000101。整数商位忽略不计，16 位余数加入该报文（MSB 先发送），成为 2 个 CRC 校验字节。余数中的 1 全部初始化，以免所有的零成为一条报文被接收。经上述处理而含有 CRC 字节的报文，若无错误，到接收设备后再被同一多项式（$X\uparrow16+X\uparrow15+X\uparrow2+1$）除，会得到一个零余数（接收设备核验这个 CRC 字节，并将其与被传送的 CRC 比较）。全部运算以 2 为模（无进位）。习惯于成串发送数据的设备会首选送出字符的最右位（LSB，最低有效位）。而在生成 CRC 情况下，发送首位应是被除数的最高有效位 MSB。由于在运算中不用进位，为便于操作，计算 CRC 时设 MSB 在最右位。生成多项式的位序也必须反过来，以保持一致。多项式的 MSB 略去不记，因其只对商有影响而不影响余数。生成 CRC-16 校验字节的步骤如下：

（1）装入一个 16 位寄存器，所有数位均为 1，称此寄存器为 CRC 寄存器。

（2）把第一个 8 位数据与 16 位 CRC 寄存器的低位相"异或"运算。运算结果放入这个 16 位寄存器。

（3）把这个 16 寄存器向右移一位，用 0 填补最高位。

（4）若向右（标记位）移出的数位是 1，则生成多项式 1010000000000001 和这个寄存器进行"异或"运算；若向右移出的数位是 0，则返回（3）。

（5）重复（3）和（4），直至移出 8 位。

（6）重复（2）～（5），直至该报文所有字节均与 16 位寄存器进行"异或"运算，并移位 8 次。

（7）这个 16 位寄存器的内容，即 2 字节 CRC 错误校验码，被加到报文的最高有效位。

3.4　信号输入/输出通道

3.4.1　模拟量输出通道

模拟量输出通道是计算机控制系统实现控制输出的关键，它的任务是把计算机输出数字量转换成模拟电压或电流信号，以便驱动相应的执行机构，达到控制的目的。模拟量输出通道一般由接口电路、D/A 转换器（简称 DAC）、输出保持器、U/I 变换等组成。

1. 模拟量输出通道的结构型式

模拟量输出通道的结构型式，主要取决于输出保持器的构成方式。输出保持器的作用主要是在新的控制信号来到之前，使本次控制信号维持不变。保持器一般有数字保持方案和模拟保持方案两种。这就决定了模拟量输出通道的两种基本结构形式。数字保持方案是每一路 D/A 转换都有单独的 D/A 转换器。模拟保持方案只有一个 D/A 转换器，依靠多路开关和多路输出保持器实现多路 D/A 转换的功能。数字保持方案的优点是转换速度快、工作可靠，即使某一路 D/A 转换有故障，也不会影响其他通路的工作。缺点是使用了较多的 D/A 转换器。但随着大规模集成电路技术的发展，这个缺点正在逐步得到克服，这种方案较易实现。模拟保持方案的优点是只用一个 D/A 转换器。缺点是多路间的切换影响信号更新速度和精度。DAC 的基本功能是把数字量转换为与其大小成正比的模拟量，一个 n 位的二进制数字量 $(d_{n-1}, d_{n-2}, \cdots, d_0)$ 的大小可以表示为：

$$D = d_0 + d_1 \times 2^1 + \cdots + d_{n-1} \times 2^{n-1} \tag{3-1}$$

DAC 就是按照式（3-1）将二进制数的每一位转换成与其表示的数值大小成正比的模拟量，然后相加，就得到与该数字量大小成正比的模拟量（电压或电流）。权电阻 DAC 原理电路示于图 3-12，它由电子开关、电阻和运算放大器组成。开关数字量对应位控制，当 $d_i = 1$ 时，开关闭合；当 $d_i = 0$ 时，开关断开。每路电阻大小相应于该位的二进制权，U_{REF} 为参考电压。运算放大器输入总电流为：

$$I_0 = \frac{U_{REF}}{R} \times (d_0 + d_1 \times 2^1 + \cdots + d_{n-1} \times 2^{n-1}) = \frac{U_{REF}}{R} \times D \tag{3-2}$$

式（3-2）中的 I_0 为 DAC 输出的模拟电流信号，其大小与数字量 D 成正比。在图 3-12 中运算放大器的输出端可以得到输出的模拟电压信号，其值为：

$$U_0 = I_0 R_B = \frac{U_{REF}}{R} \times R_B \times D \tag{3-3}$$

输出的模拟电压 U_0 的大小与数字量 D 成正比，从而实现了数字量到模拟量的转换。

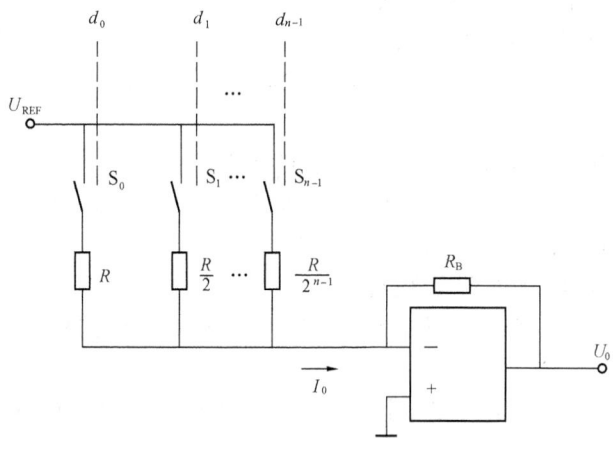

图 3-12　权电阻 DAC 原理电路图

2. D/A 转换器主要参数

D/A 转换器是把数字量转换成模拟量的线性电路器件，已做成集成芯片。由于实现 D/A 转换的原理、电路结构及工艺技术有所不同，因而出现了各种各样的 D/A 转换器。D/A 转换器为微机系统的数字信号与外部环境的模拟信号之间提供了一种接口，从而广泛地应用在数据采集与模拟输入/输出系统。衡量一个 D/A 转换器性能的主要参数有：

（1）分辨率：指 D/A 能够转换的二进制数的位数，位数越多分辨率也越高，例如一个 D/A 转换器能够转换 8 位二进制数，若转换后的电压满量程（满度）是 5V，则它能分辨的最小电压为 5V/256＝20mV。如果是 10 位分辨率的 D/A 转换器，对同样的转换电压，则它能分辨的最小电压为 5V/1024＝5mV。

(2) 转换时间：指数字量输入到完成 D/A 转换，输出达到最终值并稳定为止所需的时间。电流型 D/A 转换器转换较快，一般在 1～1000μs 之间。电压型转换器的转换较慢，取决于运算放大器的响应时间。

(3) 精度：指 D/A 转换器实际输出电压与理论值之间的误差。一般采用数字量的最低有效位作为衡量单位，例如±1/2LSB。如果分辨率为 8 位，则它的精度是：±(1/2)/256＝±1/512。

(4) 线性度：当数字量变化时，D/A 转换器的输出量按比例关系变化的程度。理想的 D/A 转换器是线性的，但实际上有误差，模拟输出偏离理想输出的最大值称为线性度。

3. D/A 转换器的输入/输出特性

表示一个 D/A 转换器的输入/输出特性如下。

(1) 输入缓冲能力：D/A 转换器是否带有三态输入缓冲器来保存输入数字量，这对 D/A 转换器与微机的接口设计是很重要的。

(2) 数据的宽度：D/A 转换器通常有 8 位、10 位、12 位、16 位之分。当 D/A 转换器的位数高于微机系统总线的宽度时，需用 2 次分别输入数字量。

(3) 电流型还是电压型：即 D/A 转换器输出的是电流还是电压。对电压输出型，其电压一般在 5～10V，有些高电压型可达 24～30V。

(4) 输入码制：即 D/A 转换器能接收哪些码制的数字量输入。一般对单极性输出的 D/A 转换器只能接收二进制或 BCD 码；对双极性输出的 D/A 转换器只能接收偏移二进制码或补码。

(5) 单极性输出还是双极性输出：对一些需要正负电压控制的设备，应该使用双极性 D/A 转换器，或在输出电路中采取相应措施，使输出电压有极性变化。

D/A 转换器中常用概念如下。

(1) 单极性信号：信号相对于模拟地电位来讲，只偏向一侧，如输入/输出电压为 0～10V。

(2) 双极性信号：信号相对于模拟地电位来讲，可高可低，如输入/输出电压为－5～＋5V。

(3) 码制：数字量转换为模拟量信号时，数字量是由"0"或"1"组成的连续数字，每一个数字对应着一个特定的模拟量值，这种对应关系称为编码方法或码制。依据输入/输出信号的不同分为单极性原码与双极性偏移码。单极性输入信号对应着单极性原码，双极性信号对应着双极性偏移码。

(4) 单极性原码：以 12 位 A/D 为例，输出单极性信号 0～10V。对应 0～4095 的数字量，数字量 0 对应的模拟量为 0V，数字量 4095 对应的模拟量为 10V，这种编码方法称为单极性原码，其数字量值与模拟电压值的对应关系可描述为：

模拟电压值＝数码（12 位）×10/4096（V），即 1LSB（1 个数码位）＝2.44mV

(5) 双极性偏移码：以 12 位 A/D 为例，输出双极性信号－5～＋5V。转换后得到 0～4095 的数字量，数字量 0 对应的模拟量为－5V，数字量 4095 对应的模拟量为＋5V，这种编码方法称为双极性偏移码，其数字量值与模拟电压值的对应关系可描述为：

模拟电压值＝数码（12 位）×10/4096－5（V），即 1LSB（1 个数码位）＝2.44mV

此时 12 位数码的最高位（DB11）为符号位，此位为"0"表示负，"1"表示正。偏移码与补码仅在符号位上定义不同，如果反向运算，可以先求出补码再将符号位取反就可得到偏移码。

4. 单极性与双极性电压输出电路

在实际应用中，通常采用 D/A 转换器外加运算放大器的方法，把 D/A 转换器的电流输出转换为电压输出。图 3-13 给出了 D/A 转换器的单极与双极性输出电路。

如图 3-13，U_{OUT1} 为单极性输出，若 D 为输入数字量，U_{REF} 为基准参考电压，且为 n 位 D/A

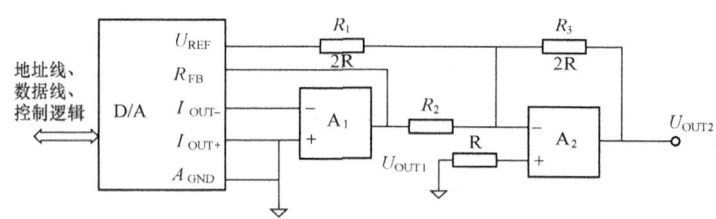

图 3-13　D/A 转换器的单极性与双极性输出电路

转换器，则有

$$U_{OUT1} = -U_{REF} \times \frac{D}{2^n} \tag{3-4}$$

U_{OUT2} 为双极性输出，且可推导得到

$$U_{OUT2} = -\left(\frac{R_3}{R_1}U_{REF} + \frac{R_3}{R_2}U_{OUT1}\right) = U_{REF}\left(\frac{D}{2^{n-1}} - 1\right) \tag{3-5}$$

当 D 从零变到最大时，U_{OUT2} 从 $-U_{REF}$ 变到 U_{REF}。

5. U/I 变换

在工业控制系统中，常常以电流方式传输信号，因为电流信号适合于长距离传输，传输中信号衰减小，抗干扰能力强。因此，大量的常规工业仪表是以电流方式互相配接的。按仪器仪表标准，DDZ-Ⅱ 系列仪表各单元之间的联络信号为 0～10mA，而 DDZ-Ⅲ 系列仪表各单元之间的联络信号为 4～20mA。如前所述，一般 D/A 转换器的输出信号有的是电压方式，有的是电流方式，但是电流幅度大都在微安数量级。因此，D/A 转换器的输出常常需要配接 U/I 转换器。在实现 0～5V、0～10V、1～5V 直流电压信号到 0～10mA、4～20mA 转换时，可直接采用集成 U/I 转换电路来完成，下面以高精度 U/I 变换器 ZF2B20 为例来分析其使用方法。ZF2B20 是通过 U/I 变换的方式产生一个与输入电压成比例的输出电流。它的输入电压范围是 0～10V，输出电流是 4～20mA（加接地负载），采用单正电源供电，电源电压范围为 10～32V。它的特点是低漂移，在工作温度为 -25～85℃ 范围内，最大漂移为 0.005%/℃，可用于控制和遥测系统，作为子系统之间的信息传送和连接。图 3-14 是 ZF2B20 的引脚图。

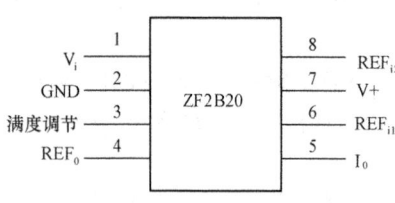

图 3-14　ZF2B20 引脚图

ZF2B20 的输入电阻为 10kΩ，动态响应时间小于 25μs，非线性小于 ±0.025%。利用 ZF2B20 实现 U/I 变换极为方便，图 3-15（a）所示电路是一种带初值校准的 0～10V/4～20mA 转换电路；图 3-15（b）则是一种带满度校准的 0～10V/0～10mA 转换电路。也可用集成运算放大器构成 U/I 转换器。常用的 U/I 转换器可以分为两种，一种为负载共电源方式，另一种为负载共地方式，

分别示于图 3-16（a）、（b）。对于负载共电源方式的 U/I 转换器电路图 3-16（a），由于运算放大器输入负端与输入正端电位基本相等，即 $U_i = U_f$，可得

$$I_0 = \frac{U_i}{R} \tag{3-6}$$

在图 3-16（b）所示负载共地方式的 U/I 转换器电路中，U_i 为输入电压，I_0 为输出电流，R_F 为电流反馈采样电阻，R_5 为限流电阻，R_L 为负载电阻。R_f 采到的电流信号以电压的形式加到运算放大器的输入端，而且极性与输入电压信号反相。所以，这是一个电流并联负反馈电路。

由于运算放大器的输入阻抗很高，流入运算放大器输入端的电流可以忽略。在 $R_2 \gg R_F$ 条件下，流经 R_2 的电流与 I_0 相比也可以忽略。由于运算放大器正负输入端电位近似相等，可得

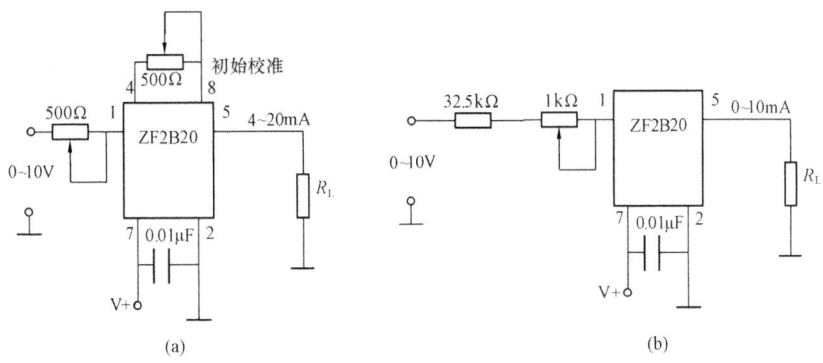

图 3-15　U/I 转换电路 1

（a）0～10V/4～20mA 转换；（b）0～10V/0～10mA 转换

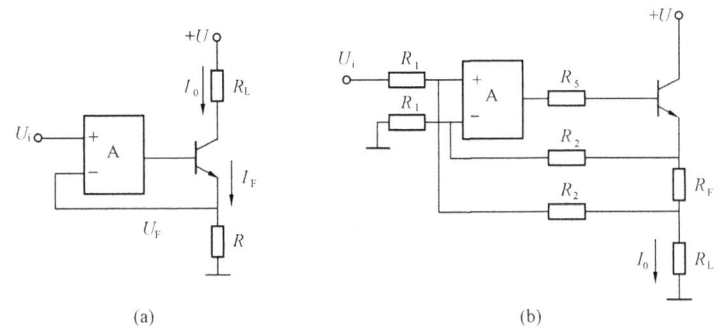

图 3-16　U/I 转换电路 2

（a）负载共电源方式；（b）负载共地方式

$$U_{\mathrm{i}} + (I_0 R_{\mathrm{L}} - U_{\mathrm{i}}) \times \frac{R_1}{R_1 + R_2} = I_0 (R_{\mathrm{F}} + R_{\mathrm{L}}) \times \frac{R_1}{R_1 + R_2} \tag{3-7}$$

简化后可得

$$I_0 = \frac{U_{\mathrm{i}}}{R_{\mathrm{F}}} \times \frac{R_2}{R_1} \tag{3-8}$$

例如，$R_1 = 100\mathrm{k\Omega}$，$R_2 = 20\mathrm{k\Omega}$，$R_{\mathrm{F}} = 100\Omega$，则当 $U_{\mathrm{i}} = 0 \sim 5\mathrm{V}$ 时，$I_0 = 0 \sim 10\mathrm{mA}$；$R_1 = 100\mathrm{k\Omega}$，$R_2 = 40\mathrm{k\Omega}$，$R_{\mathrm{F}} = 100\Omega$，则当 $U_{\mathrm{i}} = 1 \sim 5\mathrm{V}$ 时，$I_0 = 4 \sim 20\mathrm{mA}$。

3.4.2　模拟量输入通道

在计算机控制系统中，模拟量输入通道的任务是把从系统中检测到的模拟信号，变成二进制数字信号，经接口送往计算机。传感器是将生产过程工艺参数转换为电参数的装置，大多数传感器的输出是直流电压（或电流）信号，也有一些传感器把电阻值、电容值、电感值的变化作为输出量。为了避免低电平模拟信号传输带来的麻烦，经常要将测量元件的输出信号经变送器变送，如温度变送器、压力变送器、流量变送器等，将温度、压力、流量的电信号变成 0～10mA 或 4～20mA 的统一信号，然后经过模拟量输入通道来处理。

1. 模拟量输入通道的组成

模拟量输入通道的一般结构如图 3-17 所示。过程参数由传感元件和变送器测量并转换为电流（或电压）形式后，再送至多路开关；在微机的控制下，由多路开关将各个过程参数依次地切换到后级，进行采样和 A/D 转换，实现过程参数的巡回检测。

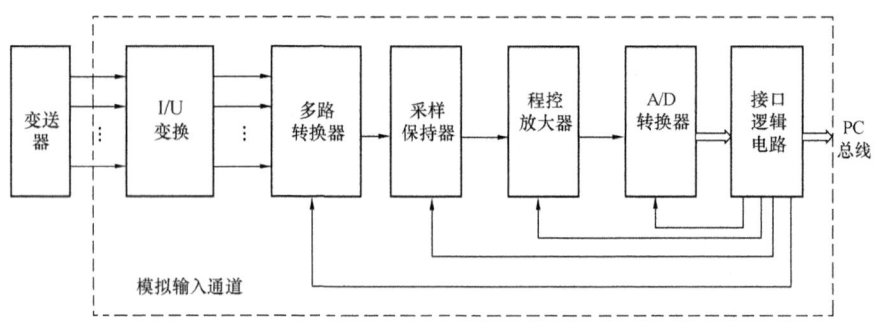

图 3-17　模拟量输入通道的组成结构

由图 3-17 可知，模拟量输入通道一般由 I/U 变换、多路转换器、采样保持器、程控放大器、A/D 转换器、接口逻辑电路等组成。

2. I/U 变换

变送器输出的信号为 0～10mA 或 4～20mA 的统一信号，需要经过 I/U 变换变成电压信号后才能处理。对于电动单元组合仪表，DDZ-Ⅱ型的输出信号标准为 0～10mA，而 DDZ-Ⅲ型和 DDZ-S 系列的输出信号标准为 4～20mA，因此，针对以上情况我们来讨论 I/U 变换的实现方法。

（1）无源 I/U 变换。无源 I/U 变换主要是利用无源器件电阻来实现，并加滤波和输出限幅等保护措施，如图 3-18 所示。对于 0～l0mA 输入信号，可取 $R_1=100\Omega$，$R_2=500\Omega$，且 R_2 为精密电阻，这样当输入的 I 为 0～10mA 电流时，输出的 U 为 0～5V，对于 4～20mA 输入信号，可取 $R_1=100\Omega$，$R_2=250\Omega$，且 R_2 为精密电阻，这样当输入的 I 为 4～20mA 时，输出的 U 为 1～5V。

（2）有源 I/U 变换。有源 I/U 变换主要是利用有源器件运算放大器、电阻组成，如图 3-19 所示。

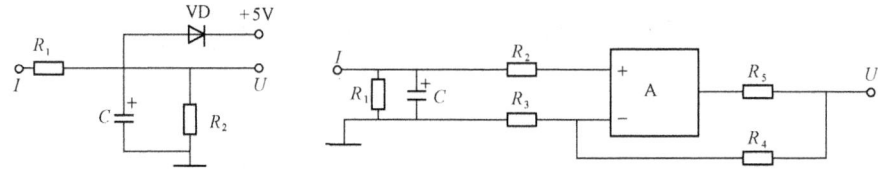

图 3-18　I/U 转换电路　　　　　图 3-19　有源 I/U 转换电路

利用同相放大电路，把电阻 R_1 上产生的输入电压变成标准的输出电压。该同相放大电路的放大倍数为

$$A = 1 + \frac{R_4}{R_3} \tag{3-9}$$

若取 $R_3=100\text{k}\Omega$，$R_4=150\text{k}\Omega$，$R_1=200\Omega$，则 0～10mA 输入对应于 0～5V 的电压输出。若取 $R_3=100\text{k}\Omega$，$R_4=25\text{k}\Omega$，$R_1=200\Omega$，则 4～20mA 输入对应于 1～5V 的电压输出。

3. 多路转换器

多路转换器又称多路开关，多路开关是用来切换模拟电压信号的关键元件。利用多路开关可将各个输入信号依次地或随机地连接到公用放大器或 A/D 转换器上。为了提高过程参数的测量精度，对多路开关提出了较高的要求。理想的多路开关其开路电阻为无穷大，其接通时的导通电阻为零。此外，还希望切换速度快、噪音小、寿命长、工作可靠。

常用的多路开关有 CD4051（或 MC14051）、AD7501、LF13508 等。CD4051 的原理如

图 3-20 所示，它是单端的 8 通道开关，它有三根二进制的控制输入端和一根禁止输入端 INH（高电平禁止）。片上有二进制译码器，可由 A、B、C 三个二进制信号在 8 个通道中选择一个，使输入和输出接通。而当 INH 为高电平时，不论 A、B、C 为何值，8 个通道均不通。

CD4051 有较宽的数字和模拟信号电平，数字信号为 $3\sim15V$，模拟信号峰—峰值为 15V；当 $U_{DD}-U_{EE}=15V$，输入幅值为 15V 时，其导通电阻为 80Ω；当 $U_{DD}-U_{EE}=10V$ 时，其断开时的漏电流为 $\pm10pA$；静态功耗为 $1\mu W$。

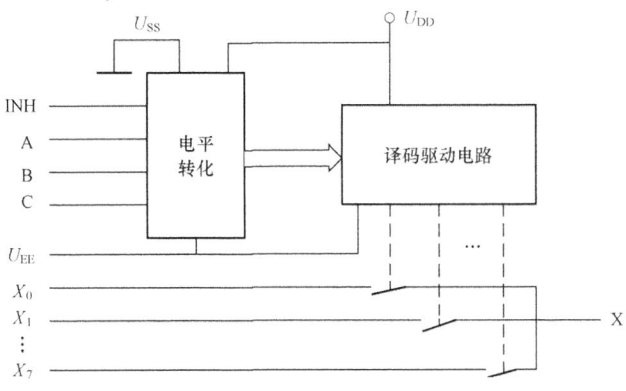

图 3-20　多路开关转换电路

4. 采样、量化及常用的采样保持器

(1) 信号的采样。

采样过程如图 3-21 所示。按一定的时间间隔 T，把时间上连续和幅值上也连续的模拟信号，转变成在时刻 0、T、2T、…、kT 的一连串脉冲输出信号的过程称为采样过程。执行采样动作的开关 K 称为采样开关或采样器。τ 称为采样宽度，代表采样开关闭合的时间。采样后的脉冲序列 $y'(t)$，称为采样信号，采样器的输入信号 $y(t)$ 称为原信号，采样开关每次通断的时间间隔 T 称为采样周期。采样信号 $y'(t)$ 在时间上是离散的，但在幅值上仍是连续的，所以采样信号是一个离散的模拟信号。

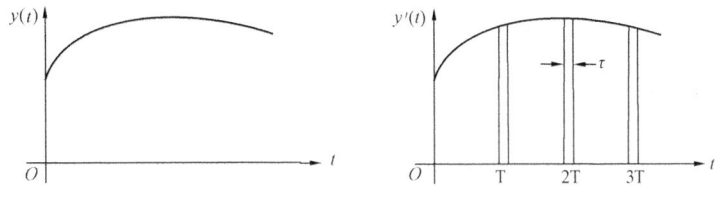

图 3-21　信号的采样过程

从信号的采样过程可知，经过采样，不是取全部时间上的信号值，而是取某些时间上的值。这样处理后会不会造成信号的丢失呢？香农采样定理指出：如果模拟信号（包括噪声干扰在内）频谱的最高频率为 f_{max}，只要按照采样频率 $f\geqslant2f_{max}$ 进行采样，那么采样信号 $y'(t)$，就能唯一地复现 $y(t)$。采样定理给出了 $y'(t)$ 唯一地复现 $y(t)$ 所必需的最低采样频率。实际应用中，常取 $f\geqslant(5\sim10)f_{max}$，甚至更高。

(2) 量化。

所谓量化，就是采用一组数码（如二进制码）来逼近离散模拟信号的幅值，将其转换为数字信号。将采样信号转换为数字信号的过程称为量化过程，执行量化动作的装置是 A/D 转换器。字长为 n 的 A/D 转换器把 $y_{min}\sim y_{max}$ 变化的采样信号，变换为数字 $0\sim2^n-1$，其最低有效位

（LSB）所对应的模拟量 q 称为量化单位，q 可表述为

$$q = \frac{y_{max} - y_{min}}{2^n - 1}　　　　　　(3-10)$$

量化过程实际上是一个用 q 去度量采样值幅值高低的小数归整过程，如同人们用单位长度（毫米或其他）去度量人的身高一样。由于量化过程是一个小数归整过程，因而存在量化误差，量化误差为 $\pm 0.5q$。例如，$q = 20\text{mV}$ 时，量化误差为 $\pm 10\text{mV}$，$0.990 \sim 1.009\text{V}$ 的采样值，其量化结果是相同的，都是数字 50。在 A/D 转换器的字长 n 足够长时，整量化误差足够小，可以认为数字信号近似于采样信号。在这种假设下，数字系统便可沿用采样系统理论分析、设计。

（3）采样保持器。

A/D 转换过程（即采样信号的量化过程）需要时间，这个时间称为 A/D 转换时间。在 A/D 转换期间，如果输入信号变化较大，就会引起转换误差。所以，一般情况下采样信号都不直接送至 A/D 转换器转换，需加保持器作信号保持。保持器把 $t = kT(k = 0, 1, 2, \cdots)$ 时刻的采样值保持到 A/D 转换结束。T 为采样周期，k 为采样序号。采样保持器的基本组成电路如图 3-22 所示，由输入输出缓冲器 A_1、A_2 和采样开关 K、保持电容 C_H 等组成。采样时，K 闭合，U_{IN} 通过 A_1，对 C_H 快速充电，U_{OUT} 跟随 U_{IN}；保持期间，K 断开，由于 A_2 的输入阻抗很高，理想情况下 $U_{OUT} = U_C$ 保持不变，采样保持器一旦进入保持期，便应立即启动 A/D 转换器，保证 A/D 转换期间输入恒定。常用的集成采样保持器有 LF398、AD582 等。

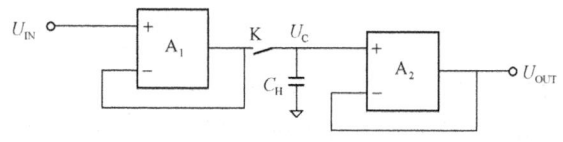

图 3-22　采样保持器的组成

5. 程控放大器

程控放大器是测控系统输入通道的常用部件之一，在许多实际应用中，为了在整个测量范围内获取合适的分辨力，常采用可变增益放大器。在计算机测控系统中，可变增益放大器的增益由计算机的程序控制。这种由程序控制增益的放大器，称为程控放大器。程控放大器一般由放大器、可变反馈电阻网络和控制接口三个部分组成。其原理框图如图 3-23 所示。程控放大器与普通放大器的差别在于反馈电阻网络可变且受控于控制接口的输出信号。不同的控制信号，将产生不同的反馈系数，从而改变放大器的闭环增益。可变反馈电阻网络有许多不同的形式，如权电阻网络、T 型网络、反 T 型网络、有源网络或无源网络等。它们具有各自的特性和用途。程控放大器的控制接口通常使用并行输出接口，控制程序极为简单。近些年来出现的数字电位器芯片，可方便地用于程控放大器中，但大都采用串行接口，且时序较为特殊，需编制专门的控制程序来实现增益控制。

（1）程控同相放大器。

同相放大器具有较高的输入阻抗。由于引入共模电压，因而需要使用高共模抑制比的运算放大器才能保证精度。同相放大器一般用于需要高输入阻抗的场合，其原理图如图 3-24 所示。同相放大器的理想增益为

$$A_f = 1 + \frac{R_f}{R}　　　　(3-11)$$

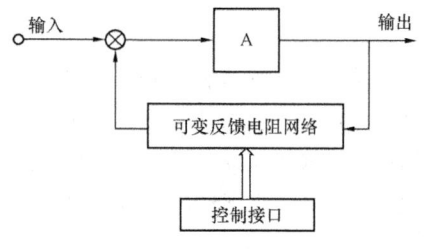

图 3-23　程控放大器原理图

显然，改变 R_f 与 R 的比值，即可改变闭环增益。

多挡程控放大器是指各挡闭环增益固定的程控放大器，多用于增益分挡数量不多，且所需增益预知的场合。为减小运算放大器偏置电流的影响，通常用改变阻值较大的 R_f 来实现增益控制。图 3-25 所示的程控同相放大器使用四选一模拟开关来切换反馈电阻 R_f，实现四种不同的闭环

增益。

（2）程控反相放大器。

反相放大器的基本电路如图 3-26 所示。在理想状态下，反相放大器是一个比例放大器，闭环增益为

$$A_f = -\frac{R_f}{R} \qquad (3-12)$$

与同相放大器相同，改变 R_f 与 R 的比值，即可改变放大器的闭环增益。

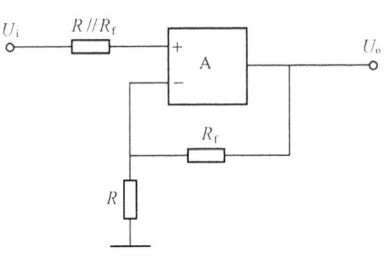

图 3-24　同相放大原理图

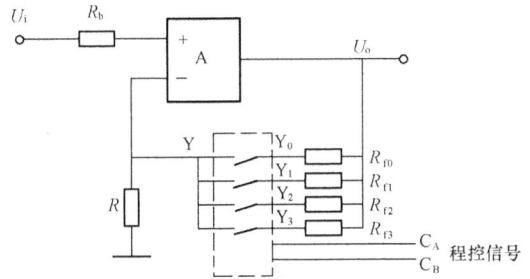

图 3-25　多挡程控同相放大器

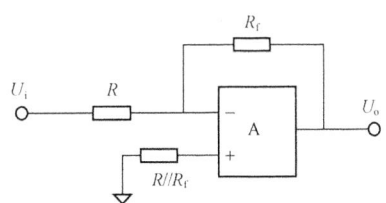

图 3-26　反相放大器原理图

（3）仪用放大器。

仪用放大器的原理如图 3-27 所示，其对称性结构使整个放大器具有很高的共模抑制能力，特别适用于长距离测量，也是最常用的测量放大器。

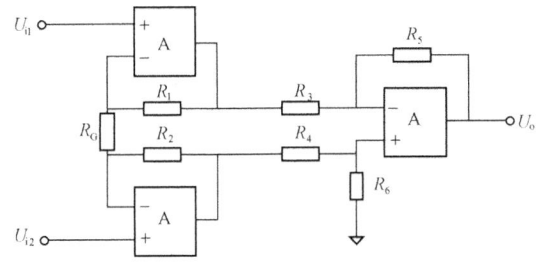

图 3-27　仪用放大器原理图

通常为保证放大器的共模抑制能力，应使电路参数对称，即 $R_1 = R_2$；$R_3 = R_4$；$R_5 = R_6$。此时，放大器的闭环增益为

$$A_f = \frac{U_o}{U_{i2} - U_{i1}} = \left(1 + \frac{2R_1}{R_G}\right)\frac{R_5}{R_3} \qquad (3-13)$$

显然，为保证电路的对称性，改变放大器增益最合理、最简单的办法是改变 R_G 的阻值。程控仪用放大器的增益控制，在使用中通常采用控制 R_G 阻值的方法来实现。

（4）集成程控仪用放大器。

美国 Analog Devices 公司生产的 AD612，AD614 仪用放大器内部集成有使用激光自动修订工艺制造的高精度薄膜电阻，具有较高的增益精度。

6．A/D 转换器

A/D 转换器是将模拟电压或电流转换成数字量的器件或装置，它是一个模拟系统和计算机之间的接口，它在数据采集和控制系统中得到了广泛的应用。常用的 A/D 转换方式有逐次逼近式和双斜积分式，前者转换时间短（几微秒至几百微秒），但抗干扰能力较差；后者转换时间长（几十毫秒至几百毫秒），抗干扰能力较强。在信号变化缓慢，现场干扰严重的场合，宜采用后者。

常用的逐次逼近式 A/D 转换器有 8 位分辨率的 ADC0809，12 位分辨率的 AD574 等；常用的双斜积分式 A/D 转换器有 3 位半（相当于 2 进制 11 位分辨率）的 MC14433，4 位半（相当于 2 进制 14 位分辨率）的 ICL7135 等。

A/D转换器的常用概念如下。

(1) 转换时间：指完成一次模拟量到数字量转换所需要的时间。

(2) 分辨率：通常用数字量的位数 n（字长）来表示，如8位、12位、16位等。分辨率为 n 位表示它能对满量程输入的 $1/2^n$ 的增量做出反映，即数字量的最低有效位（LSB）对应于满量程输入的 $1/2^n$。若 $n=8$，满量程输入为5.12V，则LSB对应于模拟电压 $5.12V/2^8 = 20mV$。

(3) 线性误差：理想转换特性（量化特性）应该是线性的，但实际转换特征并非如此。在满量程输入范围内，偏离理想转换特性的最大误差定义为线性误差。线性误差常用LSB的分数表示，如0.5LSB或±1LSB。

(4) 量程：即所能转换的输入电压范围，如−5～+5V，0～10V，0～5V等。

(5) 对基准电源的要求：基准电源的精度对整个系统的精度产生很大影响。故在设计时，应考虑是否要外接精密基准电源。

(6) 单端输入方式。各路输入信号共用一个参考电位，即各路输入信号共地，这是最常用的接线方式。使用单端输入方式时，要求信号端地线和数据采集板端地线稳定一致，否则容易受到干扰。

(7) 双端输入方式。各路输入信号各自使用自己的参考电位，即各路输入信号不共地。如果输入信号来自不同的信号源，而这些信号源的参考电位（地线）略有差异，可考虑使用这种接线方式。使用双端输入方式时，可以消除由于地电位不一致引起的共模干扰。但特别注意的是，所有接入的信号，不论是高电位还是低电位，其电平相对于模拟地电位应不超过+12V及−5V，以避免电压过高造成器件损坏。

3.4.3　开关量输入通道

开关量输入通道的任务主要是将现场的开关信号或仪表盘中的各种继电器接点信号有选择地输送给计算机，在控制系统中作用如下。用于定时记录生产过程中某些设备的状态，例如电动机是否在运转、阀门是否开启等。或对生产过程中某些设备的状态进行检查，以便发现问题进行处理。若有异常，及时向主机发出中断请求信号，申请故障处理，保证生产过程的正常运转。开关量输入接口模件的基本功能就是接收外部装置或过程的状态信号。这些状态信号是以逻辑"1"或逻辑"0"出现的，其信号的形式可能是电压、电流或开关的触点。为了将外部开关量信号输入到计算机，必须将现场输入的状态信号经转换、保护、滤波、隔离等转换成计算机能接收的逻辑信号。这些功能统称为信号调理。

1. 信号转换电路

电压输入转换电路如图3-28（a）所示。可视电压信号的大小选择分压电阻 R_1 和 R_2。开关触

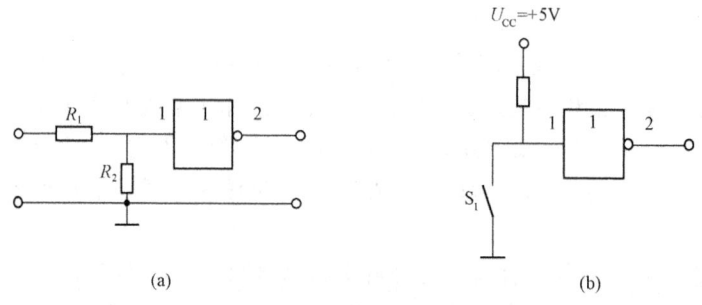

图3-28　开关信号转换

（a）电压输入电路；（b）开关触点型电路

点型信号输入电路如图 3-28（b）所示。这种电路使得开关的通/断转换为电平 0 或＋5V 输出。

2. 滤波电路

由于长线传输、电路、空间等干扰的原因，输入信号常常夹杂着干扰信号，这些干扰信号有时可能使读入信号出错。如图 3-29 所示是一个硬件滤波电路，它采用 RC 低通滤波电路。这种电路的输出信号与输入信号之间会有一个时间延迟，可视现场需要调整 RC 网络的时间常数。

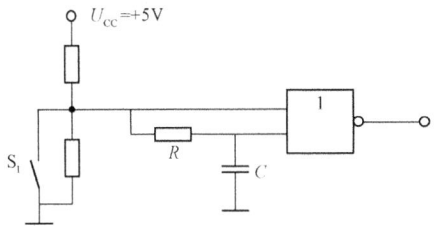

图 3-29　RC 滤波电路

3. 保护电路

在实际应用中，应采用适当的保护措施，防止因过电压、瞬态尖峰或反极性信号损坏接口电路，这种保护电路如图 3-30 所示。其中，采用齐纳二极管和压敏电阻将瞬态尖峰干扰箝位在安全电平。简单地用一个二极管防止反极性信号用二极管箝位，并串入限流电阻在高压输入时起保护作用。

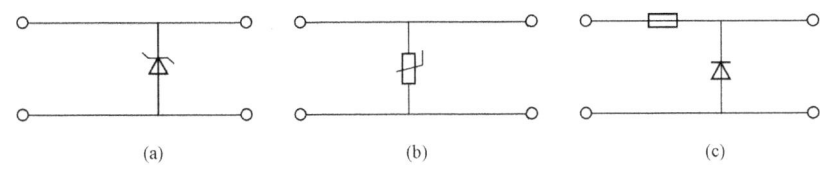

(a)　　　　　　　　　　　(b)　　　　　　　　　　　(c)

图 3-30　保护电路

（a）齐纳二极管过压保护；（b）压敏电阻过压保护；（c）反极性保护

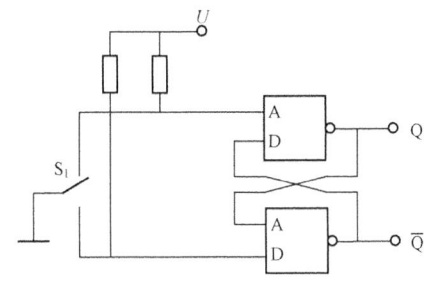

图 3-31　双向消抖电路

4. 消除触点的抖动

若开关量输入信号是一个机械开关或继电器触点，闭合时，常常会发生抖动问题，因此输入信号的前沿常是非清晰信号。抖动的时间和次数是开关的一项指标。这些开关，如湿簧继电器，在开关时触点没有抖动问题。解决开关抖动问题最简单的办法是采用如图 3-31 所示的 RS 触发器形式的双向消抖电路。其中，把开关信号输入到一个 RS 触发器的输入端 A，当抖动的第一脉冲信号使 RS 触发器翻转时，当 D 端处于高电平状态，故第一个脉冲消失后 RS 触发器仍保持原状态，以后的抖动所引起的数个脉冲信号对 RS 触发器的状态无影响。这样，RS 触发器就消除了抖动。

3.4.4　开关量输出通道

对于只有两种工作状态的执行机构或器件，用计算机测控系统输出开关量来控制它们，例如控制电动机的启动和停止、指示灯的亮和灭、电磁阀的开和闭等。这些执行机构和器件所要求的控制电压和电流千差万别，有的是直流驱动的，有的是交流驱动的，必须根据具体对象采用合适的电气接口。计算机测控系统的开关量输出通道的一般结构示于图 3-32。图中的地址译码电路用于产生开关量输出口地址的锁存命令信号，锁存器用于锁存多位开关量信号，它可以使用普通锁存器（如 74LS273 等），也可以使用可编程 PIO 芯片（如 8255 等）。执行机构相当于人的手脚，它们在自动化系统中直接推动被控对象，且长期工作在工业现场的恶劣环境中，此环境存在电场、磁场、振动、噪声、地电位差等多种干扰源。还可能受到高温、高压、腐蚀、易燃、易爆的

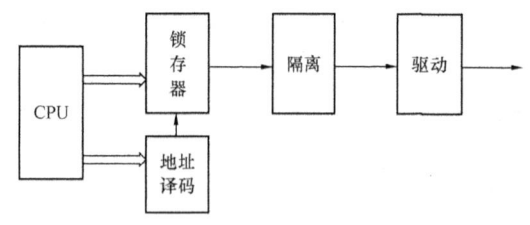

图 3-32 开关量输出通道一般结构

威胁，远非简单的逻辑"0"和逻辑"1"。因此，锁存器输出的开关信号往往需要经过隔离和驱动才能与执行机构相连接。

1. 开关量输出隔离

开关量输出隔离的目的在于隔断微型计算机与执行机构之间的直接电气联系，以防地电位差、外界电磁场等干扰因素造成执行机构的误动作，甚至导致计算机测控系统本身的损坏。在工业现场，执行机构与计算机测控系统之间有可能相距较远，两处的接地点之间往往存在较大的地电位差。例如，在没有统一接地设施的工厂车间内及不同车间之间，这个地电位差达到几伏到几十伏是常有的事。如果没有输出隔离电路，这样高的电压就可能直接施加在连接计算机测控系统到执行机构之间的电路上，造成较大的地电流回路，从而导致误动作或测控系统的损坏。此外，长距离的电气连线与大地之间也形成一个面积很大的感应回路，这个回路对外界电磁场干扰是很敏感的，如果没有隔离电路，外界电磁场的变化就会在回路中感应出感生电流，造成各种不利的影响。而且，执行机构往往使用自己独立的电源系统，这个电源系统有可能是直流的，也可能是交流的，电压数值也千变万化。例如，控制马达启停的接触器线圈往往使用 220V 或 380V 的交流电源。如果不加隔离地直接驱动，在意外情况下执行机构电源也有可能串入其他电路中，造成严重的损坏或故障。目前，光电耦合器件和继电器常用做开关量输出隔离器件。

（1）光电耦合器件。

光电耦合器件是以光为媒介传输信号的电路，如图 3-33 所示。发光二极管和光敏三极管封装在同一个管壳内，发光二极管的作用是将电信号转变为光信号，光敏三极管接收光信号再将它转变为电信号。光电耦合器件的特点如下。

1）输出信号与输入信号在电气上完全隔离，抗干扰能力强，隔离电压可达千伏以上。

2）无触点，寿命长，可靠性高。

3）响应速度快，易与 TTL 电路配合使用。

图 3-33 电路的工作过程如下：当 U_i 为低电平时，流过发光二极管的电流为零，光敏三极管截止，U_o 输出高电平 $+U$。当 U_i 为高电平时，电流 I_1 经 R_1 流经发光三极管使其发光，光信号作用于光敏三极管使其饱和导通，U_o 输出为低电平。所以光电耦合器件兼有反相及电平转换的作用。R_1 为限流电阻，其阻值决定了发光二极管的导通电流 I_1，I_1 一般选为数毫安。R_2 的

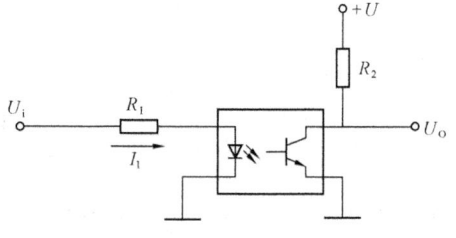

图 3-33 光电耦合电路

取值要保证 U_o 输出的高、低电平要求。光电耦合器件的一个重要参数是电流传输比 CTR，当 U_i 为高电平时，须使 $R_2 > +U/(I_1 \times \text{CTR})$ 才能保证 U_o 为低电平。R_2 也不能选得太大，如果 R_1 选得太大，则 U_o 带动拉电流负载的能力减弱，光敏三极管的暗电流也会对 U_o 输出高电平造成不利影响。因此，需要综合考虑各方面因素来确定 R_2 阻值。

（2）继电器隔离电路。

电磁式继电器是一种由小电流的通断控制大电流通断的常用开关控制器件。当它的电磁铁线圈通过一定数值的电流时，产生的电磁吸力大于弹簧的反作用力，衔铁动作使输出回路中的动合触点闭合，动断触点打开。当通过线圈的电流小于释放电流时，弹簧将衔铁弹回，输出回路各触点恢复原态。电磁式继电器图形符号示于图 3-34。

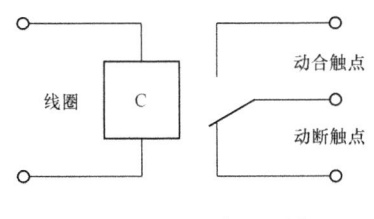

图 3-34 电磁式继电器

电磁式继电器线圈的驱动电源可能是直流的，也可能是交流的，电压规格也有很多种。输出触点的电流、电压也有很多种规格。当输出回路包含有感性负载而且导通电流较大时，在触点断开的瞬间有可能在触点间造成高压电弧，以至于烧坏触点或降低触点寿命。为了防止这种情况发生，如果负载电源是直流的，可以在触点间并联缓流二极管；如果负载电源是交流的，可以在触点间并联压敏电阻。压敏电阻在正常情况下相当于断路，而当其两端电压超过其导通阈值时，压敏电阻阻值下降，从而构成一个续流通路，避免了高压电弧的产生。电磁式继电器的线圈触点可以使用各自独立的电源，两者之间相互绝缘，耐压可达千伏以上。电磁式继电器触点对外电路的极性无要求，负载电源可用直流也可用交流。一个电磁线圈带动多组动合、动断触点，它们之间相互绝缘，这些都有利于外电路的灵活安排，而且，它还有很大的电流放大作用。因此，电磁式继电器是一种很好的开关量输出隔离及驱动器件。工业上普遍应用的可编程序控制器（PLC）的开关量输出大都设有继电器输出。它的不足是机械式触点动作时间较慢，一般在毫秒数量级，而且使用寿命有限。

2. 开关量输出驱动

同计算机直接接口的一般 TTL 电路或 CMOS 电路驱动能力是很有限的。例如，对于多数 74LS 系列 TTL 电路，其高电平输出电流 I_o 最大值仅为 -0.4mA（负号表示拉电流），低电平输出电流 I_o 最大值也仅为 8mA。对于多数 $4\times\times\times$ 系列的 CMOS 逻辑电路，当 $U_{DD}=+5$V 时，高电平输出电流 I_o 与低电平输出电流 I_o 都小于 1mA。如果执行器件需要较大的驱动电流，就必须附加驱动电路。常用的开关量输出驱动电路有下列几种。

（1）TTL 三态门缓冲器。

这类电路的驱动能力要高于一般的 TTL 电路。例如 74LS240、74LS244、74LS245 等，它们的高电平输出电流 $I_o=-15$mA，低电平输出电流 $I_o=24$mA，可以用来驱动光电耦合器件、LED 数码管、中功率晶体管等。

（2）集电极开路（OC）门。

OC 门电路的输出级是一个集电极开路的晶体三极管，如图 3-35 所示。组成电路时，OC 门输出端必须外加一个接至正电源的负载才能正常工作，负载正电源 $+U$ 可以比 TTL 电路的 U_{CC}（一般为 $+5$V）高很多。例如，7406、7407 OC 门输出级截止时耐压可高达 30V，输出低电平时吸收电流的能力也高达 40mA。因此，OC 门是一种既有电流放大功能，又有电压放大功能的开关量驱动电路。在实际应用中，OC 门电路常用来驱动微型继电器、LED 显示器等。

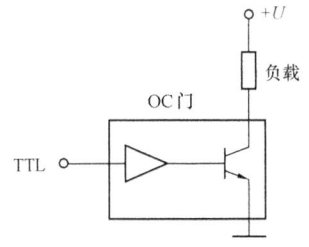

图 3-35 OC 门输出驱动电路

（3）门电路外加晶体管。

门电路外加晶体管可以为直流执行器件提供更大的驱动电流，如图 3-36 所示。如果图中的晶体管是小功率管，其驱动能力大约为 $10\sim50$mA。对于中功率晶体管，驱动能力可达 $50\sim500$mA。如果采用大功率晶体管或达林顿复合管，驱动能力会更强。使用时应注意门电路输出为高电平时，必须保证能提供给晶体管足够的基极电流使其饱和导通。若负载呈电感性，则应在负载上并联续流保护二极管。图 3-36 中的晶体管也可以采用大功率场效应管，它的特点是输入电流很小（微安数量级），输出电流可以很大，而且可以工作在较高频率。

（4）达林顿晶体管阵列驱动器芯片。

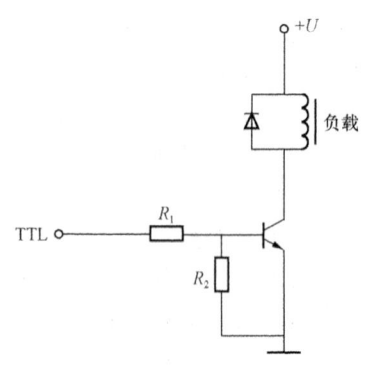

图 3-36　晶体管输出驱动电路

达林顿晶体管阵列驱动器芯片适用于多路开关量中功率驱动电路，例如 MC1413 包含有七路开关量驱动器，每路驱动器的内部结构如图 3-37（a）所示。图 3-37（a）中的 VD1 用做输入端箝位，VD2 用做输出端箝位，VD3 用做输出端箝位或感性负载的续流保护，MC1413 驱动七个继电器线圈电路示于图 3-37（b）。MC1413 特性如下：

1）每路输出电流达 500mA，但每一块双列直插式芯片总的输出电流不得超过 2.5 A。

2）输出端截止时耐压可达 50V。

3）输入端可与多种 TTL 及 CMOS 电路兼容。

4）电路中的 $R=2.7\text{k}\Omega$，适用于 5V 电平。

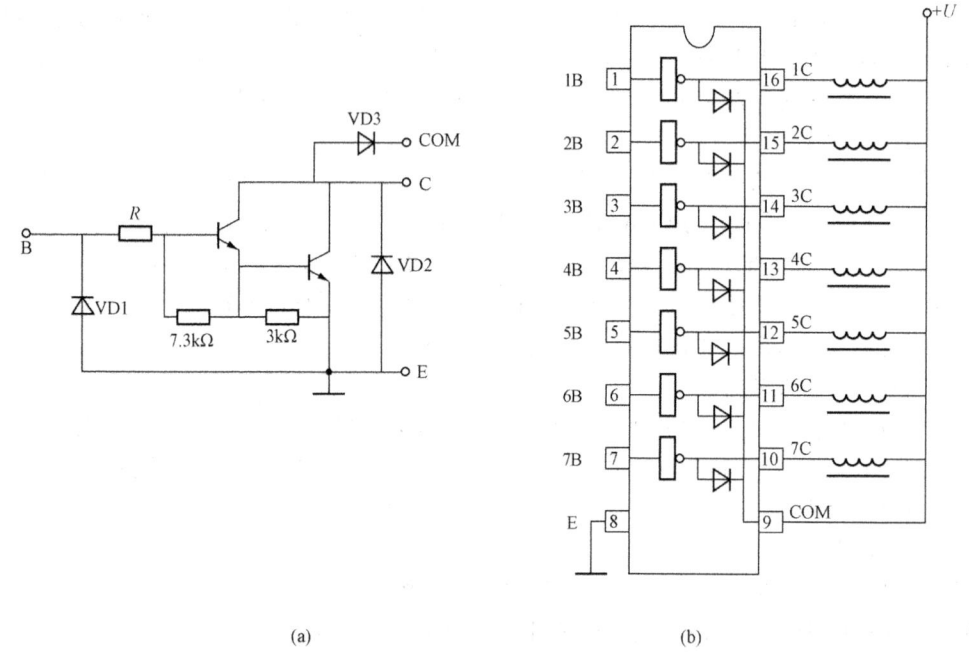

(a)　　　　　　　　　　(b)

图 3-37　达林顿晶体管阵列内部结构

（a）内部结构；（b）七个驱动电路

3. 固态继电器（SSR）

固态继电器（SSR）既有放大驱动作用，又有隔离作用，很适合于驱动大功率开关式执行器件。SSR 是一种四端有源器件，其中的两端为输入控制端，输入功耗很低，与 TTL、CMOS 电路兼容；另外两端是输出端，内部设有输出保护电路。单向直流固态继电器（DCSSR）的输出端与直流负载适配，双向交流固态继电器（AC SSR）的输出端与交流负载适配。输入电路与输出电路之间采用光电隔离，绝缘电压可达 2500V 以上。

AC SSR 又分为过零触发型（Z 型）和随机开启型（又称调相型、P 型）。过零触发型具有零电压开启、零电流关断的特性，使用中对电网污染小，但它的输入端施加控制电压后，要等交流电压过零时输出端才能导通，这有可能造成最大为半个市电周期（对于 50Hz 市电为 10ms）的延迟。而对于随机开启型 SSR，输入端施加控制电压后输出端立即导通。在输入电压撤销后，当负载电流低于双向可控硅的维持电流时，SSR 输出才关断。大功率负载的随机开启有可能对电网造成污染，导致局部供电系统波形的畸变。两种 AC SSR 的内部组成框图分别示于图 3-38（a）、（b）。

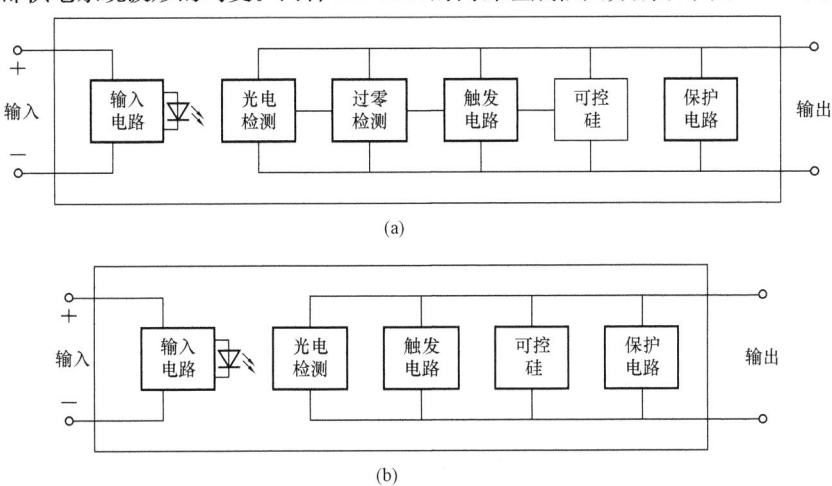

图 3-38　固态继电器的内部组成

（a）过零触发型组成框图；（b）随机开启型组成框图

（1）SSR 的输入电路。

SSR 的输入电路与 TTL、CMOS 电路兼容，输入控制十分方便，任何可以给出 TTL 电平的开关电路都可以用来驱动 SSR，例如晶体管开关电路、按钮开关电路及各种电源为＋5V 的 TTL 或 CMOS 数字逻辑 IC 片。TTL 或 CMOS 电路控制 SSR 的两种方式示于图 3-39。高电平控制方式时，输入负端接地电平，输入正端接控制信号，控制信号为高电平则 SSR 导通，控制信号为低电平则 SSR 关断。低电平控制方式时，输入正端接电源，输入负端接控制信号，控制信号为高电平则 SSR 关断，控制信号为低电平则 SSR 导通。

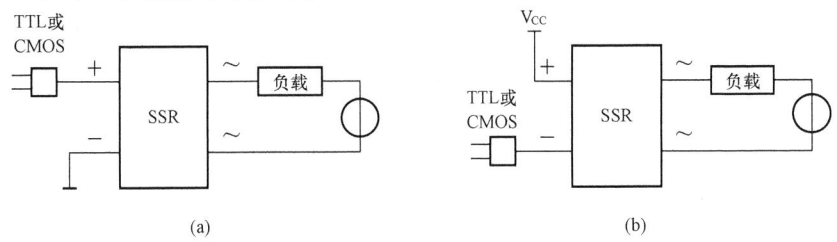

图 3-39　固态继电器输入控制

（a）高电平控制；（b）低电平控制

（2）SSR 的输出负载。

对于小电流负载，由图 3-38 可以看出，SSR 内部除去输入电路之外的所有其他电路都是由输出端供电的。因此，即使在输出端关断状态下，SSR 仍维持一个关断状态电流。为了使负载可靠地关断，流过负载的开启电流至少应该是 SSR 关断状态电流的 10 倍。如果负载电流低于这个值，负载上需要并联一个电阻，以提高开启电流数值。

对于电感式负载，当 SSR 关断时，因为流过电感式负载的电流不能突变，有可能在电感两端产生很高的感应电压，导致 SSR 输出电路被烧坏，必须用续流二极管（直流负载）或压敏电阻（交流负载）保护 SSR 的安全。如果负载为直流电感式，应当使用 DC SSR，负载上并联续流二极管以保护 SSR，如图 3-40（a）所示。

如果负载为交流电感式，必须使用 AC SSR，SSR 输出端并联压敏电阻以保护 SSR，如图 3-

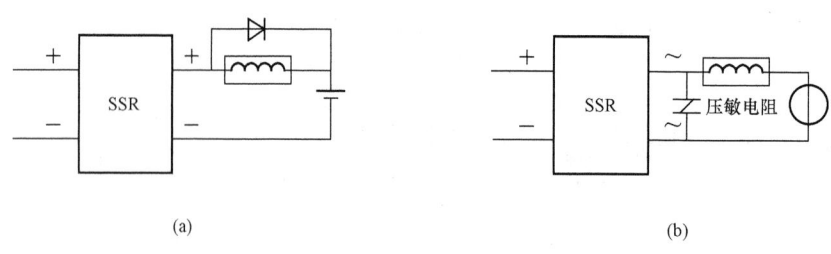

图 3-40　固态继电器驱动感性负载
(a) 直流负载；(b) 交流负载

40 (b) 所示。压敏电阻的阈值电压可按电源电压有效值的 1.6～1.9 倍选取。压敏电阻不但为电感式负载的感应电流提供了一个通路，而且可以避免工频市电电源夹杂的尖峰电压施加在 SSR 输出端。工频市电波形中夹杂的尖峰电压是很频繁的，它虽然宽度很窄（微秒数量级），但幅度有高有低，高时可达千伏以上。当尖峰电压幅度超过了 SSR 的阻断电压或其变化速度超出了 SSR 在关闭状态下的 du/dt 特性容限时，就会使 SSR 在没有选通的情况下开启，造成执行机构的误动作。SSR 作为大电流负载的开关，因其无触点及机械部件，因而比电磁继电器速度快、可靠性高、寿命长、对外界干扰小，得到了越来越广泛的应用。为了避免负载电流过大时烧坏 SSR，通常用快速熔断丝和空气开关作为过流保护。

3.5　输入/输出设备

3.5.1　PC6320 模拟量输入/输出卡

PC6320 模入接口卡适用于具有 ISA 总线的 PC 系列微机，具有很好的兼容性，CPU 卡安装使用方便，程序编制简单。其模入/模出信号均由卡前端的 26 线扁平电缆插头与外部信号源及设备连接。对于模出部分，用户可根据控制对象的需要选择电压或电流输出方式以及不同的量程。PC6320 模入/模出接口卡主要由模数转换电路、数模转换电路、接口控制逻辑电路及电源电路构成。

1. 主要技术参数

PC6320 模入/模出接口卡的主要技术参数如下所示：

(1) 模入部分。

1) 输入通道数：单端 8 路。

2) 输入信号范围：0～5V。

3) A/D 转换分辨率：8 位。

4) A/D 转换速度：116μs（一次转换时间）。

5) 系统综合误差：≤0.4%F. S。

(2) 模出部分。

1) 输出通道数：2 路（互相独立，可同时或分别输出）。

2) 输出范围：电压方式：0～5V、−2.5～＋2.5V；电流方式：0～10mA、4～20mA。

3) D/A 转换器件：DAC0832。

4) D/A 转换分辨率：8 位。

5) D/A 转换综合建立时间：≤5μs。

6）D/A转换综合误差：电压方式：≤0.4% F.S；电流方式：≤1% F.S。

（3）电源功耗：+5V（±10%）≤250mA；+12V（±10%）≤150mA；-12V（±10%）≤60mA。

（4）使用环境要求。

1）工作温度：10～40℃。

2）相对湿度：40%～80%。

3）存储温度：-55～+85℃。

2. 输入/输出插座接口定义

输入/输出插座接口定义见表3-5。

表3-5 输入/输出插座接口定义表

插座引脚号	信号定义	插座引脚号	信号定义
1	CH0	14	模拟地
2	模拟地	15	CH7
3	CH1	16	模拟地
4	模拟地	17	VO0
5	CH2	18	数字地
6	模拟地	19	VO1
7	CH3	20	数字地
8	模拟地	21	空脚
9	CH4	22	空脚
10	模拟地	23	IO0
11	CH5	24	+12V 输出
12	模拟地	25	IO1
13	CH6	26	+12V 输出

3. 安装及使用注意

PC6320的安装十分简便，只要将主机机壳打开，在关电情况下，将本卡插入主机的任何一个空余扩展槽中，扁平电缆可从主机后面引出并与外设连接。本卡采用的模拟开关是CMOS电路，容易因静电击穿或过流造成损坏，所以在安装或用手触摸本卡时，应事先将人体所带静电荷对地放掉，同时应避免直接用手接触器件管脚，以免损坏器件。禁止带电插拔本接口卡。本卡跨接选择器较多，使用中应严格按照说明书进行设置操作。设置接口卡开关、跨接套和安装接口电缆均应在关电状态下进行。当模入通道不全部使用时，应将不使用的通道就近对地短接，不要使其悬空，以避免造成通道间串扰和损坏通道。电压方式模拟输出时，应避免输出端对地短路。为保证安全及采集精度，应确保系统地线（计算机及外接仪器机壳）接地良好。特别是使用双端输入方式时，为防止外界较大的共模干扰，应注意对信号线进行屏蔽处理。

4. 使用与操作

（1）I/O基地址选择。I/O基地址的选择是通过开关K进行的，开关拨至"ON"处为0，反之为1。初始地址的选择范围一般为0100H～0378H。用户应根据主机硬件手册给出的可用范围以及是否插入其他功能卡来决定本卡的I/O基地址。出厂时本卡

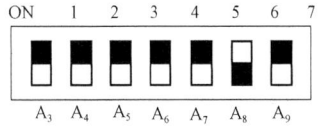

图3-41 I/O地址选择

的基地址设为 0100H，并从基地址开始占用连续 8 个地址，基地址设置为 100H，方法如图 3-41 所示。

（2）控制端口地址操作说明。PC6320 各个控制端的操作地址与功能见表 3-6。

表 3-6　　　　　　　　　　　　端口地址与功能

端口操作地址	操作命令	功　　能
基地址 + 0	写	设通道代码，选通道
基地址 + 0	写	启动 A/D 转换
基地址 + 0	读	查询 A/D 转换状态
基地址 + 1	读	读 A/D 转换结果
基地址 + 5	写	写 D/A0　8 位数据
基地址 + 6	写	写 D/A1　8 位数据

（3）查询 A/D 转换状态数据格式。PC6320 可采用查询或延时方式工作。查询 A/D 转换状态数据格式见表 3-7（端口地址为基地址+0）。

表 3-7　　　　　　　　A/D 转换状态数据格式（×表示任意）

操作命令	D7	D6	D5	D4	D3	D2	D1	D0	A/D 转换状态
读	1	×	×	×	×	×	×	×	转换结束
读	0	×	×	×	×	×	×	×	正在转换

（4）D/A 输出方式设定。PC6320 的 D/A 输出方式跨接选择器 J3 与 J4 用来改变 D/A 的输出方式，其中 J4 对应 D/A$_0$，J3 对应 D/A$_1$。其使用方法见图 3-42。当选择电流方式时需装配电阻 R_{19}（D/A$_0$）、R_{12}（D/A$_1$），当选 0～10mA 时 R_{19}、R_{12} 应装配电阻为 560Ω。当选 4～20mA 时，应装配电阻为 250Ω。

（5）D/A 调整。

1）D/A 零点调整：将 D/A 转换器数据置为 0，适当调整 W10（D/A$_0$）、W12（D/A$_1$）使 D/A 输出为 0V。

2）D/A 满度调整：将 D/A 转换器数据

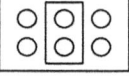
0～5V

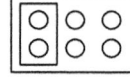
电流方式

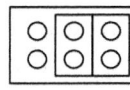
−2.5～+2.5V

图 3-42　D/A 输出方式设定

置为 FFH，适当调整 W8（D/A$_0$）、W11（D/A$_1$）使输出为 5V。

5. 组态王设置

PC6320 组态王中硬件驱动和构建数据词典方法如下所示。

（1）组态王定义设备。选择：板卡 \ 中泰 \ PC6320。

（2）设备地址。与硬件的配置地址相同。

（3）数据词典。

PC6320 输入/输出信号在组态王中的变量按表 3-8 格式定义。

表 3-8　　　　　　　　　　变　量　定　义

寄存器名称	dd 取值范围	数据类型	变量类型	读写属性	寄存器说明
ADdd	0～7	SHORT	I/O 整型	只读	按字节读取
DAdd	0～1	SHORT	I/O 整型	只写	按字节读取

3.5.2 研华 PCL724 ISA 总线 I/O 数据采集卡

研华 PCL724 是一款 24 路数字量输入/输出卡，该卡提供了 24 路并行数字输入/输出口。仿真可编程并行 I/O 接口芯片 8255 模式 0，带有一个 50 管脚接口，管脚定义与 Opto-22 模块完全兼容。研华 PCL724 接口卡如图 3-43 所示。

1. 研华 PCL724 技术规范

(1) 输入信号规格。

1) 输入逻辑电平 1：2.0~5.25V。

2) 输入逻辑电平 0：0.0~0.80V。

3) 高输入电流：20.0μA。

4) 低输入电流：-0.2mA。

(2) 输出信号规格。

1) 高输出电流：-15.0mA。

2) 低输出电流：24.0mA。

3) 输出逻辑电平 1：2.4V（最小）。

4) 输出逻辑电平 0：0.4V（最大）。

(3) 电源功耗。

1) +5V、0.5A（典型）。

2) +5V、0.8A（最大）。

(4) 使用环境要求。

1) 工作温度：0~60℃（32~140°F）。

2) 存储温度：-20~70℃（-4~158°F）。

3) 工作湿度：(5%~95%) RH，无凝结。

4) 接口：50 芯扁平电缆接口。

2. 研华 PCL724 使用与操作

(1) 输入/输出插座接口定义，输入/输出插座接口如图 3-44 所示。

(2) I/O 基地址选择。

PC7	1	2	GND
PC6	3	4	GND
PC5	5	6	GND
PC4	7	8	GND
PC3	9	10	GND
PC2	11	12	GND
PC1	13	14	GND
PC0	15	16	GND
PB7	17	18	GND
PB6	19	20	GND
PB5	21	22	GND
PB4	23	24	GND
PB3	25	26	GND
PB2	27	28	GND
PB1	29	30	GND
PB0	31	32	GND
PA7	33	34	GND
PA6	35	36	GND
PA5	37	38	GND
PA4	39	40	GND
PA3	41	42	GND
PA2	43	44	GND
PA1	45	46	GND
PA0	47	48	GND
+5V	49	50	GND

图 3-43 研华 PCL724 接口卡

图 3-44 输入/输出插座接口定义

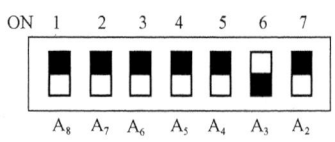

图 3-45　拨码开关地址设置

PCL724 数据采集卡是通过计算机的 I/O 口来控制的，每个 I/O 口各自都有一个独立的 I/O 存储空间以免相互之间发生地址冲突，PCL724 需要四个连续的 I/O 地址空间。地址的选择可通过面板上的 8 位 DIP 开关 SW1 的设置来设定。PCL724 的有效地址范围是 200～3FF（十六进制），初始默认地址为 2C3，根据系统的资源占用情况，为 PCL724 分配正确的地址。图 3-45 为拨码开关与地址的关系，表 3-9 为地址设置举例。

表 3-9　　　　　　　　　　　　　　地址设置举例

拨码地址	1	2	3	4	5	6	7
	A_8	A_7	A_6	A_5	A_4	A_3	A_2
200～203	0	0	0	0	0	0	0
2C0～2C3	0	1	1	0	0	0	0

（3）端口控制字操作说明。

PCL724 端口的输入/输出可通过软件设置定义。端口定义由设置端口控制字确定。端口控制字如表 3-10 所示。

表 3-10　　　　　　　　　　　　　　端口控制字

CFG	PA0～PA7	PC4～PC7	PB0～PB7	PC0～PC3
80H	O	O	O	O
81H	O	O	O	I
82H	O	O	I	O
83H	O	O	I	I
88H	O	I	O	O
89H	O	I	O	I
8AH	O	I	I	O
8BH	O	I	I	I
90H	I	O	O	O
91H	I	O	O	I
92H	I	O	I	O
93H	I	O	I	I
98H	I	I	O	O
99H	I	I	O	I
9AH	I	I	I	O
9BH	I	I	I	I

（4）中断控制。

PCL724 的引脚 PC0 可以产生中断，可以通过设置跳线 J1 来选择 IRQ 级别，如图 3-46 所示。

PC0 引脚的中断使能是通过跳线 J2 来控制的，如果 J2 设置为 DIS，则中断被禁止；如果 J2 设置为 EN，则允许中断；如果设置为 PGM，则可以使用 PCL724 的可编程中断特性。如图 3-47 所示。

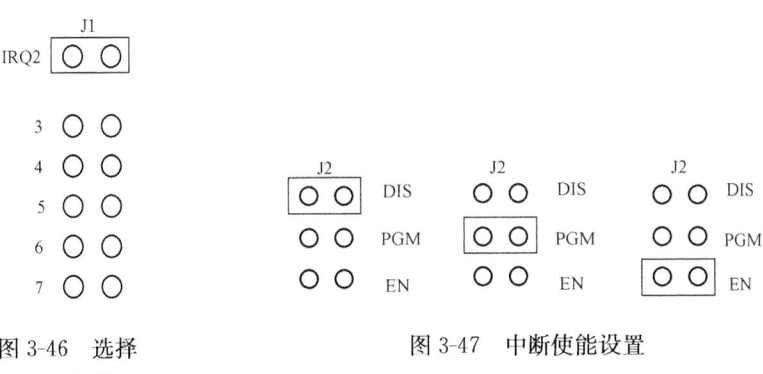

图 3-46　选择　　　　　　　　　图 3-47　中断使能设置
IRQ 级别

当 J2 设置为 PGM 时，当 PC4 引脚 TTL 电平为低，则允许中断；当 PC4 引脚 TTL 电平为高，则禁止中断。跳线 J3 是用来设置用上升沿触发中断还是下降沿触发中断，如图 3-48 所示。

3. 研华 PCL724 的调试方法及调试软件

(1) 安装流程。

1) 安装板卡驱动程序及配置软件，关机。

2) 对板卡做好硬件跳线后，插入计算机，然后开机。

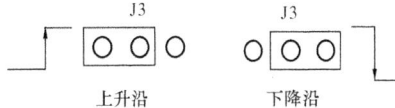

图 3-48　触发中断设置

3) 用研华提供的配置软件（DevMgr）对板卡进行配置。

4) 用研华提供的测试软件测试硬件。

5) 阅读用板卡的硬件手册。

6) 参照提供的例程，编写程序。

(2) 安装配置软件及板卡驱动程序。安装 DevicemAnager 和 32bitDLL 驱动需要如下步骤：

1) 插入光盘。

2) 单击 Continue，出现安装界面，先安装 DevicemAnage。

3) 单击 Individual Driver，出现新界面，选择 PCL724 进行驱动程序安装。

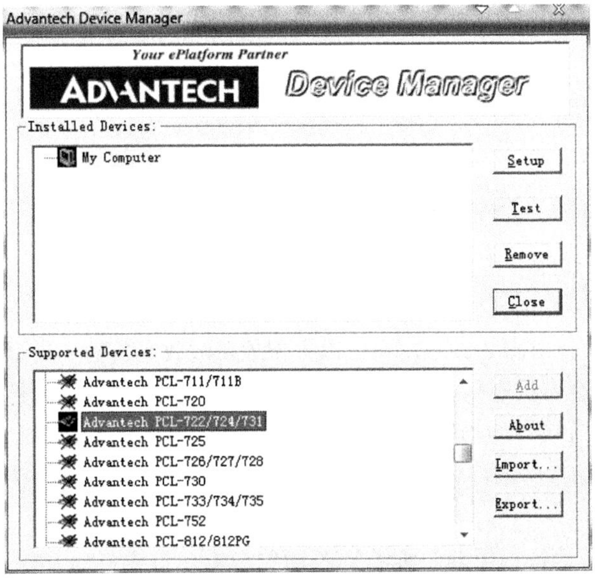

(3) 硬件的安装与板卡测试。

1) 完成板卡和开关跳线设置。

2) 关掉计算机，将板卡插入剩余的 ISA 插槽。

3) 从菜单开始/程序/Advantech Device DriverV2.1/ Advantech Device Manager运行配置程序，如图 3-49 所示。

当计算机上已经安装好驱动程序后，它前面将没有红色叉号，说明驱动程序已经安装成功。

(4) 选中 PCL724，单击"Add"，弹出图 3-50，进行基址的设置，板卡的选择，以及数字通道输入/输出选择的相关设置。

(5) 完成后单击"OK"，就会在 Installed Devices 栏中 My Computer 下显

图 3-49　配置程序界面

63

示出所加的器件，如图 3-51 所示。

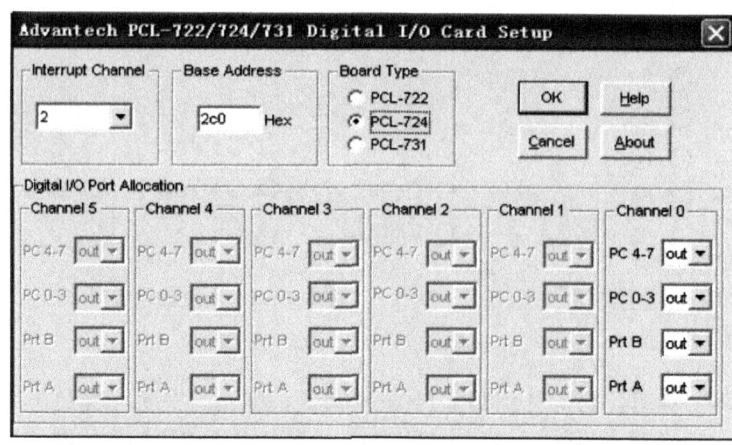

图 3-50　配置硬件设置

图 3-51　已配置信息界面

到此，PCL724 数据采集卡的软件和硬件已经安装完毕，接下来可进行板卡测试。

（6）在图 3-51 的界面中单击"Test"。

（7）在测试界面中单击数字输入标签，弹出图 3-52。用户可以方便地通过数字量输入通道指示灯的颜色，得到相应的数字量输入通道输入的是低电平还是高电平（红色为高，绿色为低）。例如，将通道 0 对应管脚 PA0 与地 GND 短接，则通道 0 对应的状态指示灯（Bit0）变绿，在 PA0 与地之间接入 +5V 电压，则指示灯变红。

4. 组态王设置

（1）组态王设置。组态王定义设备时请选择：板卡 \ 研华 \ PCL724。

（2）设备地址。与硬件的配置地址相同。

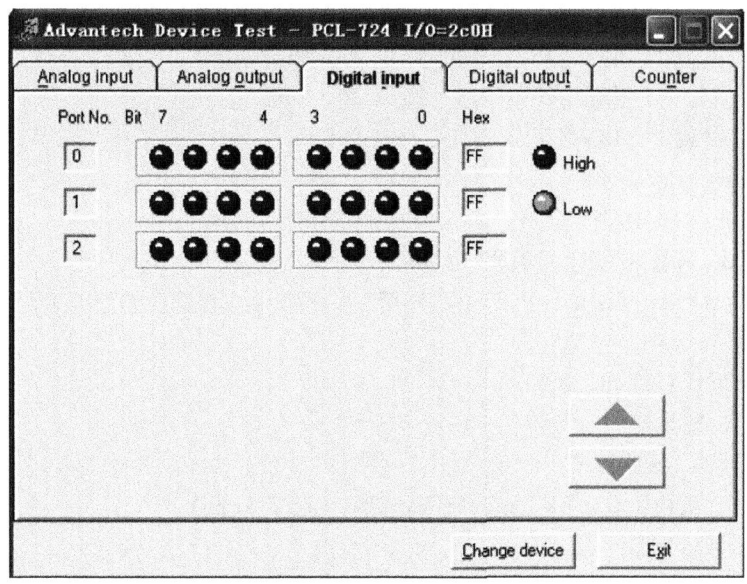

图 3-52 数字量输入通道测试

（3）初始化字：即为 8255 的 A、B、C 口控制字（十六进制），格式：3，dd（dd 为表 3-10 中的 CFG）。例如：8255 的 A、B 口作为输入，C 口作为输出，初始化字为：3，92。

（4）数据词典。

PCL724 输入/输出信号在组态王中的变量按表 3-11 格式定义。

表 3-11   变量定义

寄存器名称	dd 取值范围	数据类型	变量类型	读写属性	寄存器说明
DIdd	0~23	BIT	I/O 离散	只读	开关量输入按位读取
	0~2	BYTE	I/O 整型		按字节读取
DOdd	0~23	BIT	I/O 离散	只写	开关量输出按位操作
	0~2	BYTE	I/O 整型		按字节操作

3.5.3 PCI-1711/1711L 多功能 PCI 总线数据采集卡

PCI-1711/1711L 是一款功能强大的低成本多功能 PCI 总线数据采集卡。PCI-1711 有 2 路模拟量输出通道，PCI-1711L 没有模拟量输出通道。用户可以在 PCI-1711 和 PCI-1711L 之间选择能够满足实际需要又节约成本的数据采集卡。

1. 研华 PCI-1711 技术规范

（1）模拟量输入部分。

1）通道数：16 路，单端。

2）分辨率：12 位。

3）FIFO 容量：1K 采样点。

4）最大采样速率：100 kHz。

5）转换时间：$10\mu s$。

6）输入量程：±10V，±5V，±2.5V，±1.25V，±0.625V。

7）增益列表：倍数 1，2，4，8，16。

8）漂移（ppm/℃）：增益　1，　　2，　　4，　　8，　　16。

零点　15，　15，　15，　15，　15。

量程　25，　25，　25，　30，　40。

9）最大输入过载：±15V。

10）输入保护：70V。

11）输入阻抗：2 MΩ/5pF。

12）触发模式：软件，板上可编程或外部。

13）准确度：DC：INL：±0.5LSB，分辨率：12bits，增益误差：0.005% FSR（Gain 为 1）。

14）AC：信噪比：68 dB。

（2）数字输入/输出。

1）输入通道数：16 路。

2）输入电压：低电平，0.8V（max）；高电平，2.0V（min）。

3）输出通道数：16 路。

4）输出电压：低电平，0.8V（max）、8.0mA（吸收）；高电平，2.0Vmin、−0.4mA（给出）。

（3）模拟量输出部分。

1）通道数：2 路。

2）分辨率：12 位。

3）输出范围：

①内参考 0～+5V，0～+10V；

②外参考 0～+xV、−xV（−10≤x≤10）。

③准确度：±1/2 LSB。

④非线性：±1/2 LSB。

⑤增益误差：可调零。

⑥斜率：11V/μs。

⑦漂移：40 ppm/℃。

⑧驱动能力：3mA。

⑨速率：38kHz（min）。

⑩输出阻抗：0.81Ω。

⑪建立时间：26μs（to±1/2 LSB of FSR）。

2. 安装与测试

（1）初始检查。

研华 PCI-1711/1711L 包含如下三部分：一块 PCI-1711/1711L PCI 总线的多功能数据采集卡，一本使用手册和一个内含板卡驱动的光盘。打开包装后，请查看这三件是否齐全。用手持板卡之前，请先释放手上的静电。按如下安装流程进行软硬件安装。

1）安装板卡驱动程序及配置软件，关机。

2）板卡插入计算机，然后开机。

3）用研华提供的配置软件（DevMgr）对板卡进行配置。

4）用研华提供的测试软件测试硬件。

5）阅读用板卡的硬件手册。

6）参照提供的例程，编写程序。

（2）软件的安装步骤如下：

1）将启动光盘插入光驱。

2）安装执行程序将会自动启动安装，这时您会看到图 3-53 的安装界面。

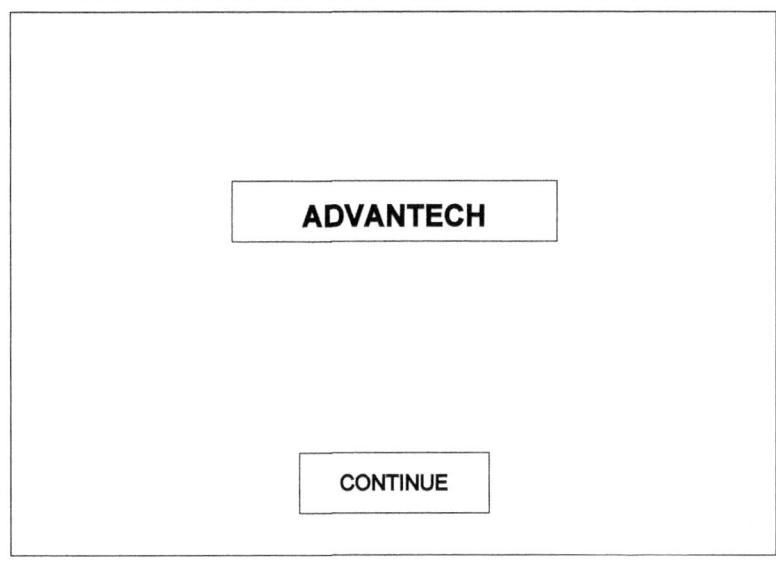

图 3-53　软件安装欢迎界面

3）单击 CONTINUE，出现图 3-54 界面。

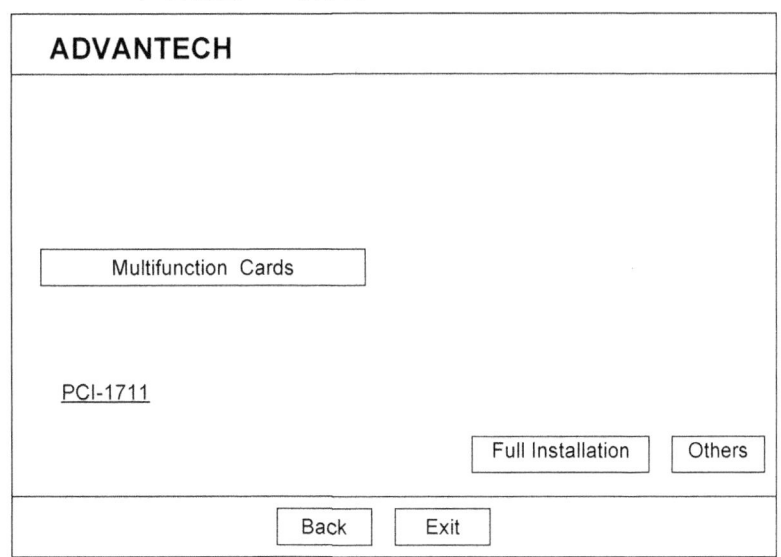

图 3-54　板卡选择界面

4）选择单击所安装的板卡型号，然后按照提示就可一步一步完成驱动程序的安装。

（3）硬件的安装步骤如下：

1）关掉计算机，将板卡插入到计算机后面空闲的 PCI 插槽中。

2）检查板卡是否安装正确，可以通过鼠标右击"我的电脑"，单击"属性"，弹出"系统属性"框。选中"硬件"页面，单击"设备管理器"，将弹出界面，如图 3-55 所示。从图中可以看到板卡已经成功安装。

3）从菜单开始/程序/Advantech Device DriverV2.1/ Advantech DevicemAnager，打开 Advantech DevicemAnager，如图 3-56 所示。安装好驱动程序后，它前面将没有红色叉号，说明驱动程序已经安装成功。PCI 总线的板卡插好后计算机操作系统会自动识别，DevicemAnager 在 Installed Devices 栏中 My Computer 下也会自动显示出所插入的器件，这一点和 ISA 总线的板卡不同。单击"Setup"，弹出如图 3-57 所示界面。

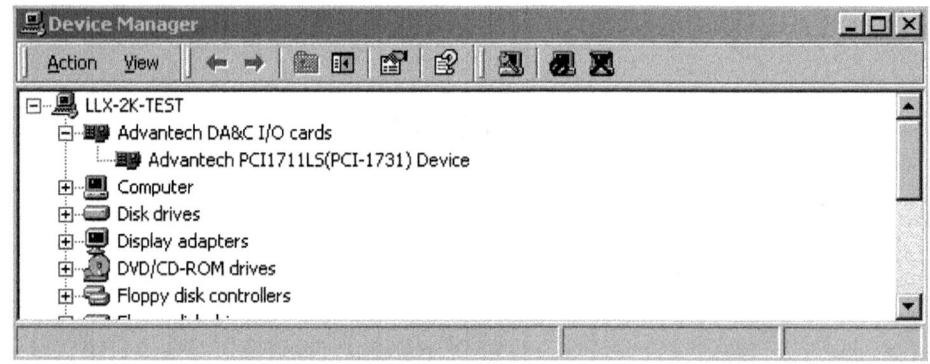

图 3-55　已安装板卡检查界面

图 3-56　设备管理界面

在图 3-57 中可以设置选择两个 D/A 转换输出通道用的基准电压来自外部还是由内部提供的，也可设置基准电压的大小。设置好后，单击"OK"即可。到此，PCI-1711/1711L 数据采集卡的软件和硬件已经安装完毕，可进行板卡测试。

（4）测试。

在图 3-56 的界面中单击"Test"，弹出如图 3-58 所示界面。

1）模拟输入功能测试。

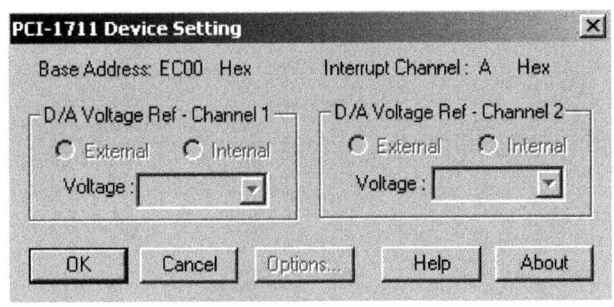

图 3-57　D/A 转换输出通道用的基准电压选择

　　测试界面说明如下：测试时可用 PCL 10168（两端针型接口的 68 芯 SCSI-Ⅱ电缆，1m 和 2m）将 PCI-1711 与 ADAM-3968（可 DIN 导轨安装的 68 芯 SCSI-Ⅱ接线端子板）连接，这样 PCL-10168 的 68 个引脚和 ADAM-3968 的 68 个接线端子一一对应，可通过将输入信号连接到接线端子来测试 PCI-1711 引脚。

　　例如：在单端输入模式下，测试通道 0，需将待测信号接至通道 0 所对应接线端子的 68 与 AIGND 引脚，在通道 0 对应的"Analog input reading"框中将显示输入信号的电压值。

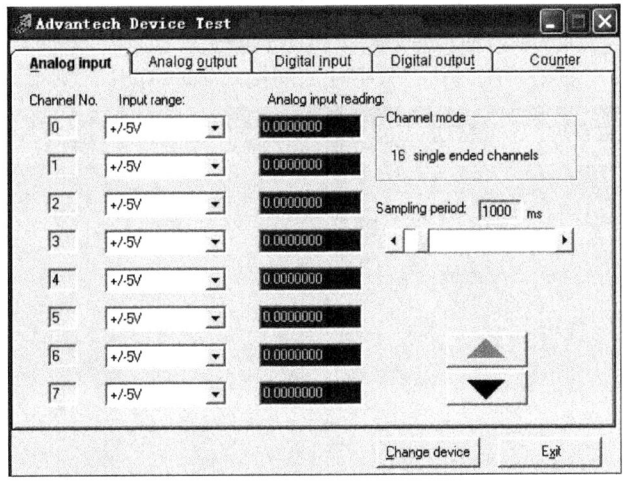

图 3-58　模拟输入功能测试

图 3-58 中各选项说明如下。

①Channel No.：模拟量输入通道号（0～16）。

②Input range：输入范围选择。

③Analog input reading：模拟量输入通道读取的数值。

④Channel Mode：通道设定模式。

⑤Sampling period：采样时间间隔。

2）模拟输出功能测试。

在测试界面中单击模拟输出标签，弹出模拟输出功能测试，如图 3-59 所示。

两个模拟输出通道可以通过软件设置选择输出正弦波、三角波、方波，也可以设置输出波频率以及输出电压幅值。例如，要使通道 0 输出 4.5V 电压，在"Manual Output"中设置输出值为 4.5V，单击"Out"按钮，即可在管脚 AO0-OUT 与 AO-GND 之间输出 4.5V 电压，这个值可用万用表测得。

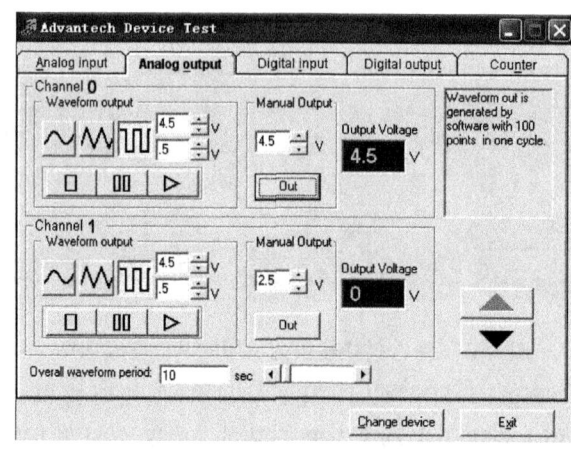

图 3-59　模拟输出功能测试

3）数字量输入功能测试。

在测试界面中单击数字量输入标签，弹出数字量输入功能测试页面，如图 3-60 所示。用户可以方便地通过数字量输入通道指示灯的颜色，得到相应数字量输入通道输入的是低电平还是高电平（红色为高，绿色为低）。例如，将通道 0 对应管脚 DI0 与数字地 DGND 短接，则通道 0 对应的状态指示灯（Bit0）变绿，在 DI0 与数字地之间接入＋5V 电压，则指示灯变红。

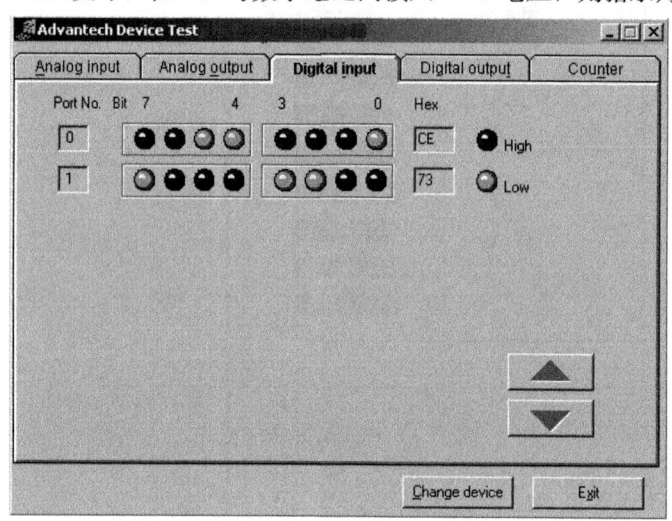

图 3-60　数字量输入功能测试

4）数字量输出功能测试。

在测试界面中单击数字量输出标签，弹出数字量输出功能测试页面，如图 3-61 所示。

用户可以通过单击界面中的方框，方便地将相对应的输出通道设为高输出或低输出，高电平为 5V，低电平为 0V。用电压表测试相应管脚，可以测到这个电压。例如图 3-61 中，低 8 位输出 CE，高 8 位输出 73（十六进制）。

5）计数器功能测试。

单击计数器标签，弹出计数器功能测试页面，如图 3-62 所示。

可以选择 Event counting（事件计数）或者 Pulse Out（脉冲输出）两种功能，选择事件计数时，将信号发生器接到管脚 CNT0-CLK，当 CNT0-GATE 悬空或接＋5V 时，事件计数器将开始

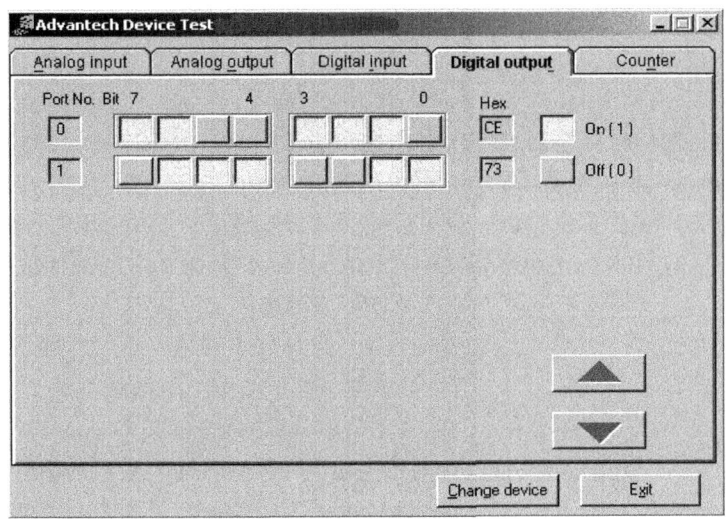

图 3-61　数字量输出功能测试

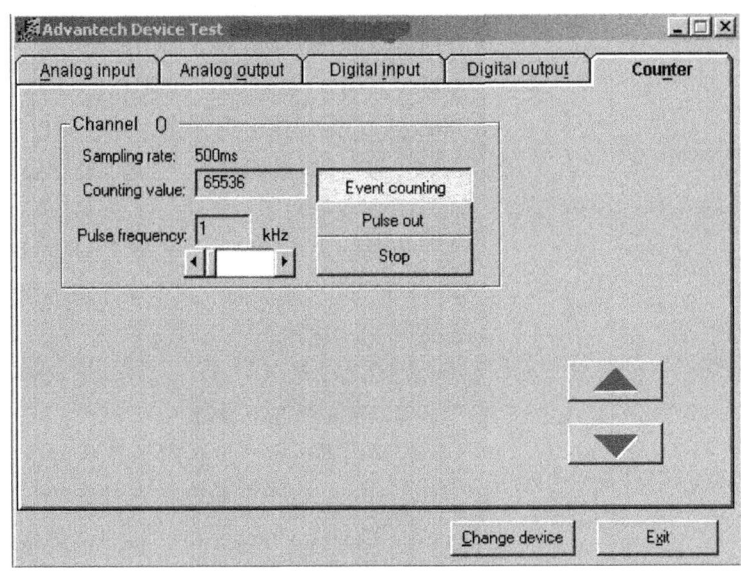

图 3-62　计数器功能测试

计数。例如，在管脚 CNT0-CLK 接 100Hz 的方波信号，计数器将累加方波信号的频率。如果选择脉冲输出，管脚 CNT0-Out 将输出频率信号，输出信号的频率可以设置。例如图 3-62 显示，设置输出信号的频率为 1kHz。

3. 信号连接

在数据采集应用中，模拟量输入基本上都是以电压信号输入。为了达到准确测量并防止损坏应用系统，正确的信号连接是非常重要的。下面将介绍如何正确连接模拟信号的输入、输出以及计数器的连接。管脚图如图 3-63 所示。

（1）模拟信号输入连接。

PCI-1711/1711L 提供 16 路单端模拟量输入通道（AI0～AI15），当测量一个单端信号源时，只需一根导线将信号连接到输入端口，被测的输入电压以公共地为参考。没有地端的信号源称为"浮动"信号源，PCI-1711/1731 为外部的浮动信号源提供一个参考地。浮动信号源连接到单端输入端。

（2）模拟信号输出连接。

PCI-1711/1711L 有两个 D/A 转换通道，DA0-OUT、DA1-OUT。例如：在单端输入模式下，测试通道 0，需将待测信号接至通道 0 所对应接线端子的 68 与 AIGND 管脚，在通道 0 对应的 "Analog input reading" 框中将显示输入信号的电压值。可以使用内部提供的－5V/－10V 的基准电压产生 0～＋5/＋10 的模拟量输出，也可以使用外部基准电压 DA0-REF、DA1-REF，外部基准电压范围是－10V/＋10V，比如外部参考电压是－7V，则输出 0～＋7V 的输出电压。

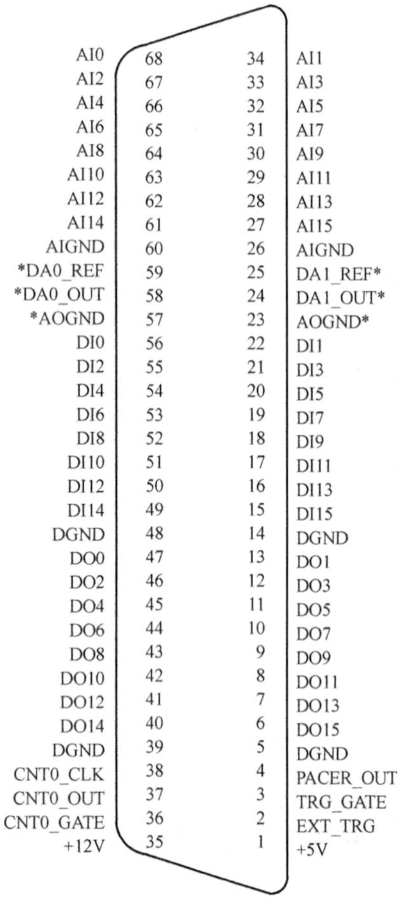

AI0	68	34	AI1
AI2	67	33	AI3
AI4	66	32	AI5
AI6	65	31	AI7
AI8	64	30	AI9
AI10	63	29	AI11
AI12	62	28	AI13
AI14	61	27	AI15
AIGND	60	26	AIGND
*DA0_REF	59	25	DA1_REF*
*DA0_OUT	58	24	DA1_OUT*
*AOGND	57	23	AOGND*
DI0	56	22	DI1
DI2	55	21	DI3
DI4	54	20	DI5
DI6	53	19	DI7
DI8	52	18	DI9
DI10	51	17	DI11
DI12	50	16	DI13
DI14	49	15	DI15
DGND	48	14	DGND
DO0	47	13	DO1
DO2	46	12	DO3
DO4	45	11	DO5
DO6	44	10	DO7
DO8	43	9	DO9
DO10	42	8	DO11
DO12	41	7	DO13
DO14	40	6	DO15
DGND	39	5	DGND
CNT0_CLK	38	4	PACER_OUT
CNT0_OUT	37	3	TRG_GATE
CNT0_GATE	36	2	EXT_TRG
+12V	35	1	+5V

图 3-63　PCI-1711/1711L 管脚图

（3）触发源连接。

PCI-1711/1711L 带有一个 82C54 或与其兼容的定时器/计数器芯片，可作为内部触发源。它有三个 16 位连在 10MHz 时钟源的计数器。Counter0 作为事件计数器或脉冲发生器，可用于对输入通道的事件进行计数。另外两个 Counter1、Counter2 级联在一起，用作脉冲触发的 32 位定时器。从 PACER-OUT 输出一个上升沿触发一次 A/D 转换，同时也可以用它作为别的同步信号。PCI-1711/1711L 也支持外部触发源触发 A/D 转换，当＋5V 连接到 TRG_GATE 时，就允许外部触发，当 EXT_TRG 有一个上升沿时触发一次 A/D 转换，当 TRG_GATE 连接到 DGND 时，不允许外部触发。

4. 例程使用

研华也为客户提供了支持不同语言（VC，VB，C++ BUilder 等）的示例程序，来示例研华所提供的动态链接库的用法。

5. 组态王设置

（1）定义组态王设备。

定义组态王定义设备时请选择：智能模块\研华\YHPCI1711。组态王的设备地址即用研华测试软件 Advantech DevicemAnager 检测到的设备号。如用研华测试软件 Advantech DevicemAnager 检测到 PCI1711 设备为 "000：PCI-1711 I/O＝EC00H"，则设备号为 "000"，即组态王设备地址为：0。

（2）数据词典。

PCI1711 输入/输出信号在组态王中的变量按表 3-12 格式定义。

表 3-12　　　　　　　变量定义

寄存器名称	寄存器	dd 取值范围	数据类型	变量类型	读写属性
模拟量输入	ADdd	0～15	FLOAT	I/O 实数	只读
模拟量输出	DAdd	0～1	FLOAT	I/O 实数	只写
开关量输入	DIdd	0～1	BYTE	I/O 整数	只读
开关量输出	DOdd	0～1	BYTE	I/O 整数	只写
增益控制	GAdd	0～15	USHORT	I/O 整数	只写

PCI1711 增益 GA 设置方式如表 3-13 所示。对于开关量输入/输出寄存器，本驱动是按字节进行操作的，如果要显示某一具体通道的状态时，请使用组态王提供的"BIT"函数取位。如果需将某一通道置位，使用组态王提供的"BITSET"函数。参见组态王函数使用说明。

表 3-13 　　　　　　　　　　　　　　增益 GA 设置方式

GA 设置值	Iput Range（V）	GA 设置值	Iput Range（V）
1	$-5\sim+5$	4	$-0.625\sim+0.625$
2	$-2.5\sim+2.5$	0	$-10\sim10$
3	$-1.25\sim+1.25$		

（3）寄存器举例说明见表 3-14。

表 3-14 　　　　　　　　　　　　　　寄存器举例说明

寄存器名称	变量类型	数据类型	读写属性	寄存器说明
AD0	I/O 实型	FLOAT	只读	第 0 通道模拟量输入
DA0	I/O 实型	FLOAT	只读	第 0 通道模拟量输出
DI0	I/O 整型	BYTE	只读	0～7 路数字量输入
DI1	I/O 整型	BYTE	只读	8～15 路数字量输入
DO0	I/O 整型	BYTE	只写	0～7 路数字量输出
DO1	I/O 整型	BYTE	只写	8～15 路数字量输出

3.5.4　ADAM4017 模拟量输入模块

ADAM4000 系列是通过传感器到计算机的便携式接口模块，专为恶劣环境下的可靠操作而设计。该系列产品具有内置的微处理和坚固的工业级塑料外壳，使其可以独立提供智能信号调理、模拟量 I/O、数字量 I/O、数据显示和 RS-485 通信等功能。ADAM4017 系列接口模块具有如下特点。

（1）远程可编程输入范围。ADAM4000 系列在存取多种类型及多种范围的模拟量输入方面具有显著的优点。通过在主计算机上输入指令，就可以远程选择 I/O 类型和范围，对不同的任务可以使用同一种模块。它极大地简化了设计和维护的工作，仅用一种模块就可以处理整个工厂的测量数据。由于所有模块均可由主机远程配置，因此不需要任何物理性调节。

（2）内置看门狗电路。看门狗定时器功能可以自动复位 ADAM4000 系列模块，减少维护需求。

（3）灵活的网络配置。ADAM4000 系列模块仅需要两根导线就可以通过多点式的 RS-485 网络与控制主机互相通信，基于 ASCII 的命令/响应协议可确保其与任何计算机系统兼容。

（4）可选的独立控制策略。通过基于 PC 的 ADAM4500 或 AD AM4501 通信控制器对 AD-AM4000 系列模块进行控制。可以组成一个独立的控制解决方案，用户将使用高级语言所编写的程序安装到 ADAM4500 或 ADAM4501 的 Flash ROM 中，就可以根据需要定制自己的应用环境。

（5）模块化工业设计。可以轻松地将模块安装到 DIN 导轨的面板上，或将它们堆叠在一起，通过使用插入式螺丝端子块进行信号连接，确保了模块易于安装、更改和维护，满足工业环境的需求。

（6）ADAM4000 系列模块可使用＋10～＋30V 的未调理直流电源，能够避免意外的电源反接，并可以在不影响网络运行的情况下安全地接线或拆线。

（7）ADAM4000 远程数据采集控制系统是一组全系列的产品，可集成人机界面（HMI）平台和大多数 I/O 模块，比如 DI/DO、AI/AO 继电器和计数器模块。ADAM4000 系列是一套内置微处理器的智能的传感器接口模块，可以通过一套简单的命令语言（ASCII 格式）对它们进行远程控制并在 RS-485 网上通信。它们提供信号调节、隔离、搜索、A/D、D/A、DI、DO、数据比较和数据通信。一些模块提供数字 I/O 线路，用来控制继电器和 TTL 电平装置。典型接线图如图 3-64 所示。此外，研华公司还提供多种通信方式用于数据传输，如无线以太网、ModBus、RS-485 和光纤。用户可以为不同的应用场合灵活选择不同的通信方式，数据传输也可以通过以太网上传到 HMI 平台，用于进行监测和控制所有模块，也可以在现有的数据总线上工作，从而大幅度地减少硬件投资。

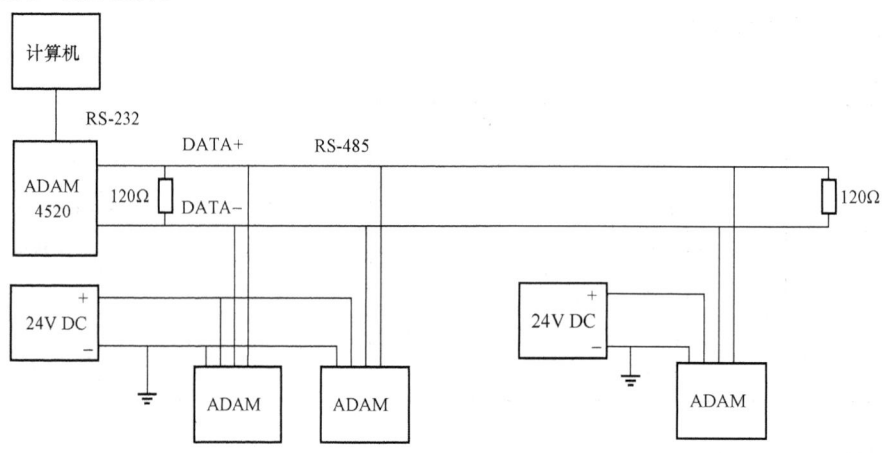

图 3-64　系统接线图

ADAM4000 系列模块使用 EIA RS-485 通信协议，该协议是工业应用中广泛采用的双向平衡式，传输线路标准 EIA RS-485 是专为工业应用而开发的通信协议。ADAM4000 模块具有远程高速收发数据的能力，所有模块均使用了光隔离器，用于防止接地回路并降低了电源浪费对设备造成损害的可能性。ADAM4000 系列模拟量输入模块使用微处理器控制的高精度 16 A/D 转换器，采集传感器信号，如电压电流热电偶或热电阻信号。这些模块能够将模拟量信号转换为以下格式：工程单位、满量程的百分比、二进制补码或欧姆。当模块接收到主机的请求信号后就将数据通过 RS-485 网络按照所需的格式发送出去。ADAM4000 系列模拟量输入模块提供了 3000VDC。对地回路的隔离保护，ADAM4017 是一个 16 位，8 通道模拟量输入模块，它对每个通道输入量程提供多种范围，可以自行选择设定。这个模块用于工业测量和监测，其性价比很高。通过光隔离输入方式对输入信号与模块之间提供 3000V DC 隔离，而且具有过压保护功能。其接线图 3-65 所示。

ADAM4017 提供信号输入、A/D 转换、RS-485 数据通信功能。使用一个 16 位微处理器控制的 A/D 转换器将传感器的电压或电流信号转换成数字量数据，然后转换为工程单位量。当上位机采集数据时，该模块就通过 RS-485 数据线传送到上位机。

1. ADAM4017 技术规范

（1）模拟量输入：6 通道差分，2 通道单端。

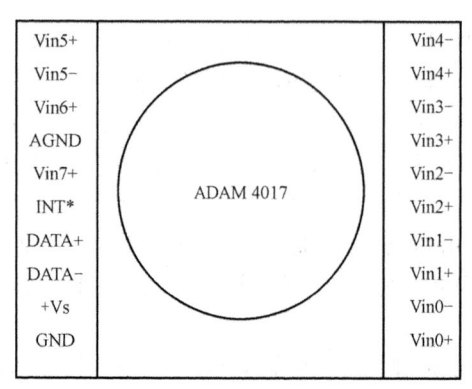

图 3-65　ADAM4017 接线图

(2) 电压输入：±150 mV，±500 mV，±1V，±5V，±10V。

(3) 电流输入：±20mA，需要并接一个125Ω精密电阻。一般只有250Ω的精密电阻，则两个可以并联在一起。

(4) 隔离电压：3000V（DC）。

(5) 电源电压：10～30V（DC）。

(6) 采样速率：10个采样点/s（总的）。

(7) 输入阻抗：2MΩ。

(8) 精确度：≤±0.1%。

(9) 功率：1.2W。

2. ADAM4017使用与操作

ADAM4017应用连线图如图3-66～图3-68所示。

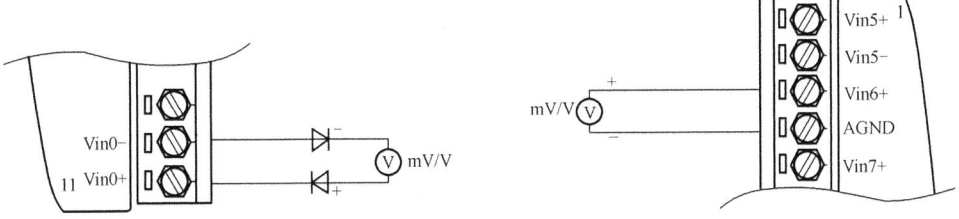

图3-66　ADAM4017差分输入通道0～5　　　图3-67　ADAM4017单端输入通道6～7

3. 参数设置

(1) 改变波特率和校验和的步骤如下：

1) 给ADAM4017模块外的其他设备上电。

2) 将ADAM4017模块的INIT * 和GND端短路，如图3-69所示，然后上电。

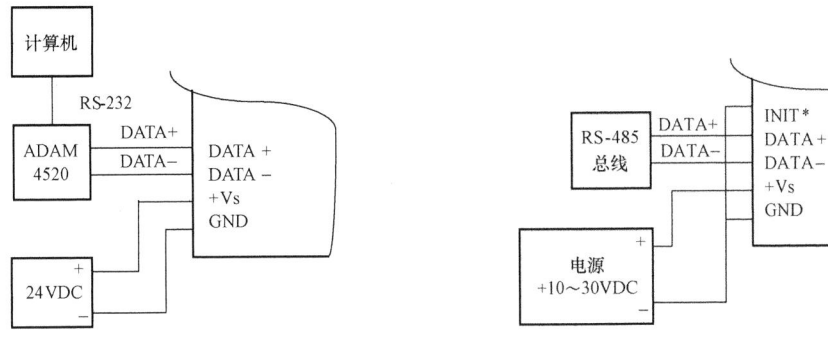

图3-68　ADAM4017电源及485接线图　　　图3-69　初始化设置

3) 等待7s使校准和量程起作用。

4) 配置波特率和校验和。

5) 给ADAM4017模块断电（断开INIT * 和GND端的连接，重新上电）。

6) 等待7s使校准和量程起作用。

7) 检查设置是否正确。

(2) 地址、量程和其他设置。

地址、量程和其他设置不必须在初始化（INIT * ）状态下进行，可随时改变。

(3) 参数设置方法。

利用模块自带的应用软件 ADAM－4000 Utility，按图 3-69 连接好主机和模块，通电，启动应用软件如图 3-70 所示。

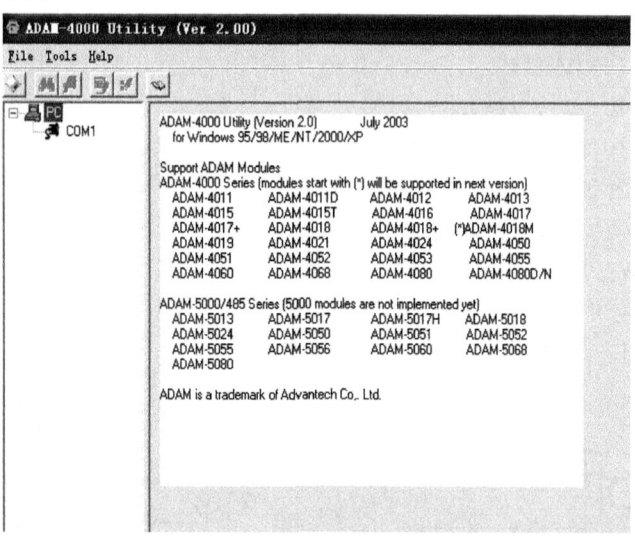

图 3-70　参数设置初始界面

单击 Com1 出现图 3-71 画面，设置主机通信参数，然后单击"OK"按钮进行搜索。

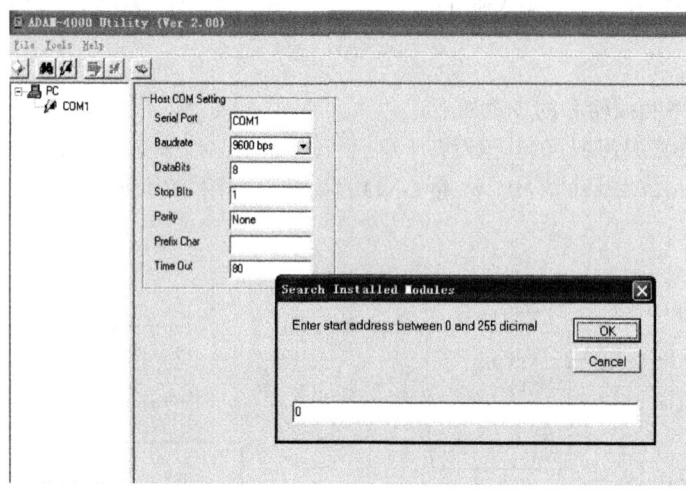

图 3-71　设置主机通信参数

出现搜索到的设备，如图 3-72 所示。

单击 4017，出现模块配置与测试画面，如图 3-73 所示，对各参数进行配置。

4. 组态王设置

（1）定义组态王设备。

组态王定义设备时请选择：智能模块＼亚当 4000 系列＼Adam4017。

（2）地址设置。

所有的设置参数包括 I/O 地址、速度、奇偶性、高限和低限报警、校准参数都可以通过模块厂家提供的软件或命令进行远程设置。

（3）数据词典。

ADAM4017 输入信号在组态王中的变量按表 3-15 格式定义。

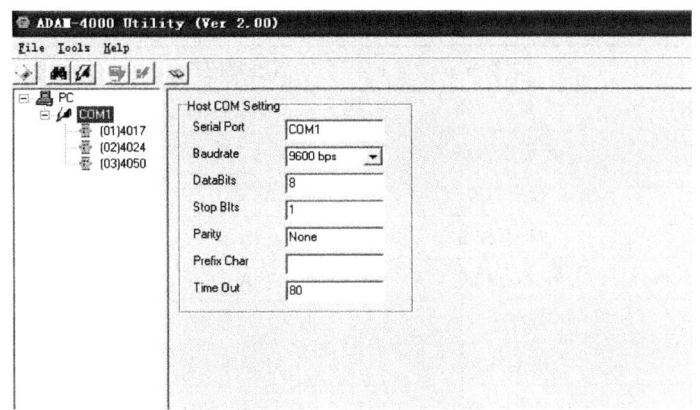

图 3-72　设备显示

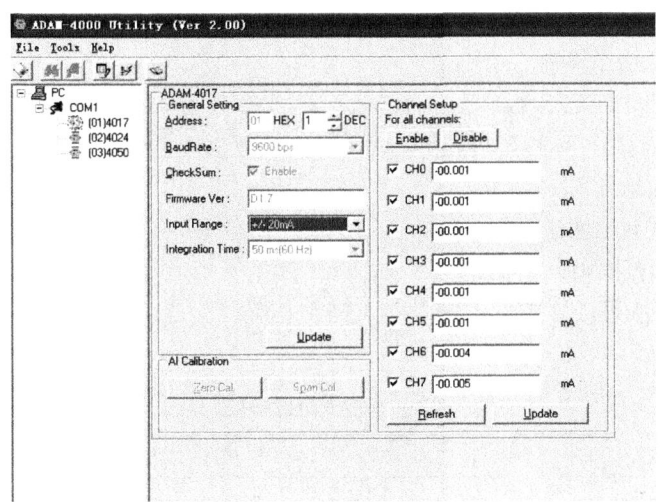

图 3-73　模块配置与测试画面

表 3-15　　　　　　　　　　　　　　　　变量定义

寄存器名称	寄存器	dd 取值范围	读写类型	变量类型
模拟量输入	AIdd	0～7	读/写	FLOAT
量程校准	SPANCAL	—	只写	BIT
零校准	ZEROCAL	—	只写	BIT
多通道状态	MP	—	读写	BYTE
设置延时参数（默认为 10ms）	DISPLAY	—	读写	USHORT

5. ADAM4017 模块的应用命令

当我们不用组态王作为上位机监控软件时，比如用 VB，则必须自己发布各种控制命令。下面介绍这些命令。

命令的一般格式：（前导符）（地址）（命令）（校验和）（cr）。

（1）ADAM4017 命令表如表 3-16 所示。

表 3-16   **ADAM4017 命令表**

命令格式	命令名	正确应答	错误应答
％AANNTTCCFF	配置模块	！AA（cr）	？AA（cr）
＃AAN	读通道 N 的值	＞（data）（cr）	无
＃AA	读所有通道	！AATTCCFF（cr）	无
＄AA0	量程校准	！AA（cr）	？AA（cr）
＄AA1	零点校准	！AA（cr）	？AA（cr）
＄AA2	读配置状态	！AATTCCFF（cr）	？AA（cr）
＄AA5VV	开通/关断通	！AA（cr）	？AA（cr）
＄AA6	读通道通/断状态	！AAVV（cr）	？AA（cr）
＄AAF	读版本	！AA（版本）（cr）	无
＄AAM	读模块名	！AA（名称）（cr）	无

（2）ADAM4017 命令详解。

实例 1：％AANNTTCCFF（cr）

1）％——前导符；

2）AA——模块地址；

3）NN——模块新地址；

4）TT——输入范围码；

5）CC——波特率码；

6）FF——位状态参数。

表 3-17   **TT——输入范围码表**

代码	08	09	0A	0B	0C	0D
范围	±10V	±5V	±1V	±500mV	±150mV	±20mA

表 3-18   **CC——波特率码表**

代码	03	04	05	06	07	08
范围	1200	2400	4800	9600	19.2K	38.4K

表 3-19   **FF——位状态参数**

BIT7	BIT6	BIT5	BIT4	BIT3	BIT2	BIT1	BIT0
1：滤 50Hz 0：滤 60Hz	检查和 1：启动 0：停用	不用	不用	不用	不用	00：工程单位 01：百分比 10：两字节十六进制数 11：欧姆值	

工程单位：是输入量的自然表达，例如电压、电流、温度等。由符号位和数值组成，数值由五位十进制数字和一位小数点组成。例如－9.8880V，＋4.5500V，－0.1234V，＋498.23mV，＋123.22mV，＋18.445mA 等。

百分比：是输入量满量程的百分数表达式。由符号位和数值组成，数值由五位十进制数字和一位小数点组成。由于最高精度为 0.01%，小数点固定在后面只有两位小数的位置。例如输入电压是 2.0V，量程为±5V，则显示的格式为＋040.00（cr）。

两字节十六进制数：用 4 位十六进制字符表达。例如量程为±5V，则＋5V 用 7FFF 表达，－5V 用 8000 表达。与计算机的整型数格式相同。

欧姆值：只用于 ADAM4013，用于表达热电阻的欧姆值。

命令：％2324080600（cr）。

应答：！24（cr）

解释：旧地址 23；新地址 24；输入电压范围±10V；波特率 9600；滤 60Hz；无检查和；工程单位。接收正确。

实例 2：＃AAN

1）＃——前导符；

2）AA——模块地址；

3）N——通道号（0～7）。

命令：＃242（cr）

应答：＞＋1.2345（cr）

解释：地址为 24 的模块；读取 2 号通道的模拟值。读取的数值为 1.2345V。

实例 3：＃AA

1）＃——前导符；

2）AA——模块地址。

命令：＃21（cr）

应答：＋7.2111＋7.2567＋7.3125＋7.1000＋7.4712＋7.2555＋7.1234＋7.5678（cr）。

解释：地址为 21 的模块；所有通道号的模拟值。

实例 4：＄AA0

命令：＃240（cr）

应答：！24（cr）

解释：地址为 24 的模块；量程校准。

注意：量程校准时必须在模拟量输入通道加满量程信号。加在 ADAM4017 的 IN0＋和 IN0－端；

执行校准命令，应用软件按钮 SPAN；

实例 5：＄AA5VV

1）＄——前导符；

2）AA——模块地址；

3）VV——通道位字节。

表 3-20　　　　　　　　　　　　　　　通道位字节

BIT7	BIT6	BIT5	BIT4	BIT3	BIT2	BIT1	BIT0
通道 7	通道 6	通道 5	通道 4	通道 3	通道 2	通道 1	通道 0
1：开 0：关	1：开 0：关	1：开 0：关	1：开 0：关	1：开 0：关	1：开 0：关	1：开 0：关	1：开 0：关

命令：＄455FF（cr）

应答：！45（cr）

解释：地址 45；所有通道全开。

3.5.5 ADAM4024 模块

ADAM4024 是一个 4 通道模拟量输出混合模块。在某些情况下，需要多路模拟量输出来完成特殊的功能，但是却没有足够的模拟量输出通道。而 ADAM4024 正是为了解决这一问题而设计的，它包括了 4 通道模拟量输出，以及 4 通道数字量隔离输入。这 4 路数字量通道可作为紧急联锁控制输入。其接线图如图 3-74 所示。

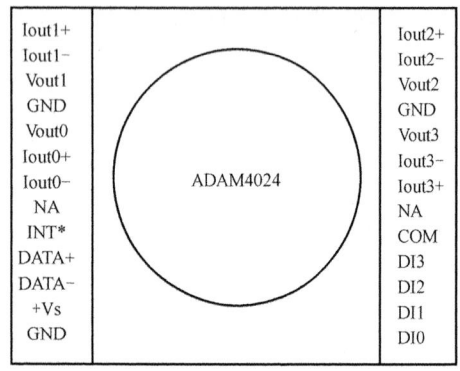

图 3-74　ADAM4024 接线图

1. ADAM4024 技术规范

(1) 模拟量输出。

1) 有效分辨率：12 位。

2) 输出类型：mA，V。

3) 输出范围：0～20mA，4～20mA 和 ±10V。

4) 隔离电压：3000VDC。

5) 输出电阻：0.5Ω。

6) 精度：电流输出满量程的 ±0.1%；电压输出满量程的 ±0.2%。

7) 分辨率：满量程的 ±0.015%。

8) 零点漂移：电压输出：±30μV/℃；电流输出：±0.2mA/℃。

9) 满度漂移：±25 ppm/℃。

10) 可编程的输出斜率 0.125～128mA/s；0.062 5～64.0V/s。

11) 电流负载电阻：0～500Ω。

12) 内置看门狗。

(2) 隔离数字输入。

1) 通道数：4。

2) 0 电平：+1Vmax。

3) 1 电平：+10～30VDC。

2. 模拟量输出接线图

ADAM4024 模拟量输出接线图如图 3-75 所示。

3. 参数设置方法

利用模块自带的应用软件 ADAM-4000 Utility。按图 3-69 连接好主机和模块，通电，启动应用软件的方法与 ADAM4017 相同，不同之处在于参数设置画面。

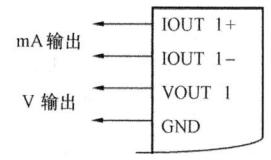

图 3-75　模拟量
输出接线图

(1) 启动应用软件 ADAM-4000 Utility。

(2) 单击 COM1 出现画面，设置主机通信参数，然后单击搜索按钮。

(3) 出现搜索到的设备。

(4) 单击 ADAM4024，出现模块配置与测试画面图 3-76，对各参数进行配置。

4. 组态王设置

(1) 定义组态王设备。

组态王定义设备时请选择：智能模块 \ 亚当 4000 系列 \ Adam4024。

(2) 地址设置。

所有的设置参数包括 I/O 地址、速度、奇偶性、高限和低限报警、校准参数都可以通过模块

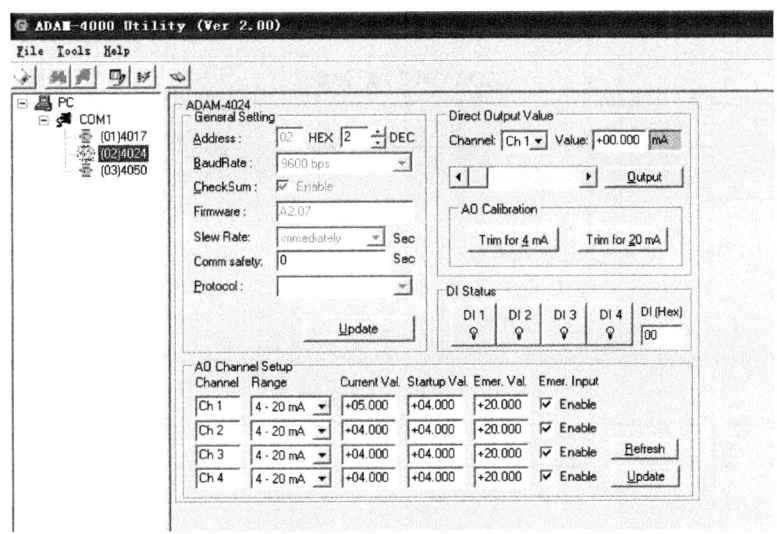

图 3-76 模块配置与测试

厂家提供的软件或命令进行远程设置。若用户设置在定义地址格式时输入＃＃.XX（XX不为0），则不用校验和；定义地址格式时输入为＃＃时，启用校验和。

例如：2.1 表示模块地址为 2，模块无校验和。

（3）通信参数设置。

组态王通信参数请与模块实际设置相一致。默认通信参数为：

波特率：9600；数据位：8；停止位：1；校验：无。

（4）数据词典。

ADAM4024 输入信号在组态王中的变量按表 3-21 格式定义。

表 3-21   变量定义

寄存器名称	寄存器	读写类型	数据类型
模拟量输出	AO0～AO3	读/写	FLOAT
数字量输入	DI	只读	BYTE
4mA 校准	NC0～NC3	只写	BIT
20mA 校准	OC0～OC3	只写	BIT

实例 1：定义模拟量输出值

寄存器：AO0；数据类型：FLOAT；变量类型：I/O 实型。

实例 2：定义数字量输入值

寄存器：DI；数据类型：BYTE；变量类型：I/O 整型。

其中 BYTE 为 8 位二进制数对应的整数值，BYTE 的各位 BIT1，BIT2…BIT4 的 0、1 状态对应于外部 4 个数字量通道 DI0，DI1，DI2，DI3 的 0、1 状态。如果单个显示各个通道的状态可用组态王提供的 BIT 函数进行取位。

5. ADAM4024 模块的应用命令

当我们不用组态王作为上位机监控软件时，比如用 VB，则必须自己发布各种控制命令。下面介绍这些命令。

命令的一般格式：（前导符）（地址）（命令）（校验和）（cr）

（1）ADAM4024 命令表。

表 3-22　　　　　　　　　　　**ADAM4024 配置命令**

命　令	功　能	应　答	举　例
％AANNTTCCFF	模块配置 TT：=00； FF：控制参数； 位 7、位 1、位 0：保留； 位 6：检查和	！AA	％0203000600

表 3-23　　　　　　　　　　　**位 5～位 2：斜率表**

位 5～位 2	电　压	电　流
00	立即输出	立即输出
01	0.0625　V/s	0.125　mA/s
02	0.125　V/s	0.25　mA/s
03	0.25　V/s	0.5　mA/s
04	0.5　V/s	1.0　mA/s
05	1.0　V/s	2.0　mA/s
06	2.0　V/s	4.0　mA/s
07	4.0　V/s	8.0　mA/s
08	8.0　V/s	16.0　mA/s
09	16.0　V/s	32.0　mA/s
0A	32.0　V/s	64.0　mA/s
0B	64.0　V/s	128.0　mA/s

表 3-24　　　　　　　　　　　**ADAM4024 命令**

命　令	功　能	应　答	举　例
％AANNTTCCFF	模块配置	！AA	％0203000600
＃AACn（data）	直接输出通道 n 数据	！AACn（data）	＃02C2　＋07.456 ＃02C2　＋07.456 ＃02C1　－03.454
＃AASCn（data）	设置通道 n 起始数据	＃AASCn（data）	＃02SC2　＋07.456 ＃02SC1　－03.454 ＃02SC0　＋11.234
＃AAECn（data）	设置通道 n 急停数据	！AAECn（data）	＃02EC2　＋07.456 ＃02EC1　－03.454 ＃02EC0　＋11.234
＃＊＊	同步输入采样	无	＃＊＊
＄AA0Cn	校准 CHn 为 4mA	！AA	＄020C2
＄AA1Cn	校准 CHn 为 20mA	！AA	＄021C2
＄AA2	读入模块状态	！AATTCCFF	＄022

续表

命　令	功　能	应　答	举　例
$ AA3Cn（m）	设置调整数据 m：0～127 负数加上 0x80 0×89 代表－9	！AA	$ 02308
$ AA4	读输入（＃＊＊后）	！AAx	$ 024
$ AA5	检查复位状态	！AAS	$ 025
$ AA6Cn	读通道 n 最后输出值	！AA（data）	$ 026C2
$ AA7CnRxx	设置通道 n 输出类型 xx＝32 －10～＋10V xx＝30 0～20mA xx＝31 4～20mA	！AA	$ 027C2R32
$ AA8Cn	读通道 n 输出范围	！AACnxx	$ 027C2
$ AAACnZ	置（Z＝1/0）CHn EMS 标志	！AA	$ 02AC21 $ 02AC20
$ AABCn	读 CHn EMS 标志	！AACn1 ！AACn0	$ 02BC2
$ AADCn	读 CHn 起始数据	！AA（data）	$ 02DC2
$ AAECn	读 CHn 急停数据	！AA（data）	$ 02EC2
$ AAF	读版本	！AAAx. xx	$ 02F
$ AAG	置电流调整数据到 0	！AA	$ 02G
$ AAH	读电流调整数据	！AAxx（xx＝m）	$ 02H
$ AAI	读 IDI	！AAx	$ 02I
$ AANCn	读 CHn 4mA 校准参数	！AAxx	$ 02NC2
$ AAOCn	读 CHn 20mA 校准参数	！AAxx	$ 02OC2
$ AAPCn	清零 CHn 4mA 校准参数	！AA	$ 02PC2
$ AAQCn	清零 CHn 20mA 校准参数	！AA	$ 02QC2
$ AAXnnnn	设置看门狗周期 Nnnn：（0000～9999）0.1s	！AA	$ 02X1234
$ AAY	读看门狗周期设定	！AA	$ 02Y

（2）ADAM4024 命令说明。

实例1:％AANNTTCCFF（cr）

1）％——前导符；

2）AA——模块地址；

3）NN——模块新地址；

4）TT——输入范围码；

5）CC——波特率码；

6）FF——位状态参数。

3.5.6 ADAM4050 模块

ADAM4050 有 7 通道数字量输入和 8 通道数字量输出。它的输出可以由上位机给定，并且可以控制固态继电器以达到对加热、水泵、电力设备的控制。上位机能通过它的数字量输入来确定限制状态、安全开关，以及远距离数字量信号。其结构如图 3-77 所示。

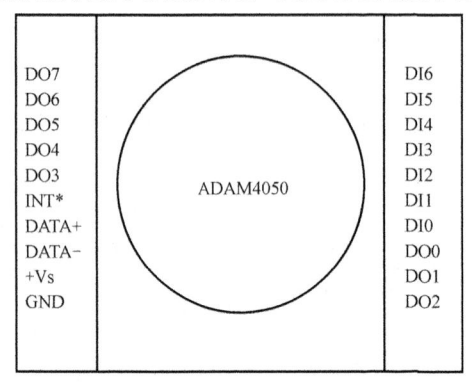

图 3-77　ADAM4050 接线图

1. ADAM4050 技术规范

（1）数字量输入。

1）通道数：7 通道。

2）逻辑电平 0：＋1V（最大）。

3）逻辑电平 1：＋10～＋30VDC。

4）上拉电流：0.5mA（与＋5V 相连电阻为 10kΩ）。

（2）数字量输出。

1）通道数：8 通道。

2）输出容量：集电极开路 30V，30mA 最大负载。

3）功耗：300mW。

4）内置看门狗定时器。

5）电源要求：未调理＋10～＋30VDC。

6）功耗：0.4W。

2. 产品外观及端子定义

ADAM4050 输入连接如图 3-78 和图 3-79 所示。

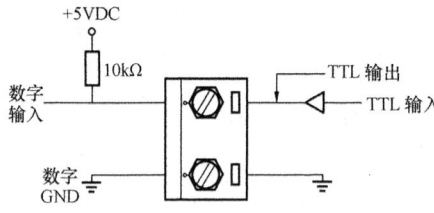

图 3-78　ADAM4050 输入 TTL 电平

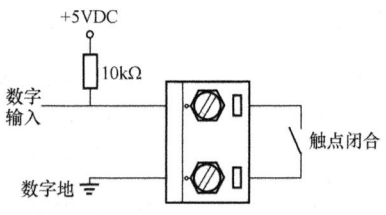

图 3-79　ADAM4050 开关输入

3. 参数设置方法

利用模块自带的应用软件 ADAM4000 Utility。按图 3-69 连接好主机和模块，通电。启动应用软件的方法与 ADAM4017 相同，不同之处在于参数设置画面。

（1）启动应用软件。

（2）点击 COM1 出现画面，设置主机通信参数，然后点击搜索按钮。

（3）出现搜索到的设备。

（4）点击 4050，出现模块配置与测试画面如图 3-81 所示，对各参数进行配置。

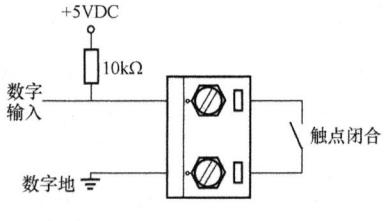

图 3-80　集电极开路输出

4. 组态王设置

（1）定义组态王设备。

组态王定义设备时请选择：智能模块 \ 亚当 4000 系列 \ Adam4050。

（2）地址设置。

所有的设置参数包括 I/O 地址、速度、奇偶性、高限和低限报警、校准参数都可以通过模块

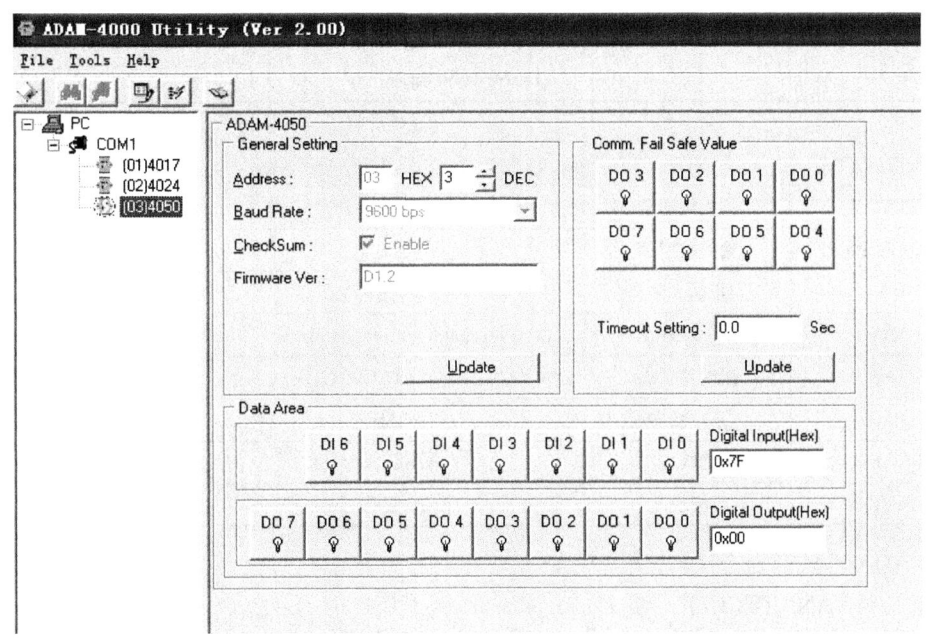

图 3-81　配置与测试

厂家提供的软件或命令进行远程设置。

（3）通信参数设置。

组态王通信参数请与模块实际设置相一致。默认通信参数为：

波特率：9600；数据位：8；停止位：1；校验：无。

（4）数据词典。

ADAM4050 输入/输出信号在组态王中的变量按表 3-25 格式定义。

表 3-25　　　　　　　　　　　　　　　　　变量定义

寄存器名称	寄存器	读写类型	数据类型
数字量输入	DI0	只读	BYTE
	DI0～DI6	只读	BIT
数字量输出	DO0	读/写	BYTE
	DO0～DO7	读/写	BIT
设置延时参数（默认为 10ms）	DISPLAY	读/写	USHORT

实例 1：数字量输入，按字节操作

寄存器：DI0；数据类型：BYTE；变量类型：I/O 整型。

实例 2：第 0 路数字量输入，直接读取 BIT

寄存器：DI0；数据类型：BIT；变量类型：I/O 离散。

实例 3：数字量输出，按字节操作

寄存器：DO0；数据类型：BYTE；变量类型：I/O 整型。

5. 模块 4050 的应用命令

当我们不用组态王作为上位机监控软件时，比如用 VB，则必须自己发布各种控制命令。下面介绍这些命令。

命令的一般格式：（前导符）（地址）（命令）（校验和）（cr）

（1）ADAM-4050 命令表见表 3-26。

表 3-26   ADAM-4050 命令

命令格式	命令名	正确应答	错误应答
％AANNTTCCFF	配置	！AA(cr)	？AA(cr)
＃AA6	读入数字值	！(dataO)(dataI)00(cr)	！(dataI)0000(cr)
＃AABB(data)	输出数字值	〉(cr)	？AA(cr)
＃＊＊	同步输入采样	无	无
＄AA4	读同步数据	！(status)(dataOutput)(dataInput)00(cr)	？AA(cr)
＄AA2	读配置状态	！AATTCCFF(cr)	？AA(cr)
＄AA5	复位状态	！AAS(cr)	？AA(cr)
＄AAF	读版本	！AA(版本)(cr)	无
＄AAM	读模块名	！AA(名称)(cr)	无

（2）ADAM-4050 命令详解。

实例 1：％AANNTTCCFF

同 ADAM-4017，TT 固定为 40。

实例 2：＄AA6

读入数字值；＄——前导符；AA——模块地址；6——命令。

命令举例：

命令：＃336（cr）

应答：！112200（cr）

解释：地址 33 模块；读入数字值。前两个字符 11H（00010001）代表数字输出 0 和 4 通道接通，其余断开；后两个字符 22H（00100010）代表输入通道 1 和 5 为高，其余为低。

实例 3：＃AABB（data）

输出数字值；＃——前导符；AA——模块地址；BB——位/字节选择：BB＝00 时写字节，BB＝1X 时写位，X 代表通道号；(data)——写入的数据。

命令举例：

命令：＃140005（cr）

应答：＞（cr）

解释：地址 14；写入字节；数字输出 0 和 2 通道接通，其余断开。

3.5.7 　西门子 S7-200 系列 PLC

PLC 不仅能实现对数字量的逻辑控制，还具有数学运算、数据处理、运动控制、模拟 PID 运算控制、通信联网等功能。PLC 具有以下优点：编程方法简单易学；功能强，性价比高；硬件配套齐全，用户使用方便，适用性强；可靠性高，抗干扰能力强；系统设计、安装、调试工作量少；维修工作量少，维修方便；体积小、能耗低。因而 PLC 在中小系统中的应用越来越广，成为中小系统的主流控制器。

西门子 PLC 产品在国内市场推广较早，是国内应用最广泛的 PLC 产品之一。S7-200 PLC 是一种小型 PLC，其结构紧凑，功能强大，可适应各种中小规模自动化系统。下面用一个极简单的液位控制的例子介绍一下西门子 S7-200 系列 PLC 的应用问题。系统以西门子 S7-200 系列 PLC 为控制器、组态王为上位监控软件组成。

1. 系统硬件组成

系统有两个需检测的过程变量，传感器输出信号均为 4～20mA。有一路需控制的执行装置，信号也为 4～20mA。CPU 选用 S7-200 CPU222（120～240V 电源供电，本机 8×24VDC 数字量输入/6×继电器输出）。扩展模块选用 EM235（模拟量 4 模拟量输入/1 模拟量输出）。

2. S7-200 CPU222 技术指标

(1) 程序存储区：2048 字。

(2) 数据存储区：1024 字。

(3) 掉电保护时间：50h。

(4) 本机 I/O 口：8 个 24VDC 数字量输入，6 个支持继电器输出。

(5) 扩展模块数量：2 个。

(6) 通信口：RS-485。

(7) 浮点运算：有。

(8) 定时器：256 个。

(9) 位操作指令执行时间：$0.37\mu s$。

(10) 扫描时间监控：300ms（可重复启动）。

3. S7-200 硬件接线

(1) CPU222 硬件接线。硬件接线如图 3-82 所示。CPU222 自带 24V 电源，"L+"、"M" 端子分别接到 EM235 模块的 "L+"、"M" 端子，给 EM235 提供 24V 工作电源。

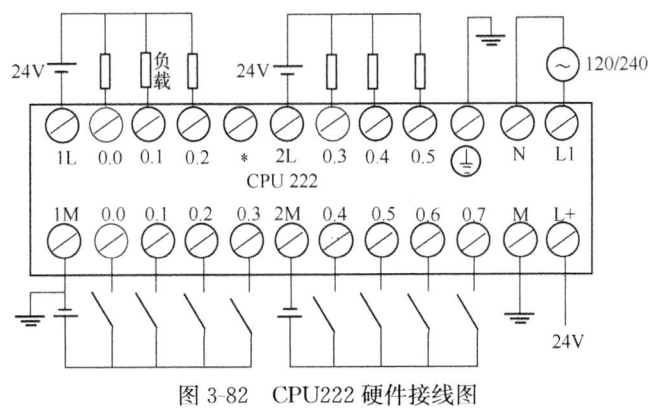

图 3-82　CPU222 硬件接线图

(2) 模拟量输入/输出模块 EM235 开关设置。

本示范系统中的模拟量输入/输出信号均为 4～20mA，因此 EM235 设备 DIP 开关拨码为：ON OFF OFF OFF OFF ON 格式，即单极性满量程 0～20mA 输入/输出。

(3) 模拟量输入/输出模块 EM235 接线。

硬件接线如图 3-83 所示。

4. STEP7 Micro/WIN 编程软件

STEP7 Micro/WIN 软件用于给 S7-200 系列 PLC 编程，可直接在 PC 机上使用。

(1) 操作系统：可以是 Windows 98、Windows 2000、Windows Me、Windows XP。

(2) 通信方式选择：PC/PPI 编程电缆，用于 S7-200 编程口 RS-485 与 PC 机 RS-232 端口的连接。

(3) 编程语言：梯形图（Ladder Diagram）、功能块图（Function Block Diagram）、语句表（Statement List，也称指令表）

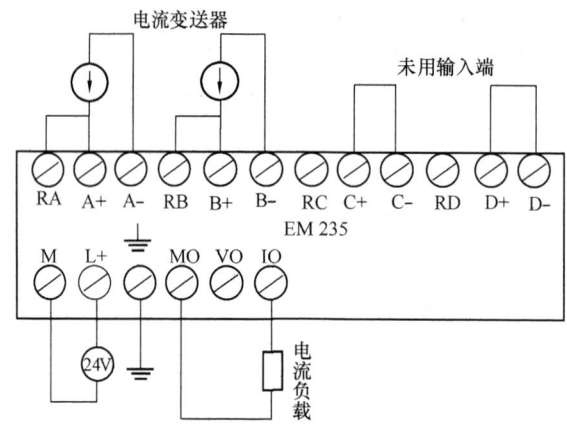

图 3-83　EM235 接线图

（4）程序结构：S7-200 系列 CPU 的控制程序由主程序、子程序和中断程序组成。下面是用指令表编写的单回路 PID 的程序示例。

（5）液位 PID 控制程序。

Network 1	；初始化程序
LD SM0.1	；
MOVR 0.5，VD104	；给定值
MOVR 1.0，VD112	；比例 P＝1
MOVR 0.1，VD116	；采样时间 Ts＝0.1s
MOVR 300.0，VD120	；积分时间 Ti＝300min
MOVR 0.0，VD124	；微分时间 Td＝0min
MOVR 0.5，VD128	；积分前项 Mx＝0.5
MOVB 100，SMB34	；定时器定时时间 100ms
ATCH INT _ 0：INT0，10	；开定时器 0
ENI	；开总中断
Network 2	；主程序
LD SM0.0	；
MOVW AIW0，VW0	；读取液位测量值
MOVW AIW0，VW10	；读取变送器 2 测量值
Network 3	
LDN M0.0	
MOVW VW2，AQW4	；手动时，更新控制值
Int0	；中断程序
// Network Comment	
LD SM0.0	
MOVW AIW0，VW0	；读取液位测量值
ITD AIW0，AC0	；整型——双整型
DTR AC0，AC0	；双整型——实型

－ R 6400.0，AC0	；减去 4mA 初值	
/R 25600.0，AC0	；除以量程（32000～6400）	
MOVR AC0，VD100	；变成百分数存入 PID 表中	
Network 2		
LD M0.0		
PID VB100，0	；调 PID 运算指令	
Network 3		
LD M0.0		
MOVR VD108，AC0	；	
＊R 25600.0，AC0	；输出控制值乘以量程	
＋R 6400.0，AC0	；加上 4mA 初值	
ROUND AC0，AC0	；取整	
DTI AC0，VW2	；变成整型	
Network 4		
LD M0.0	；自动，更新输出值	
MOVW VW2，AQW4	；送入 D/A 端口	

（6）程序说明。

PLC 内存变量 VW0 存放变送器 1（液位）原始测量值，VW10 存放变送器 2 原始测量值，供组态软件调用；VW2 存放执行器控制输出值，自动时由 PID 程序算出，手动时根据组态界面的手动值更新。PID 运算指令依据表 3-27 的回路表中变量区的变量运算。回路表初始地址 VB100。

表 3-27　　　　　　　　　回 路 表 格 式

偏移地址	域	格式	类型	描述
0	过程变量 PVn	双字—实数	输入	过程变量，必须在 0.0～1.0 之间
4	设定值 SPn	双字—实数	输入	给定值，必须在 0.0～1.0 之间
8	输出值 Mn	双字—实数	输入/输出	输出值，必须在 0.0～1.0 之间
12	增益 Kc	双字—实数	输入	增益是比例常数，可正可负
16	采样时间 Ts	双字—实数	输入	单位为秒，必须为正数
20	积分时间 Ti	双字—实数	输入	单位为分钟，必须为正数
24	微分时间 Td	双字—实数	输入	单位为分钟，必须为正数
28	积分项前项 Mx	双字—实数	输入/输出	积分累积值，必须在 0.0～1.0 之间
32	过程变量前值 PVn-1	双字—实数	输入/输出	最近一次的过程变量值

5. S7-200 与组态王的通信

（1）定义组态王设备。单击 Com1 新建设备：PLC \ 西门子 S7-200/PPI。

（2）地址设置。地址设置为 2。

（3）通信参数设置。双击 COM1 设置串口 Com1：波特率 9600bps；偶校验；数据位 8；停止位 1。

（4）数据词典。

PID 控制回路通信在组态王中的变量按表 3-28 格式定义。

表 3-28   PID 控制回路—数据词典定义

变量名	变量类型	存储器	数据类型	读写属性	数据范围	描述
PV	I/O 实数	V100	Float	只读	0~1	测量值
SP	I/O 实数	V104	Float	读写	0~1	设定值
MV	I/O 实数	V108	Float	读写	0~1	输出值
PIDP	I/O 实数	V112	Float	读写	−1000~1000	增益 Kp，正负数为正负作用
PIDI	I/O 实数	V120	Float	读写	0~10000	积分时间 Ti，单位为 min
PIDD	I/O 实数	V124	Float	读写	0~10000	微分时间 Td，单位为 min

3.5.8 富士变频器

变频器是把工频电源（50Hz 或 60Hz）变换成各种频率的交流电源，以实现电动机的变速运行，其中控制电路完成对主电路的控制，整流电路将交流电变换成直流电，直流中间电路对整流电路的输出进行平滑滤波，逆变电路将直流电再逆变成交流电。对于如矢量控制变频器这种需要大量运算的变频器来说，有时还需要一个进行转矩计算的 CPU 以及一些相应的电路。变频调速是通过改变电动机定子绕组供电的频率来达到调速的目的。这是变频器原理的基础。

我们知道，交流电动机的同步转速表达式为：

$$n_1 = \frac{60 f_1}{p} \tag{3-14}$$

式中 n_1——异步电动机的转速；

      f_1——异步电动机的频率；

      p——电动机极对数。

由式（3-14）可知，转速 n_1 与频率 f_1 成正比，只要改变频率 f_1 即可改变电动机的转速，当频率 f_1 在 0~50Hz 的范围内变化时，电动机转速调节范围非常宽。变频器就是通过改变电动机电源频率实现速度调节的，是一种理想的高效率、高性能的调速手段。

低压通用变频输出电压为 380~650V，输出功率为 0.75~400kW，工作频率为 0~400Hz，它的主电路都采用交—直—交电路。下面以富士 FRENIC-5000P11S 变频器为例说明其控制使用方法。其频率改变方式有面板控制、外部接点多段频率控制、模拟电压控制、模拟电流控制、内部 PID 控制，RS-485 通信控制等。

1. 外观

变频器外观如图 3-84 所示。

2. 端子定义及基本连线图

（1）主电路端子。如图 3-85 所示，P1、P（＋）之间可选接直流电抗器（断开内部短路线），DB、N（—）之间可选接外部制动电阻（断开内部短路线）。

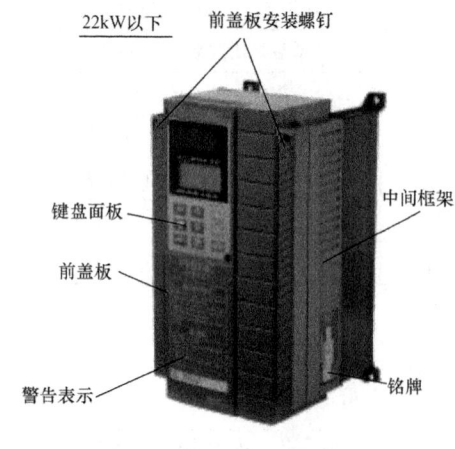

图 3-84   变频器外观

（2）变频器连接图。变频器连接图如图 3-86 所示。

（3）控制电路端子。变频器控制电路端子如图 3-87 所示。

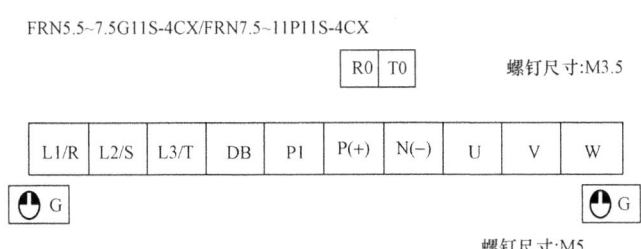

FRN5.5~7.5G11S-4CX/FRN7.5~11P11S-4CX

图 3-85 主电路接线端子

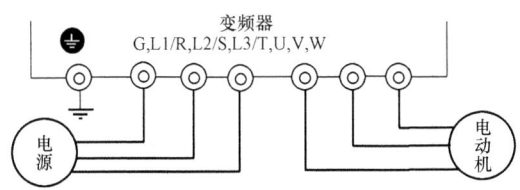

图 3-86 变频器连接图

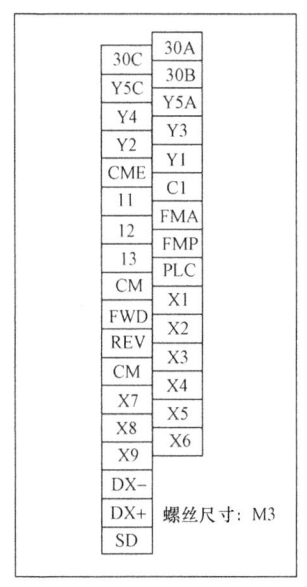

图 3-87 控制电路端子

表 3-29 控制电路端子说明

分类	端子标记	端子名称	功 能 说 明
模拟量输入	13	电位器用电源	+10VDC
	12	电压输入	外部模拟电压设定频率;PID控制的反馈信号
	C1	电流输入	外部模拟电流设定频率;PID控制的反馈信号
	11	模拟输入公共端	模拟输入信号公共端
接点输入	FWD	正转运行命令	与CM端闭合,正转运行;断开则停止
	REV	反转运行命令	与CM端闭合,反转运行;断开则停止
	X1~X9	可定义端子	可定义为多种功能。与CM端闭合,功能执行
	PLC	PLC信号电源	连接PLC输出的信号电源24VDC
	CM	接点输入公共端	接点输入信号的公共端
模拟量输出	FMS(11:公共端)	模拟监视	0~10VDC监视信号,可选多种监视内容。($R_i > 5k\Omega$)
脉冲量输出	FMP(CM:公共端)	频率值监视	以脉冲形式输出,内容同上,($R_i > 10k\Omega$)
晶体管输出	Y1~Y4	晶体管输出	集电极开路方式输出监视信号;24VDC/50mA
	CME	晶体管输出公共端	晶体管输出公共端
接点输出	30A,30B,30C	总报警输出继电器	输出报警信号;容量:250VAC/0.3A;48VDC/0.5A
	Y5A,Y5C	可选输出继电器	信号同晶体管输出。接点容量同上
通信	DX+,DX-	485通信输入/输出	RS-485通信正负信号,最多可接31台变频器
	SD	通信电缆屏蔽端	此端子在电气上浮置

3. 面板调节频率

(1) 内部参数设置:F01=0(面板调节频率),F02=0(面板控制启停)。

(2) 用"∧"键和"∨"键调节频率。

(3) 正转按 FWD 键,反转按 REV 键,停止按 STOP 键。

4. 用模拟电压信号远端控制频率

利用控制端子输入电压信号 DC0～10 或 DC0～5V 可远端设置频率，电路接线如图 3-88 所示。

(1) 内部参数设置：F01=1（模拟电压调节频率），F02=1（外部端子控制启停）。

(2) 用模拟电压调节频率。

(3) 由 FWD 和 REV 外部端子控制启停。

5. 用模拟电流信号远端控制频率

利用控制端子输入电流信号 DC4～20mA 可远端设置频率，电路接线如图 3-89 所示。

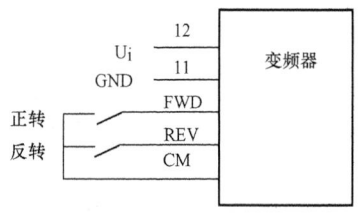

图 3-88　电压设置频率接线图

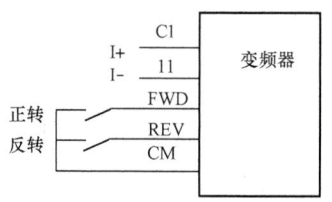

图 3-89　电流设置频率接线图

(1) 内部参数设置：F01=2（模拟电流调节频率），F02=1（外部端子控制启停）。

(2) 用模拟电流调节频率。

(3) 由 FWD 和 REV 外部端子控制启停。

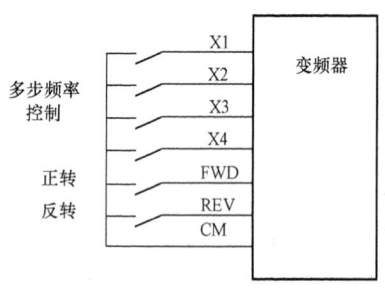

图 3-90　外部接点设置多步频率接线图

6. 用外部端子控制频率

利用控制端子 X1～X4 连接外部接点信号可设置间断多步频率，电路接线如图 3-90 所示。

(1) 内部参数设置：F02=1（外部端子控制启停）。

(2) 由 X1～X4 的通断组合可控制多个频率。

(3) 由 FWD 和 REV 外部端子控制启停。

7. 用 RS-485 总线通信

利用控制端子（DX+）、（DX-）和（SD）可使变频器与上位机通信。最多可连 31 台变频器。用 RS-485 可实现如下功能：

(1) 监视各种数据。

(2) 设定频率。

(3) 运行命令。

(4) 改变和写入功能数据。

• **实例 1：485 通信功能设定举例：**

H30=3　　　　（通过 485 可设定变频器频率和发命令）

H31=31　　　（站地址：31）

H32=3　　　　（通信异常时继续运行）

H33=10s　　　（通信异常后定时时间后处理）

H34=1　　　　（9600 波特）

H35=0　　　　（8 位数据）

H36=0　　　　（无校验位）

H37＝0　　　　（2 位停止位）

H38＝0　　　　（限时必访问时间设定：0＝不检测，超时跳闸）

H39＝0.01s　　（应答等待时间）

8. PID 控制功能

首先定义一个外部端子为"PID 控制"功能，变频器进入 PID 控制模式。利用控制端子 12（电压输入）和 C1（电流输入）作为反馈量和设定给定值，可对过程对象进行 PID 控制。

• **实例 2：PID 功能设定举例：**

H20＝1　　　　（PID 起作用，正作用）

H21＝1　　　　（控制端子 C1 输入反馈量，4～20mA）

H22＝5　　　　（增益 P）

H23＝20s　　　（积分时间）

H24＝0.05s　　（微分时间）

H25＝4s　　　 （滤波时间）

说明：　　　　　给定值也可面板输入。

9. 组态王设置

（1）定义组态王设备。组态王定义设备时请选择：变频器＼富士＼G11S/P11S＼串口。

（2）地址设置。当使用 RS-485 与上位机相连时，富士变频器的地址范围从 01 到 31。组态王设备地址需要与变频器实际地址相同。

（3）通信参数设置。组态王通信参数请与实际设置相一致。默认通信参数为：

波特率：9600；数据位：8；停止位：2；校验：无

（4）数据词典。变频器大部分内部功能寄存器都可定义。

3.5.9　智能调节器

在监督控制系统中，常用模拟调节器做底层控制，上层计算机根据工艺参数信息和其他参数，自动改变调节器的给定值，使生产处于最优工况。随着科学技术的发展及微处理器技术的应用，智能调节器逐步取代模拟调节器，智能调节器通过串行通信方式与上层计算机交换信息，不但可以根据最优工况调整给定值，还可以进一步调整 PID 参数改进控制效果。数字调节器种类不同，其结构有所不同，但基本功能和基本原理大致相同。百特系列数字调节器是一种普通数字调节器，下面说明其调整方法和应用的一些问题。

1. 主要技术参数

（1）输入信号模拟量输入：热电阻；各种规格热电偶；0～5V、1～5V 或 mV；0～10mA、4～20mA 等。

（2）测量精度：0.5％FS±1 字。

（3）显示方式：LED 数字显示。

（4）控制方式：PID 控制电流/电压输出；PID 控制继电器开关量输出；PID 可控硅输出控制；两位式 ON/OFF 带回差。

（5）输出信号。

1）模拟量输出：0～10mA；4～20mA；0～5V；1～5V。

2）开关量输出：时间比例继电器控制输出（AC220V/1A1 阻性负载）。

3）可控硅控制输出：600V/3A。

4）固态继电器输出：SSR（固态继电器控制信号）输出，5～30V。

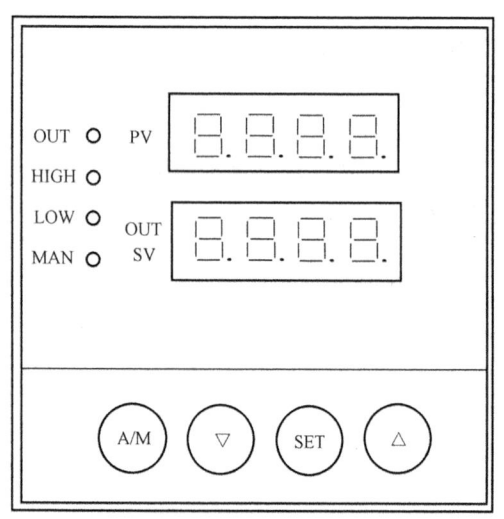

图 3-91　面板示意图

（6）馈电输出：DC 24 V，负载≤30 mA。

（7）通信输出：RS-485/RS-232C/Modem。

（8）设定方式：面板轻触式按键数字设定。设定值断电永久保持；参数设定值密码锁定。

2. 显示说明

（1）面板示意图。面板示意图如图 3-91 所示。

（2）主显示窗（PV）：正常工作时，显示测量值 PV。参数设定操作时，显示被设定参数名，或被设定参数当前值。

（3）附显示窗：

1）自动工作态下，显示控制输出值 MV。用增、减值键调整给定值 SP 时，显示 SP 值。当停止增减 SP 值操作 2s 后，恢复显示控制输出值 MV。

2）手动工作态下，显示控制输出值。

3）参数设定操作时，显示被设定参数名。

（4）LED 指示灯：

1）HIGH：报警 2（上限）动作时，灯亮。

2）LOW：报警 1（下限）动作时，灯亮。

3）MAN：自动工作态，灯灭；手动工作态，灯亮。

4）OUT：时间比例输出 ON 时，灯亮。

3. 操作说明

（1）按键说明。

1）SET 键：按 SET 键进入参数设定态。在参数设定态下，按 SET 键确认参数设定操作。

2）△键和▽键：自动工作态下，按△键或▽键可修改给定值（SP），在显示窗显示；手动工作状态下，按△键或▽键可修改控制输出值（MV）；参数设定时，△键和▽键用于参数设定菜单选择和参数值设定。

3）A/M 键：手动工作态和自动工作态的切换键。

（2）给定值设置。

在自动工作态下，按△、▽键可修改 SP 设定值，在显示窗显示；上电复位后将调出停电前的 SP 值作为上电后的初始 SP 值。

（3）PID 参数设置。

按 SET 键，和按△、▽键可进入 PID 参数设置界面，用△、▽键修改参数，用 SET 键确认和切换参数。此外，调节器还有其他参数设定。如输入分度号，显示输入量程、零点，冷端补偿，PID 作用方式，通信参数设定等。与 PID 参数设置类似，具体操作可参见仪表使用说明书。

4. 组态王设置

（1）定义组态王设备。组态王定义设备时请选择：智能仪表＼百特＼XM 类仪表＼串口。

（2）地址设置。范围为 1～254。

（3）通信参数设置。

组态王通信参数请与实际设置相一致。默认通信参数。

波特率：9600；数据位：8；停止位：2；校验：无；采样频率：1000ms。

（4）数据词典。

智能仪表在组态王中的变量按表 3-30 格式定义。

表 3-30　　　　　　　　　　　　　　　　数据词典定义

变量名	变量类型	寄存器	数据类型	读写类型	描述
PV	I/O 实数	REAL1	Float	只读	测量值
SP	I/O 实数	PARA1.38	Float	读写	设定值
MV	I/O 实数	PARA1.44	Float	读写	输出值
PIDP	I/O 实数	PARA1.31	Float	读写	比例带 P：1～100%
PIDI	I/O 实数	PARA1.32	Float	读写	积分时间 I：1～3600s
PIDD	I/O 实数	PARA1.33	Float	读写	微分时间 D：0～20s
手/自	I/O 实数	PARA1.43	Float	读写	手自动切换
低报	I/O 实数	PARA1.18	Float	读写	低限报警灯
高报	I/O 实数	PARA1.19	Float	读写	高限报警灯
报警	I/O 实数	ALAM1.1	Float	只读	报警输出

 习题与思考题

1. 试解释单端输入方式和双端输入方式。

2. 试解释单极性信号和双极性信号。

3. 试解释单极性原码与双极性偏移码。

4. PC6320 属于那种总线接口卡？输入为电流信号时如何处理？

5. 研华 PCL724 插在计算机的哪种插槽里？如何设置开关量输入？

6. 研华 PCL724 利用组态王把 PA 口设为读，PB 口设为写，PC 口高位为读、低位为写，如何设置控制字？

7. 试将研华 PCL724 的基地址设为 300H，写出拨码开关状态。

8. 研华 PCI1711 的输入/输出信号种类、通道数和量程是什么？

9. 研华 PCI1711 控制两个发光二极管作指示灯，要求通过二极管的电流为 10mA，试设计一个低电平驱动电路和一个高电平驱动电路。

10. ADAM4017 的输入/输出信号种类、通道数和量程是什么？

11. ADAM4024 的输入/输出信号种类、通道数和量程是什么？

12. 用 ADAM4050 驱动一个 100mA、12VDC 的继电器，设计驱动电路。

13. 画出 ISA 总线接口板构成的计算机控制系统示意图。

14. 画出用 ADAM 模块构成的计算机控制系统示意图。

15. 画出 ADAM4017 模块初始化时接线图。

16. 画出 PCL724 直接驱动发光二极管的接线图（包括限流电阻阻值）。

17. 画出外部电流控制变频器频率的控制接线示意图。

18. 已知一工业对象有 5 个模拟量输出（传感器给出的信号 1～5V），1 个模拟量输入（电动调节阀 4～20mA），4 个开关量输出（干接点信号）。试设计计算机监控系统，画出系统框图及接线图。

第4章 组态王简明教程

组态软件，又称组态监控软件，译自英文 SCADA，即 Supervisory Control and Data Acquisition（数据采集与监视控制）。组态软件是指一些数据采集与过程控制的专用软件，它们处在自动控制系统监控层一级的软件平台和开发环境，使用灵活的组态方式，为用户提供快速构建工业自动控制系统监控功能的、通用层次的软件工具。

4.1 组态王简介

组态王是北京亚控公司开发的一款组态软件，北京亚控公司 1995 年推出组态王 1.0，目前在市场上广泛推广组态王 6.55，在国产软件市场中市场占有率第一。

组态王是新型的工业自动控制系统，它以标准的工业计算机软、硬件平台构成的集成系统取代传统的封闭式系统。它具有适应性强、开放性好、易于扩展、经济、开发周期短等优点。通常可以把这样的系统划分为控制层、监控层、管理层三个层次结构。其中监控层对下连接控制层，对上连接管理层，它不但实现对现场的实时监测与控制，且在自动控制系统中完成上传下达、组态开发的重要作用。尤其考虑三方面问题：画面、数据、动画。通过对监控系统要求及实现功能的分析，采用组态王对监控系统进行设计。组态软件也为试验者提供了可视化监控画面，有利于试验者实时现场监控。而且，它能充分利用 Windows 的图形编辑功能，方便地构成监控画面，并以动画方式显示控制设备的状态，具有报警窗口、实时趋势曲线等，可便利的生成各种报表。它还具有丰富的设备驱动程序和灵活的组态方式、数据链接功能。

组态王 6.55 保持了其早期版本功能强大、运行稳定且使用方便的特点，并根据国内众多用户的反馈及意见，对一些功能进行了完善和扩充。组态王 KingView6.55 提供了丰富的、简捷易用的配置界面，提供了大量的图形元素和图库精灵，同时也为用户创建图库精灵提供了简单易用的接口；该款产品的历史曲线、报表及 Web 发布功能进行了大幅提升与改进，软件的功能性和可用性有了很大的提高。

组态王 6.55 在保留了原报表所有功能的基础上新增了报表向导功能，能够以组态王的历史库或 KingHistOrian 为数据源，快速建立所需的班报表、日报表、周报表、月报表、季报表和年报表。此外，还可以实现值的行列统计功能。

组态王 6.55 在 Web 发布方面取得新的突破，全新版的 Web 发布可以实现画面发布、数据发布和 OCX 控件发布，同时保留了组态王 Web 的所有功能：IE 浏览客户端可以获得与组态王运行系统相同的监控画面，IE 客户端与 Web 服务器保持高效的数据同步，通过网络可以在任何地方获得与 Web 服务器上相同的画面和数据显示、报表显示、报警显示等，同时可以方便快捷地向工业现场发布控制命令，实现实时控制的功能。

组态王 6.55 集成了对 KingHistorian 的支持，且支持数据同时存储到组态王的历史库和工业库，极大地提高了组态王的数据存储能力，能够更好地满足大点数用户对存储容量和存储速度的要求。KingHistorian 是北京亚控公司新近推出的独立开发的工业数据库。具有单个服务器支持高达 100 万点、256 个并发客户同时存储和检索数据、每秒检索单个变量超过 20 000 条记录的强大功能。能够更好地满足高端客户对存储速度和存储容量的要求，完全满足了客户实时查看和检索历史运行数据的要求。

组态王 6.55 是运行于 Microsoft Windows 2000/NT/XP/Win 7 中文平台的中文界面的人机界面软件，采用了多线程、COM＋组件等新技术，实现了实时多任务，软件运行稳定可靠。在一个自动控制系统中，系统投入运行后，组态软件就是自动监控系统中的数据收集处理中心、远程监视中心和数据转发中心。在组态软件的支持下，操作人员可以完成如下内容：

（1）查看生产现场的实时数据及流程画面。

（2）打印实时/历史生产报表。

（3）浏览实时/历史趋势画面。

（4）及时获取并处理各种报警。

（5）需要时，人为干预生产过程，修改生产过程参数和状态。

本章中我们将利用一些简单实例为大家讲解组态王进行系统组态的基本原理及过程，利用组态王进行系统组态一般按照如下步骤进行：

（1）创建新工程。

（2）设计图形界面。

（3）定义设备驱动。

（4）构造数据词典。

（5）建立动画连接。

（6）运行和调试。

需要说明的是，这几个步骤并不是完全独立的，事实上，这几个部分常常是交错进行的。在用组态王画面开发系统组态工程时，要考虑到以下三个方面：一是图形，我们需要什么样的图形画面，也就是怎样用抽象的图形画面来模拟实际的工业现场和相应的工控设备；二是数据，怎样用数据来描述工控对象的各种属性？也就是创建一个具体的数据库，此数据库中的变量反映了工控对象的各种属性，比如温度、压力、流量及液位等；三是动画连接，数据和图形画面中的图素的连接关系是什么？也就是画面上的图素以怎样的动画来模拟现场设备的运行，以及怎样让操作者输入控制设备的指令。

4.2　创 建 一 个 工 程

要建立一个新的组态王工程，首先单击桌面或者开始程序中的"组态王 6.55"快捷方式，启动组态王工程管理器（ProjManager），如图 4-1 所示。

选择菜单"文件/新建工程"或单击"新建"按钮，进入组态王向导之一，如图 4-2 所示。

单击"下一步"继续，弹出"新建工程向导之二对话框"，如图 4-3 所示，为工程指定工程路径。在工程路径文本框中输入一个有效的工程路径，或单击"浏览…"按钮，在弹出的路径选择对话框中选择一个有效的路径。

单击"下一步"继续，弹出"新建工程向导之三"，如图 4-4 所示，在工程名称文本框中输入工程的名称，该工程名称同时将被作为当前工程的路径名称，工程名称长度应小于 32 个字符；在工程描述文本框中输入对该工程的描述文字，工程描述长度应小于 40 个字符。

单击"完成"完成工程的新建，系统会弹出对话框，询问用户是否将新建工程设为当前工程，如图 4-5 所示。

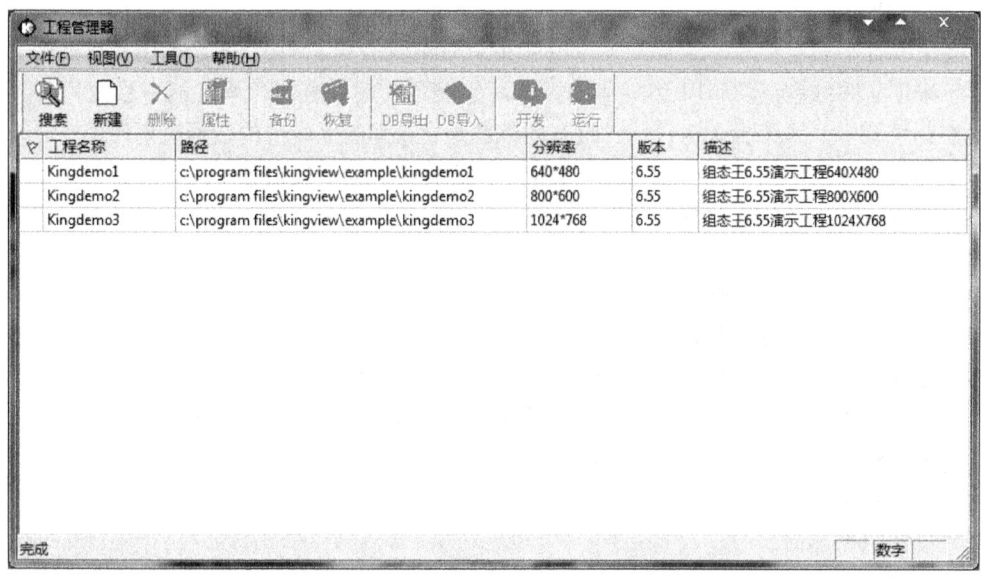

图 4-1　组态王工程管理器

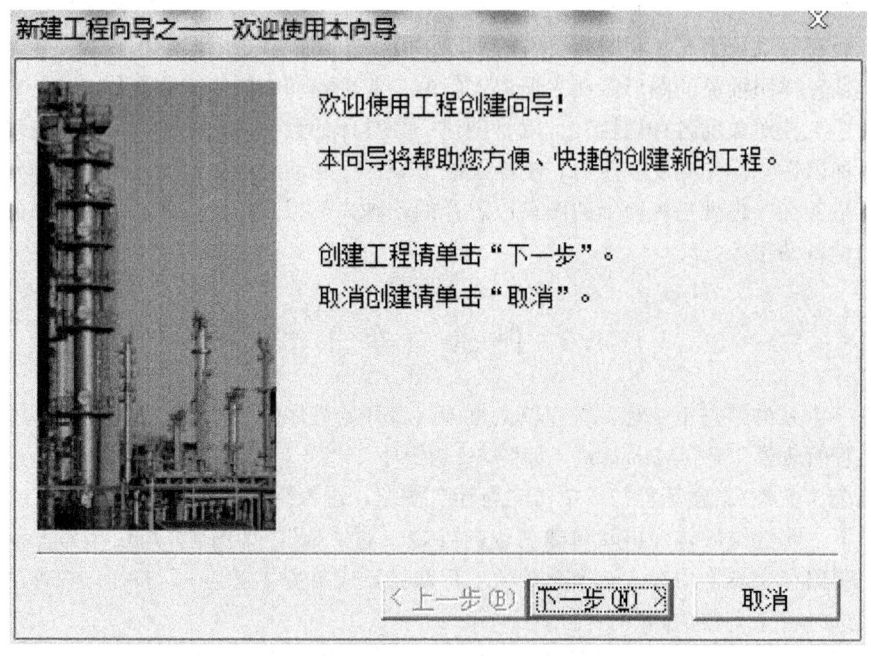

图 4-2　新建工程向导图一

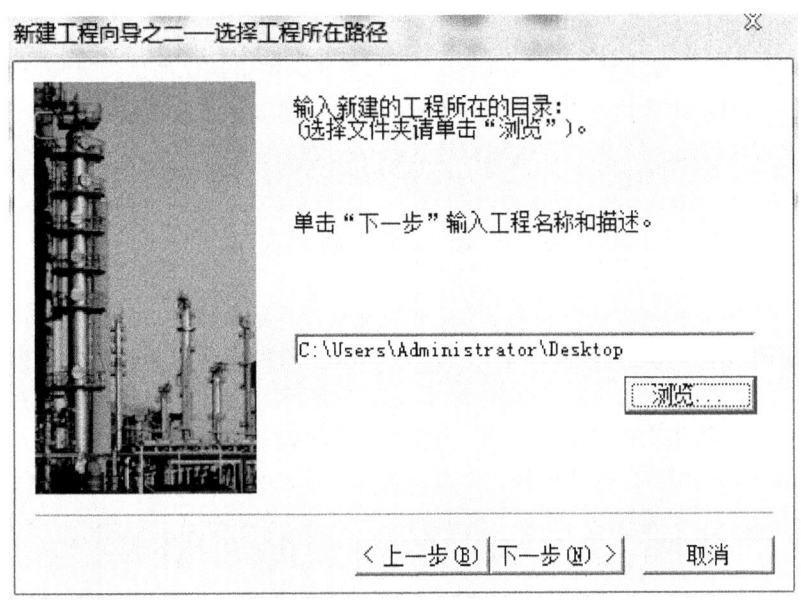

图 4-3　新建工程向导图二

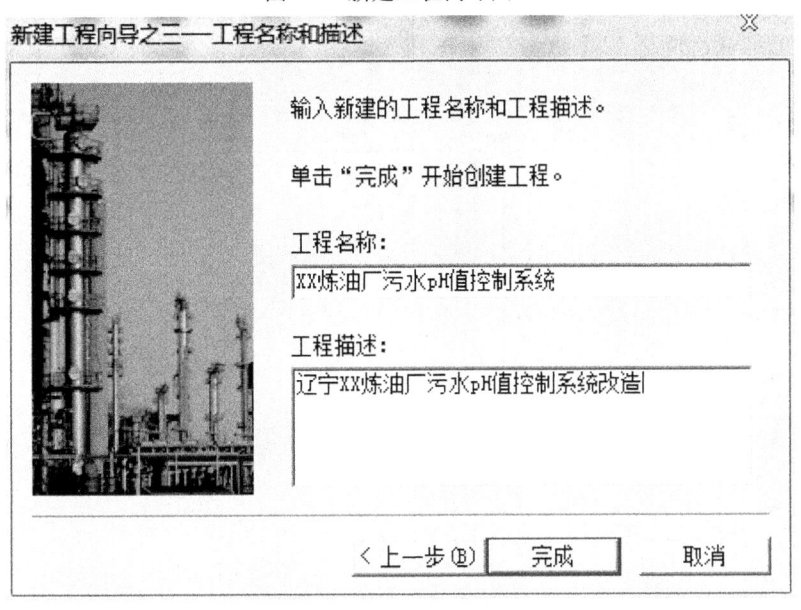

图 4-4　新建工程向导图三

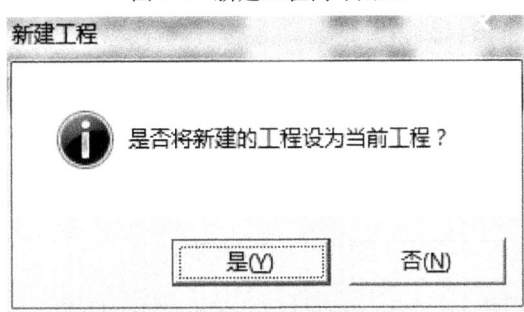

图 4-5　新建组态王工程图

单击"否"按钮，则新建工程不是工程管理器的当前工程，如果要将该工程设为新建工程，还要执行"文件/设为当前工程"命令；单击"是"按钮，则将新建的工程设为组态王的当前工程。定义的工程信息会出现在工程管理器的信息表格中。需要注意的是建立的每个工程必须在单独的目录中。除非特别说明，不允许编辑修改这些初始数据文件。

4.3 设 计 画 面

进入组态王开发系统后，就可以为每个工程建立数目不限的画面，在每个画面上生成互相关联的静态或动态图形对象。这些画面都是由组态王提供的类型丰富的图形对象组成的。系统为用户提供了矩形（圆角矩形）、直线、椭圆（圆）、扇形（圆弧）、点位图、多边形（多边线）、文本等基本图形对象，及按钮、趋势曲线窗口、报警窗口、报表等复杂的图形对象。提供了对图形对象在窗口内任意移动、缩放、改变形状、复制、删除、对齐等编辑操作，全面支持键盘、鼠标绘图，并可提供对图形对象的颜色、线型、填充属性进行改变的操作工具。组态王采用面向对象的编程技术，使用户可以方便地建立画面的图形界面。用户构图时可以像搭积木那样利用系统提供的图形对象完成画面的生成。同时支持画面之间的图形对象复制，可重复使用以前的开发结果。双击当前工程进入工程浏览器，如图4-6所示。

图 4-6　工程浏览器

工程浏览器界面与通用的 Windows 界面类似，最上方为菜单栏，菜单栏下方为快捷工具栏，左侧为工程浏览器，右侧为界面设计部分。单击工程浏览器中的画面后双击设计界面中的"新建"按钮可以进入画面设置栏,如图 4-7 所示。

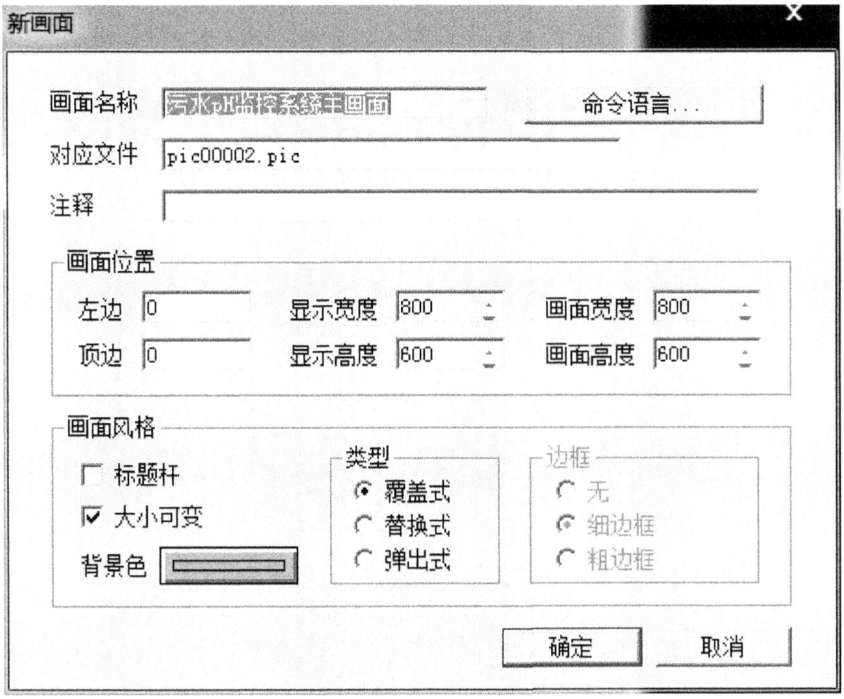

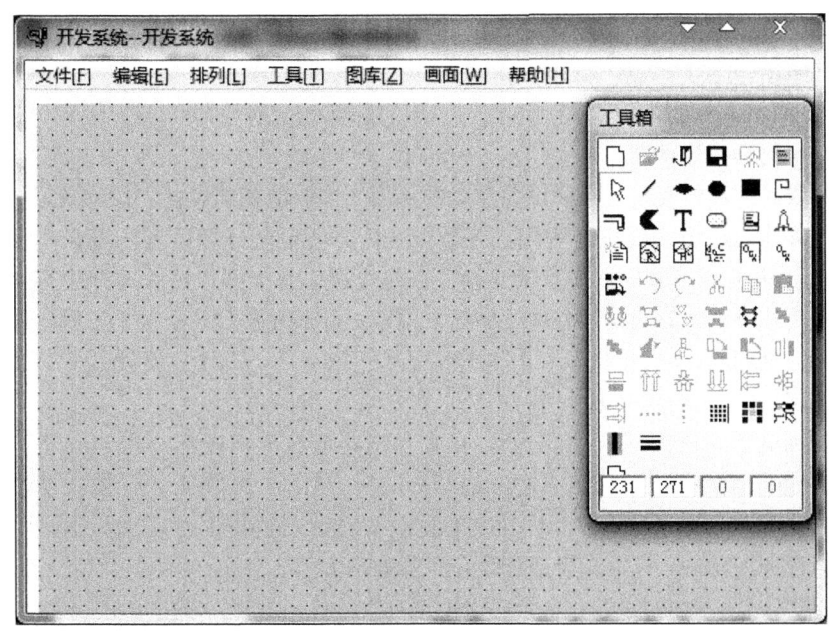

图 4-7 新建画面

在"画面名称"选项需要键入例如"污水 pH 值监控系统主画面"等字符串,这个名称在所有的画面中必须是唯一的,在后面学习的命令语言中也有着重要参数的作用,再根据需要选定各画面参数后单击"确定"进入画面,如图 4-8 所示。

图 4-8 开发系统

根据生产的工艺流程，利用画面上"工具箱"工具与菜单栏中"图库"选项组态系统的静态画面如图 4-9 所示，组态静态画面的过程是为了获得最大的操作界面，常用到打开/关闭"图库"的快捷键为 F2，打开/关闭"工具箱"为 F10，注意绘制完画面后选择要存储画面。

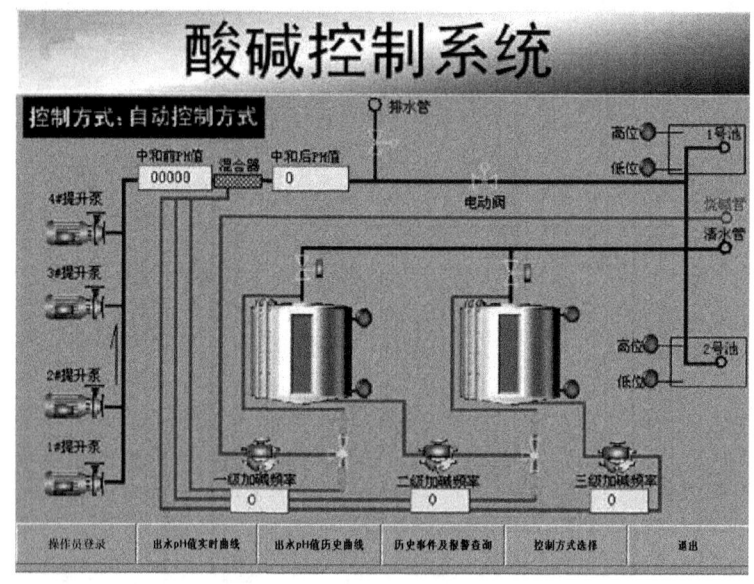

图 4-9　组态王开发系统

4.4　驱动外部设备

组态王把所有需要与之交换数据的设备或程序都作为外部设备，外部设备包括如下几种。

（1）下位机，一般来讲，我们把与计算机进行数据互访的设备称为下位机。它们一般通过串行口或并行口上位机交换数据，常见的串口设备有亚当模块、智能仪表、PLC 和变频器，常见的并口设备为板卡。

（2）其他 Windows 应用程序，它们之间一般通过 DDE 交换数据。

（3）网络上的其他计算机。

定义外部设备的过程实际是对该设备驱动的调用，即驱动外部设备。只有在定义了外部设备之后，组态王才能通过 I/O 变量和它们交换数据。为方便定义外部设备，组态王设计了"设备配置向导"，引导用户按步骤完成设备的连接，首先选择设备类型，然后选择生产厂家，再选择设备名称，最后选择该设备的通信方式，整体来说定义外部设备有一个基本原则，即软件设置必须与硬件设置完全相同。

1. 串口设备——西门子 S7-200

选择工程浏览器左侧大纲项"设备"，在工程浏览器右侧用鼠标双击"新建"图标，运行"设备配置向导——生产厂家、设备名称、通信方式"，如图 4-10 所示，首先选择设备类型，包含 DDE、PLC、板卡、变频器、智能模块和智能仪表；然后选择生产厂家，比如西门子、莫迪康、研华等；再选择设备名称，最后选择该设备的通信方式。

选择"PLC"──→"西门子"──→"S7-200 系列"──→"PPI"，单击"下一步"，弹出"设备配置向导——逻辑名称"，如图 4-11 所示，注意每个监控系统中设备的逻辑名称都是唯一的。

为外部设备取一个名称，输入"S72001"，单击"下一步"，弹出"设备配置向导——选择串

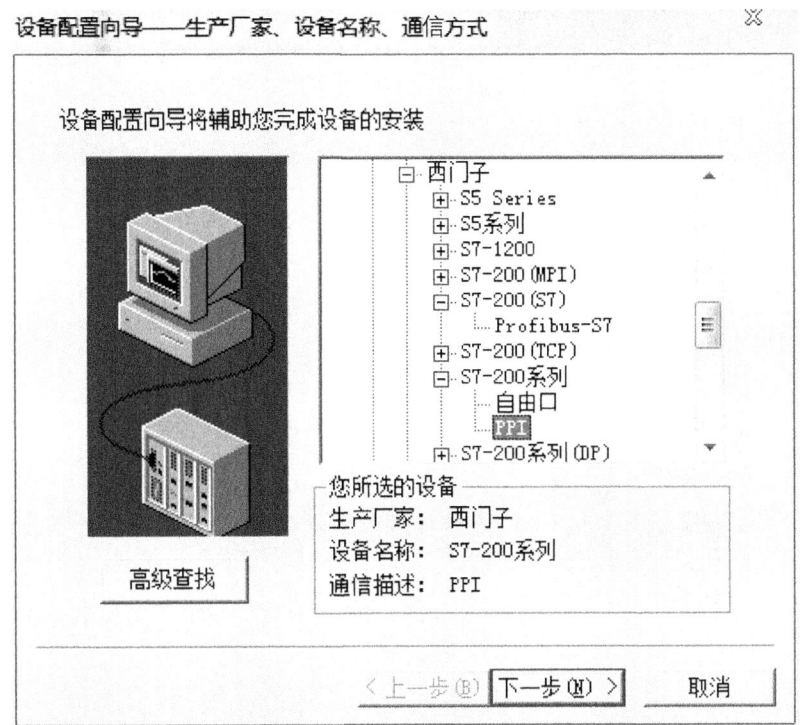

图 4-10 设备配置向导——生产厂家、设备名称、通信方式

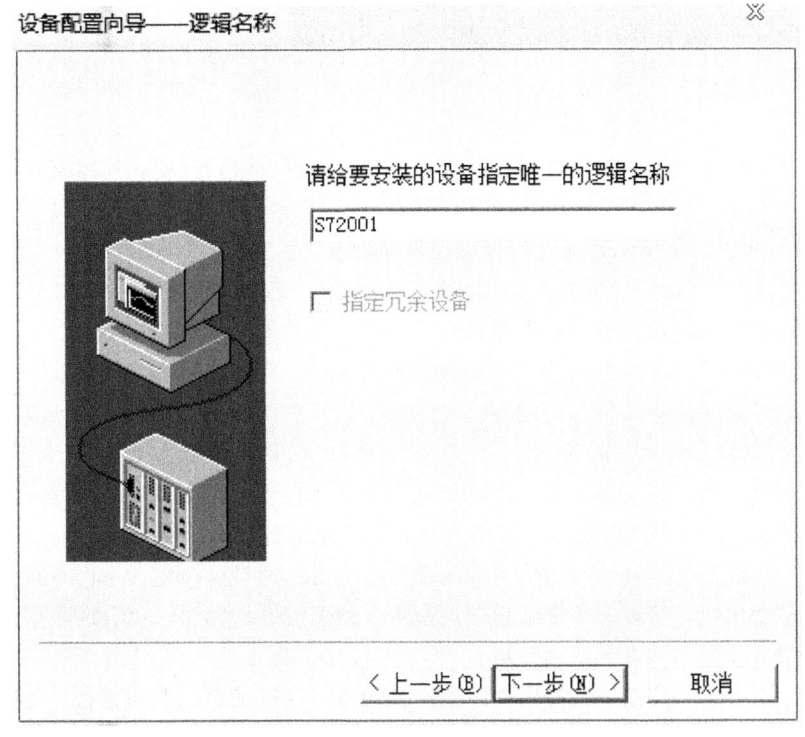

图 4-11 设备配置向导——逻辑名称

口号"，如图 4-12 所示，外部设备连接在哪个串口上，这里就要选择哪个串口。

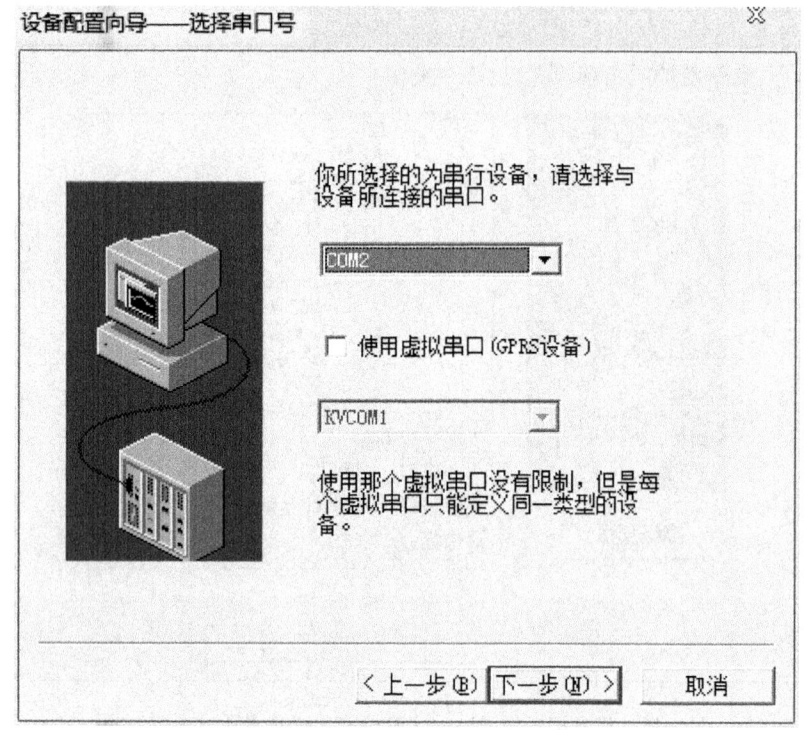

图 4-12　设备配置向导——选择串口号

单击"下一步"，弹出"设备配置向导——设备地址设置指南"，如图 4-13 所示，在这里为外部设备选择"基地址"，工程人员要为串口设备指定设备地址，该地址应该对应实际的设备定义的地址。

基地址：使用外部设备时，需要对外部设备的一组寄存器进行操作，这组寄存器占用数个连续的地址，一般将其中最低的地址值设定为此外部设备的基地址，这个地址值需要使用卡上的拨码开关来设置，如图 4-14 所示，或者自带驱动程序设置。

单击"下一步"，弹出"通信参数"，如图 4-14 所示，此向导页配置一些关于设备在发生通信故障时，系统尝试恢复通信的策略参数。

（1）尝试恢复时间：在组态王程序运行期间，如果有一台设备（如 S72001）发生故障，则组态王能够自动诊断并停止采集与该设备相关的数据，但会每隔一段时间尝试恢复与该设备的通信，如图 4-14 所示尝试时间间隔为 30s。

（2）最长恢复时间：若组态王在一段时间之内一直不能恢复与 S72001 的通信，则不再尝试恢复与 PLC1 通信，这一时间就是指最长恢复时间。如果将此参数设为 0，则表示最长恢复时间参数设置无效，也就是说，系统对通信失败的设备将一直进行尝试恢复，不再有时间上的限制。

（3）使用动态优化：组态王对全部通信过程采取动态管理的办法，只有在数据被上位机需要时才被采集，这部分变量称之为活动变量。

继续单击"下一步"按钮，则弹出"设备安装向导——信息总结"对话框，如图 4-15 所示，单击"完成"完成对硬件的驱动。

由于外部设备连接在"COM2"上，单击"设备/COM2"，设置串口通信参数，如图 4-16 所示，注意此处设置英语外部设备硬件设置保持一致。

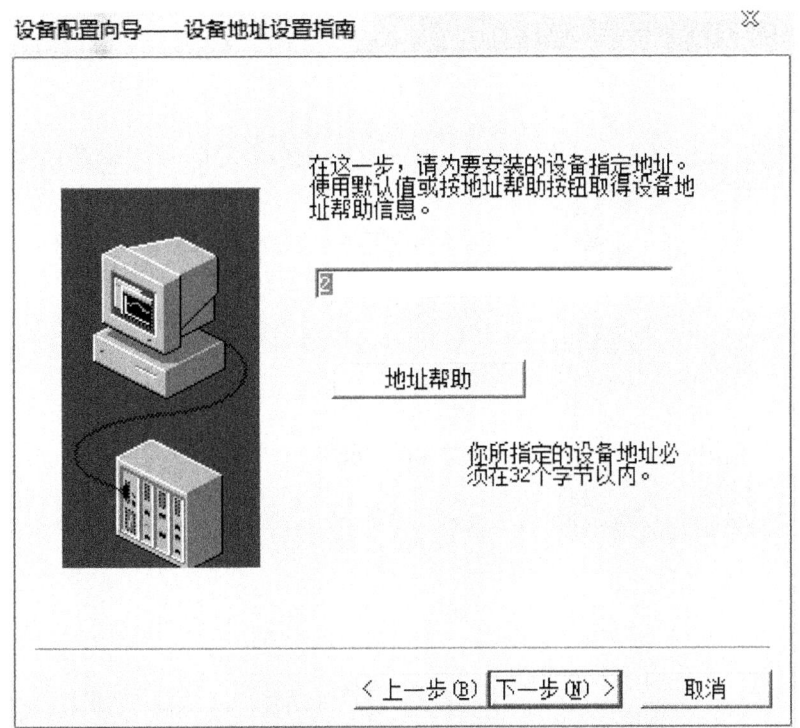

图 4-13　设备配置向导——设备地址设置指南

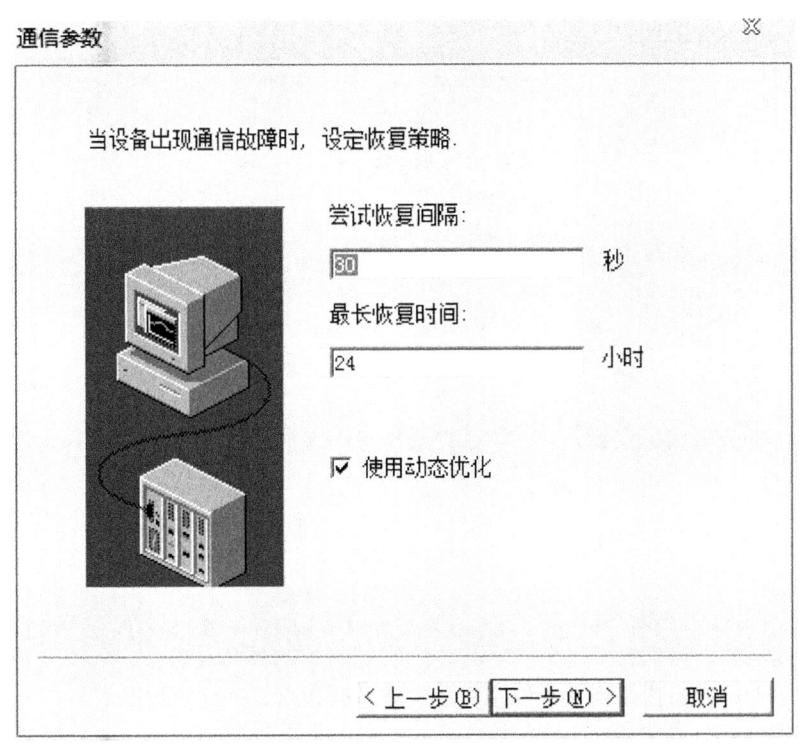

图 4-14　通信参数

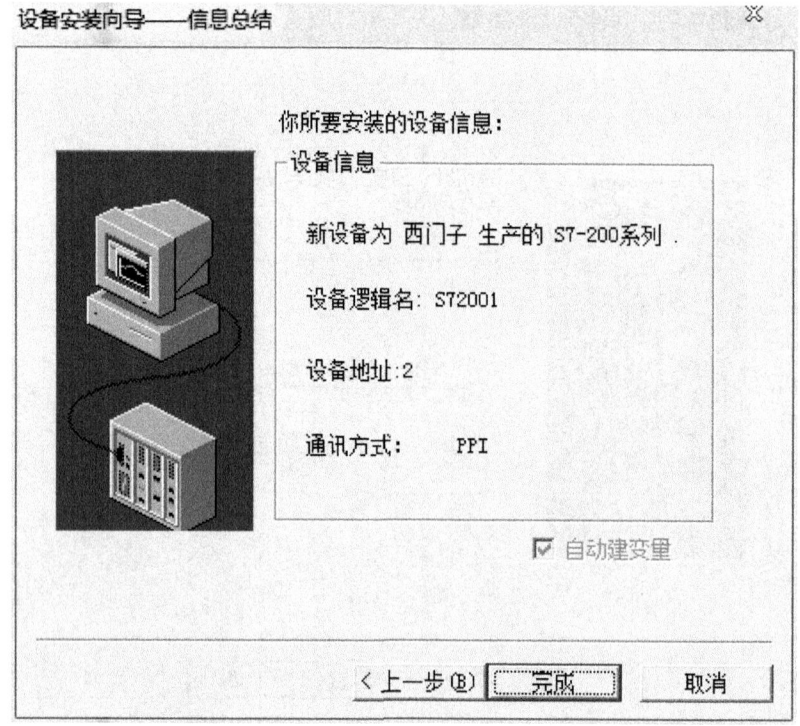

图 4-15　设备安装向导——S72001 信息总结

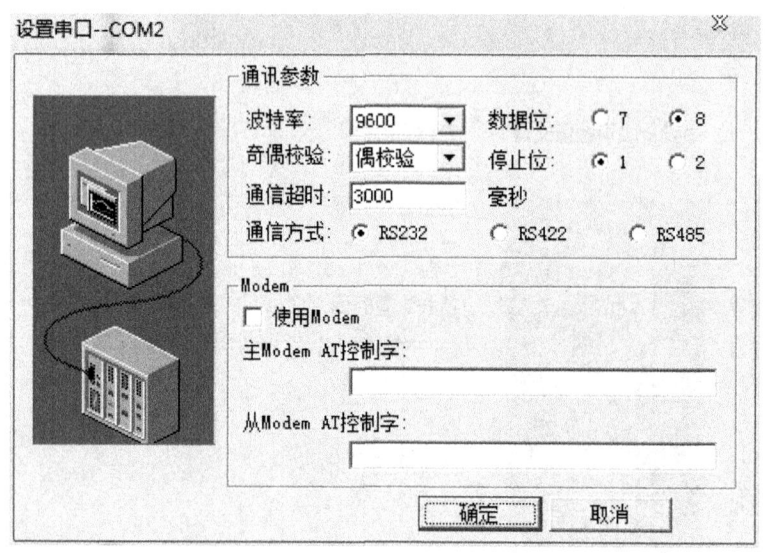

图 4-16　设置串口-COM2

设备定义完成后，可以在工程浏览器的右侧看到新建的外部设备"S72001"。在定义数据库变量时，只要把 I/O 变量连接到这台设备上，它就可以和组态王交换数据了。

2. 虚拟数据源——仿真 PLC

我们开发的过程中很多时候是没有实际的外部设备的，当没有实际的外部设备时，I/O 点中的数据也不能同步变化，那么在调试的工程中，我们就不能调试一些控制逻辑正确与否，为了解决这个问题，组态王为我们提供了一个仿真数据源——仿真 PLC，仿真 PLC 本质上并不是一个实际的外部设备。仿真 PLC 定义过程类似实例 1，最终得到的信息总结如图 4-17 所示。

图 4-17　设备安装向导——仿真 PLC 信息总结

设备定义完成后，可以在工程浏览器的右侧看到新建的外部设备"仿真 PLC"。在定义数据库变量时，只要把 I/O 变量连接到这台设备上，它就可以和组态王交换数据了。

4.5　定义数据词典

数据库是组态王的核心部分，工业现场的生产状况要以动画的形式反映在屏幕上，操作者在计算机前发布的指令也要迅速送达生产现场，所有这一切都是以实时数据库为中介环节，所以说数据库是联系上位机和下位机的桥梁。在运行 TouchView 时，它含有全部数据变量的当前值。变量在画面制作系统组态王画面开发系统中定义，定义时要指定变量名和变量类型，某些类型的变量还需要一些附加信息。数据库中变量的集合形象地称为"数据词典"，数据词典记录了所有用户可使用的数据变量的详细信息。数据词典的基本作用简单说就是建立连接设备某个具体寄存器与当前数据词典的映射关系，并将数据还原为现场的实际值。

在工程浏览器的左侧选择"数据词典"，在右侧双击"新建"，弹出"变量属性"对话框，如图 4-18 所示。下面我们将详细说定义变量中的基本属性。

（1）变量名。变量名是唯一标识一个应用程序中数据变量的名字，同一应用程序中的数据变量不能重名，数据变量名区分大小写，最长不能超过 32 个字符。用鼠标单击编辑框的任何位置进入编辑状态，工程人员此时可以输入变量名字，变量名可以是汉字或英文名字，第一个字符不能是数字。例如温度、压力、液位、var1 等均可以作为变量名。

（2）变量类型。在对话框中只能定义为"内存离散、I/O 离散、内存实型、I/O 实型、内存

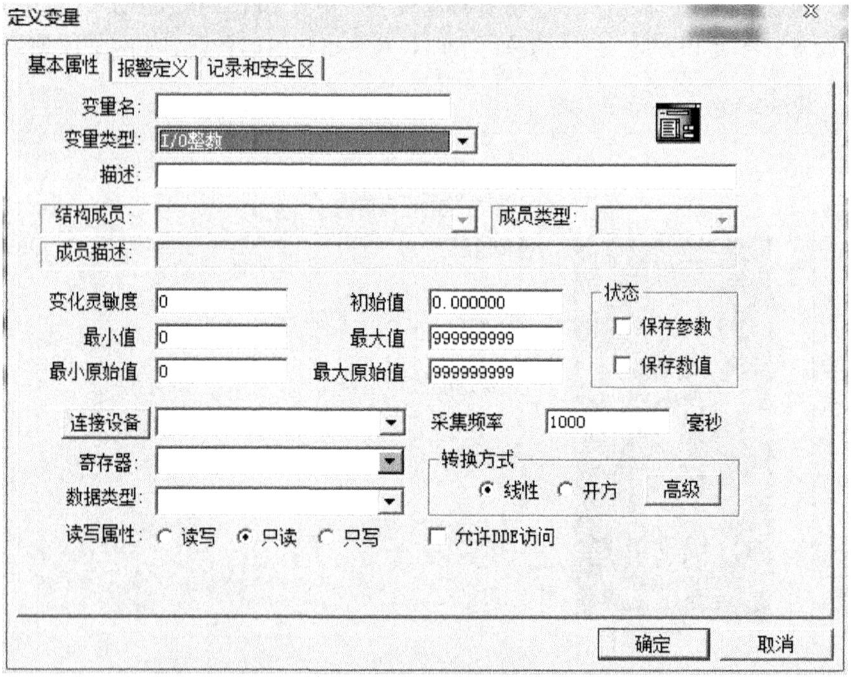

图 4-18　变量定义

整数、I/O 整数、内存字符串型 I/O 字符串"这八种基本类型中的一种，单击变量类型下拉列表框列出可供选择的数据类型，当定义有结构变量时，一个结构就是一种变量类型。数据库中存放的系统组态时定义的变量以及系统预定义的变量，变量可以分为基本类型和特殊类型两大类，基本类型的变量又分为"内存变量"和"I/O 变量"两类。"I/O 变量"指的是需要组态王和其他应用程序（包括 I/O 服务程序）交换数据的变量。这种数据交换是双向的、动态的，就是说：在组态王程序运行过程中，每当 I/O 变量的值改变时，该值就会自动写入远程应用程序；每当远程应用程序中的值改变时，组态王程序中的变量值也会自动更新。所以，那些从下位机采集来的数据发送给下位机的指令，比如"反应罐液位"、"电源开关"等变量，都需要设置成"I/O 变量"。那些不需要和其他应用程序交换、只在组态王内需要的变量，比如计算过程的中间变量，就可以设置成"内存变量"。基本类型的变量也可以按照数据类型分为离散型、模拟型、长整数型和字符串型。特殊变量类型有报警窗口变量、报警组变量、历史趋势曲线变量、时间变量四种。这几种特殊类型的变量正是体现了组态王系统面向工控软件、自动生成人机接口的特色。

（3）描述。此处编辑和显示数据变量的注释信息。若想在报警窗口中显示某变量的描述信息，可在定义变量时，在描述编辑框中加入适当说明，并在报警窗口中加上描述项，则在运行系统的报警窗口中可见该变量的描述信息，最长不超过 39 个字符。

（4）变化灵敏度。数据类型为模拟量或长整型时此项有效。只有当该数据变量的值变化幅度超过"变化灵敏度"时，组态王才更新与之相连接的图素（默认为 0）。

（5）最大值和最小值。指变量值在数据库中的上、下限。

（6）最大原始值和最小原始值。指前面定义的最大值、最小值所对应的输入寄存器的值的上、下限。

（7）保存参数。在系统运行时，修改变量的域的值（可读可写型），系统自动保存这些参数值，系统退出后，其参数值不会发生变化。当系统再启动时，变量的域的参数值为上次系统运行时最后一次的设置值。无需用户再去重新定义。变量域的说明请查看在线帮助。

（8）保存数值。系统运行时，当变量的值发生变化后，系统自动保存该值。当系统退出后再次运行时，变量的初始值为上次系统运行过程中变量值最后一次变化的值。

（9）初始值。这项内容与所定义的变量类型有关，定义模拟量时出现编辑框可输入一个数值，定义离散量时出现开/关两种选择。定义字符串变量时出现编辑框可输入字符串，它们规定软件开始运行时变量的初始值。

（10）连接设备。只对 I/O 类型的变量起作用，工程人员只需从下拉式"连接设备"列表框中选择相应的设备即可。此列表框所列出的连接设备名是组态王设备管理中已安装的逻辑设备名。

（11）寄存器。指定要与组态王定义的变量进行连接通信的寄存器变量名，该寄存器与工程人员指定的连接设备有关。

（12）转换方式。规定 I/O 模拟量输入原始值到数据库使用值的转换方式。线性采用最大值、最小值和最大原始值、最小原始值线性转换的方式；开方采用最大原始值与最小原始值的平方根进行转换；高级采用的是非线性查表和累计算法。

（13）数据类型。此选项只对 I/O 类型的变量起作用，共有 8 种数据类型供用户使用，这 8 种数据类型分别是：

1）Bit：1 位，范围是 0 或 1。

2）BYTE：8 位，1 个字节，范围是 0～255。

3）SHORT：16 位，2 个字节，范围是 32768～2767。

4）USHORT：16 位，2 个字节，范围是 0～65535。

5）BCD：16 位，2 个字节，范围是 0～9999。

6）LONG：32 位，4 个字节，范围是 0～99999999。

7）LONGBCD：32 位，4 个字节；范围是 0～9999999。

8）FLOAT：32 位，4 个字节；范围是 10e-38～10e38。

（14）采集频率。定义数据的采样频率。

（15）读写属性。对于进行采集的变量一般定义属性为只读，其采集频率不能为 0；对于只需要进行输出而不需要读回的变量一般定义属性为只写。对于需要进行输出控制又需要读回的变量一般定义属性为读写。

（16）允许 DDE 访问。组态王用 COM 组件编写的驱动程序与外围设备进行数据交换，为了使工程人员用其他程序对该变量进行访问，可通过选中"允许 DDE 访问"，即可与 DDE 服务程序进行数据交换，项目名为设备名。寄存器名，具体操作见 DDE 与其他服务程序交换数据。

下面我们利用实例说明最大值、最小值和最大原始值、最小原值之间的关系。组态王从其他 Windows 程序（VB，Excel 等）获得的 DDE 变量值或从其他设备（如 PLC）获得的 I/O 变量值，称为原始值。当在数据词典中规定数据变量名字时，同时规定了最小原始值和最大原始值。例如，若将最小原始值设为 100，则如果由 I/O 服务器接收的实际值为 95，则这个实际值被舍弃，数据库把变量的原始值自动置为 100。当在数据词典中定义 I/O 实型或 I/O 整数变量时，还必须确定最小值和最大值，这是因为 TouchVew 不使用原始值，而使用转换后的值（也可以称为工程单位）。最小原始值、最大原始值与最小值、最大值四个数值就用来确定原始值与变量值之间的转换比例。原始值到变量值之间的转换方式有线性和平方根两种，线性方式把最小原始值到最大原始值之间的原始值线性转换到最小值至最大值之间。平方根用原始值的平方根值进行插值。转换比例如图 4-19 所示。

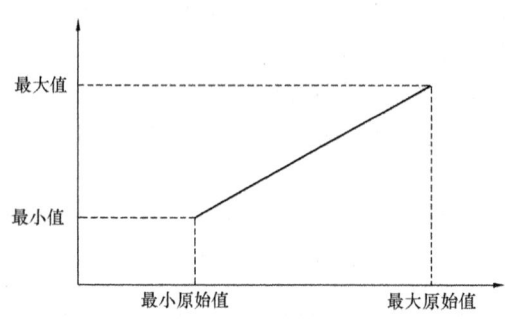

图 4-19 转换比例选择示意图

由图 4-19 可知：转换比例＝(最大值－最小值)÷(最大原始值－最小原始值)。则：数据库内部使用的值＝转换比例×(输入原始值－最小原始值)＋最小值。

• **实例 1：与 PLC 电阻器连接的流量传感器在空流时产生 0 值，在满流时产生 9999 值。如果输入如下的数值：**

最小原始值＝0 最小值＝0

最大原始值＝9999 最大值＝100

其转换比例＝(100－0)/(9999－0)＝0.01

如果原始值为 5000 时，内部使用的值为 5000×0.01＝50。

• **实例 2：与 PLC 电阻器连接的流量传感器在空流时产生 6400 值，在 300GPM 时产生 32 000值。应当输入下列数值：**

最小原始值＝6400 最小值＝0

最大原始值＝32 000 最大值＝300

其转换比例＝(300－0)/(32 000－6400)＝3/256

如果原始值为 19 200 时，内部使用的值为(19 200－6400)×3/256＝150；原始值为 6400 时，内部使用的值为 0；原始值小于 6400 时，内部使用的值为 0。

下面我将讲解 3 个具体数据词典的设置方法。

1. 模拟值采集

利用 ADAM4017 模块采集现场液位信号，现场 0～25cm，对应内部信号为 4～20mA。设置方式如图 4-20 所示。

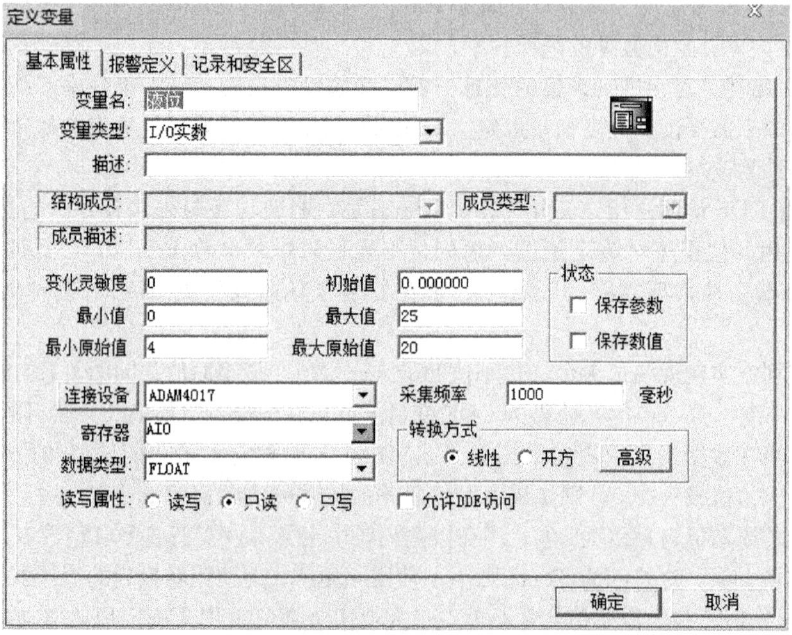

图 4-20 ADAM4017 模拟量采集

2. 模拟值控制

利用 ADAM4024 控制现场变频器，内部信号 4~20mA 对应现场变频器 0~50Hz，设置方式如图 4-21 所示。

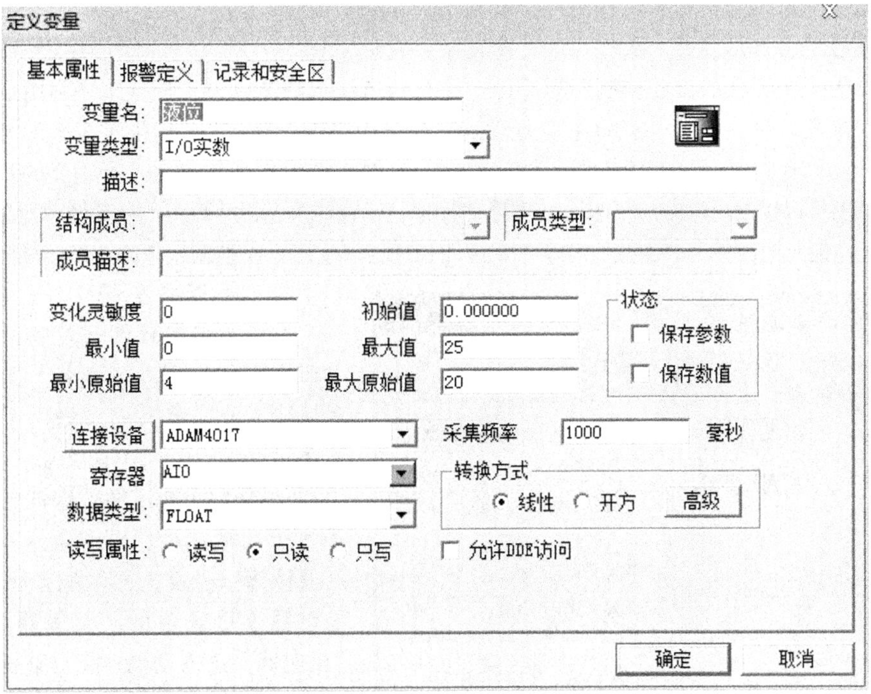

图 4-21　ADAM40204 模拟量控制

3. 仿真 PLC 数据词典

在学习组态软件开发的过程中，通常没有下位机和现场设备，为了学习各种动画效果，组态王中提供了一个仿真设备，作为数据源，仿真 PLC 支持寄存器的数据词典如表 4-1 所示。

表 4-1　　　　　　　　　　　　仿真 PLC 数据词典设置

寄存器格式	范围	读写属性	数据类型	变量类型	寄存器含义
INCREAdddd	0~1000	读写	SHORT	I/O 整型	自动加 1 寄存器
DECREAdddd	0~1000	读写	SHORT	I/O 整型	自动减 1 寄存器
RADOMdddd	0~1000	只读	SHORT	I/O 整型	随机寄存器
STATICdddd	0~1000	读写	SHORT	I/O 实数	常量寄存器
STRINGdddd	0~1000	读写	STRING	I/O 字符串	常量字符串寄存器
CommErr	—	读写	BIT	I/O 离散	通信状态寄存器

4.6　让画面动起来

4.6.1　动画连接

工程人员在组态王开发系统中制作的画面都是静态的，那么它们如何才能反映工业现场的状况呢？这就需要通过实时数据库，因为只有数据库中的变量才是与现场状况同步变化的。数据库变量的变化又如何导致画面的动画效果呢？通过"动画连接"，所谓"动画连接"就是建立画面的图素与数据库变量的对应关系。这样，工业现场的数据，比如温度、液面高度等，当它们发生变化时，通过 I/O 接口，将引起实时数据库中变量的变化，如果设计者曾经定义了一个画面图素，比如指针与这个变量相关，我们将会看到指针在同步偏转。

动画连接的引入是设计人机接口的一次突破，它把工程人员从重复的图形编程中解放出来，为工程人员提供了标准的工业控制图形界面，并且由可编程的命令语言连接来增强图形界面的功能。图形对象与变量之间有丰富的连接类型，给工程人员设计图形界面提供了极大的方便。组态王还为部分动画连接的图形对象设置了访问权限，这对于保障系统的安全具有重要的意义。

图形对象可以按动画连接的要求改变颜色、尺寸、位置、填充百分数等，一个图形对象又可以同时定义多个连接。把这些动画连接组合起来，应用程序将呈现出令人难以想象的图形动画效果。

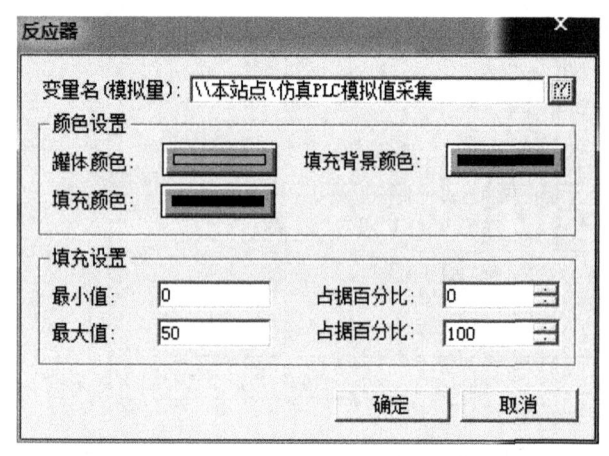

图 4-22　反应器

1. 模拟量采集

在学习组态软件开发的过程中，通常没有下位机和现场设备，为了学习各种动画效果，组态王中提供了一个仿真设备"仿真 PLC"，作为数据源，我们将以如图 4-21 所示的数据词典作为数据源进行动画连接。操作命令"图库——打开图库——反应器"选择任意一个具有动画连接选项的"反应器"，双击该"反应器"进入动画连接对话框如图 4-22 所示，单击"？"选择好对应的数据词典，填好相应的参数，这样建立连接后，变量"原料油液位"的变化就通过相应

设置颜色的填充范围表示出来，并且填充的高度随着变量值的变化而变化。

作为一个实际可用的监控程序，操作者可能需要知道罐液面的准确高度，而不仅是形象的表示。这个功能由"模拟值输出连接"动画连接来实现。在工具箱中选用文本工具，在原料油罐旁边输入字符串"＃＃＃"，当然这个字符串是任意的，在下图所示画面中单击"？"选择对应的数据词典，并设置好相应参数后，当工程运行时，实际画面上字符串的内容将被需要输出的模拟值所取代。

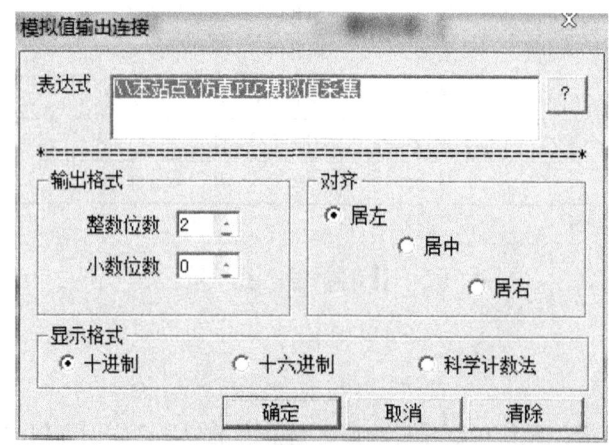

图 4-23　模拟值输出连接

运行后画面如图 4-24 所示。

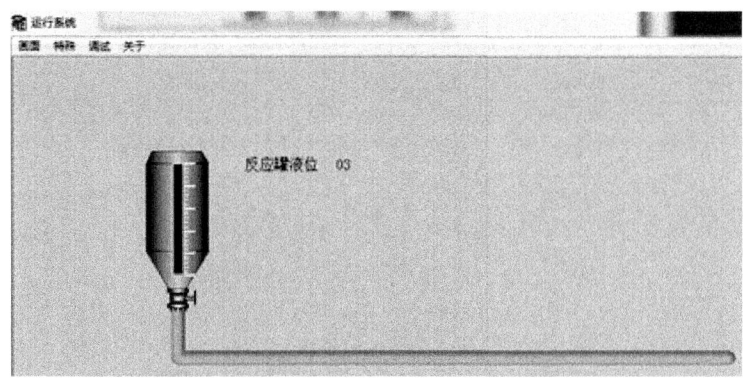

图 4-24　模拟值输出运行图

2. 模拟量控制

为了学习模拟值输入，我们需要利用"仿真 PLC"的静态寄存器定义一个变量"仿真 PLC 模拟值控制"，如图 4-25 所示。

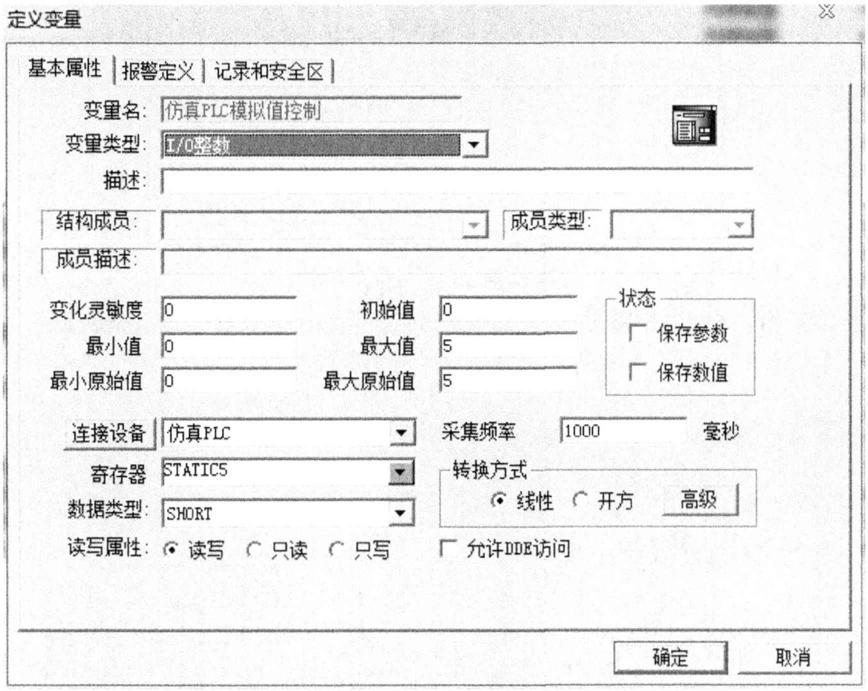

图 4-25　仿真 PLC 控制

在画面上利用"工具箱上"的"按钮"制作一个按钮，在按钮上单击邮件选择"字符串替换"输入"模拟阀门控制"，双击该按钮，做"模拟值输入"动画连接如图 4-26 所示。在"图库——阀门 1"中选择一个模拟量阀门，双击该阀门，单击"?"选择变量"仿真 PLC 模拟值控制"，并将最大值修改为 5，共有六个阈值 0、1、2、3、4、5，其中阈值 0 为红色，阈值 1~5 为绿色，如图 4-27 所示。

运行后效果如图 4-28 所示。

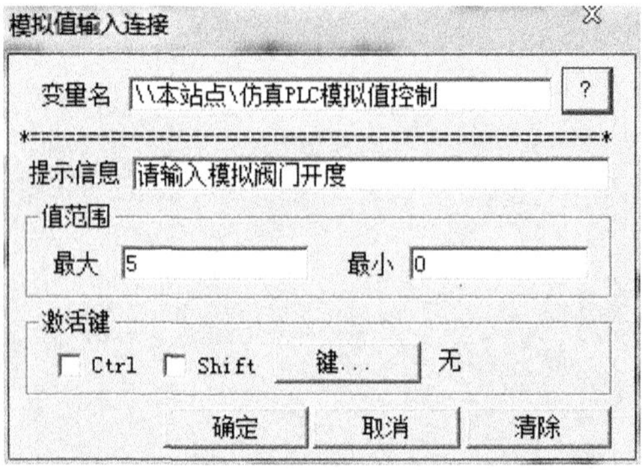

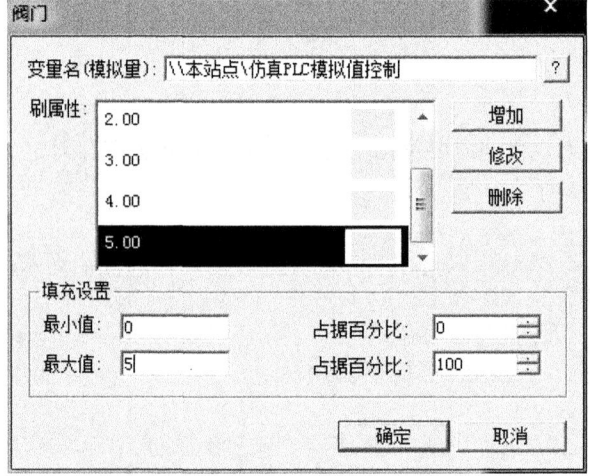

图 4-26　模拟值输入连接

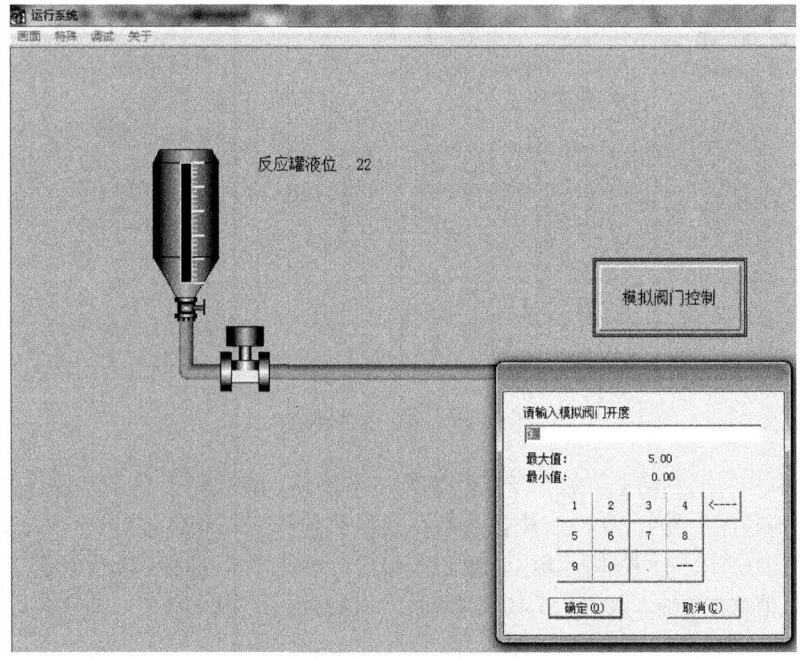

图 4-27　阀门

图 4-28　模拟阀门控制

4.6.2　命令语言

组态王除了在定义动画连接时支持连接表达式，还允许用户定义命令语言来驱动应用程序，极大地增强了应用程序的灵活性。命令语言是类似于 C 语言的程序，工程人员可以利用这段程序来增强应用程序的灵活性。命令语言包括应用程序命令语言、热键命令语言、事件命令语言、数据改变命令语言、自定义函数命令语言和画面命令语言等。命令语言的句法和 C 语言非常类似，是 C 的一个子集，具有完备的词法语法查错功能和丰富的运算符、数学函数、字符串函数、控件函数、SQL 函数和系统函数。各种命令语言通过"命令语言编辑器"编辑输入，在组态王运行系统中被编译执行。命令语言有六种形式，其区别在于命令语言执行的时机或条件不同。

（1）应用程序命令语言。可以在程序启动时执行、关闭时执行或者在程序运行期间定时执行。如果希望定时执行，还需要指定时间间隔。

（2）热键命令语言。被链接到设计者指定的热键上，软件运行期间，操作者随时按下热键都可以启动这段命令语言程序。

（3）事件命令语言。规定在事件发生、存在和消失时分别执行的程序。离散变量名或表达式都可以作为事件。

（4）数据改变命令语言。只连接到变量或变量的域。在变量或变量的域的值变化到超出数据字典中所定义的变化灵敏度时，它们就被执行一次。

（5）自定义函数命令语言。提供用户自定义函数功能。用户可以自己定义各种类型的函数，通过这些函数能够实现工程特殊的需要。

（6）画面命令语言。可以在画面显示时、隐含时或者在画面存在期间定时执行画面命令语言。在定义画面的各种图形的动画连接时，可以进行命令语言的连接。

1. 流体动画——应用程序命令语言应用实例

当我们上部分做完热键后发现，当一个画面内的阀门很多时，阀门的开关状态并不明显，容易误操作，如果能在管道内体现出液体流动的画面就更加清晰直观，下面我们就来制作流体动画。

首先在数据词典中定义变量"流体状态"，变量类型定义为内存整型，最大值为 5，最小值为 0；然后在画面上绘制一段短线，通过调色板改变线条的颜色，通过菜单"工具/选中线形"可选择短线的线形，另外复制生成五段，并排列成如图 4-29 所示。

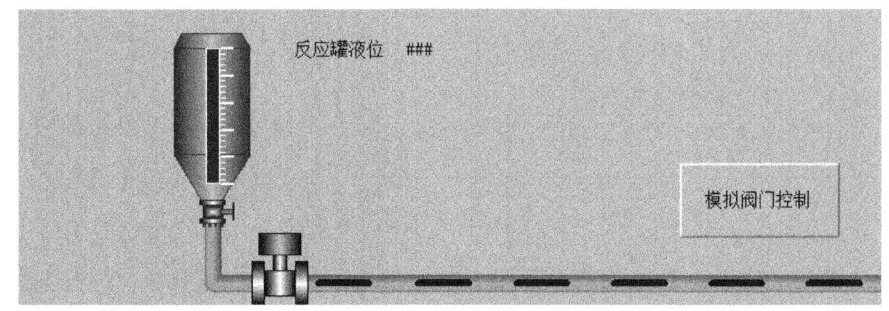

图 4-29　流体图形

定义双击第一个短线，弹出动画连接对话框，单击"隐含"按钮，在弹出的"隐含连接"对话框中作如下设置如图 4-30 所示。

此时只有当变量流体状态值为 0 且仿真 PLC 模拟值控制＞0，该短线显示，否则隐含。对另

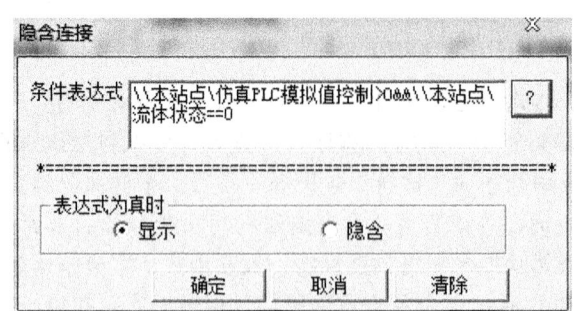

图 4-30　隐含条件

外五段短线的隐含连接条件分别为"\\本站点\仿真 PLC 模拟值控制＞0&&\\本站点\流体状态==1"，"\\本站点\仿真 PLC 模拟值控制＞0&&\\本站点\流体状态==2"，"\\本站点\仿真 PLC 模拟值控制＞0&&\\本站点\流体状态==3"，"\\本站点\仿真 PLC 模拟值控制＞0&&\\本站点\流体状态==4"，"\\本站点\仿真 PLC 模拟值控制＞0&&\\本站点\流体状态==5"，"表达式为真时"，均选中显示。

至此，如果能够在程序中使变量"流体状态"能够在 0、1、2、3、4、5 之间循环，则三段短线就能循环显示，从而动态的表现了液体流动的形式。使变量"流体状态"的值在 0、1、2、3、4、5 之间循环是通过应用程序命令语言来实现的。在应用程序命令语言的"运行时"一栏下，输入如下语句，如图 4-31 所示。

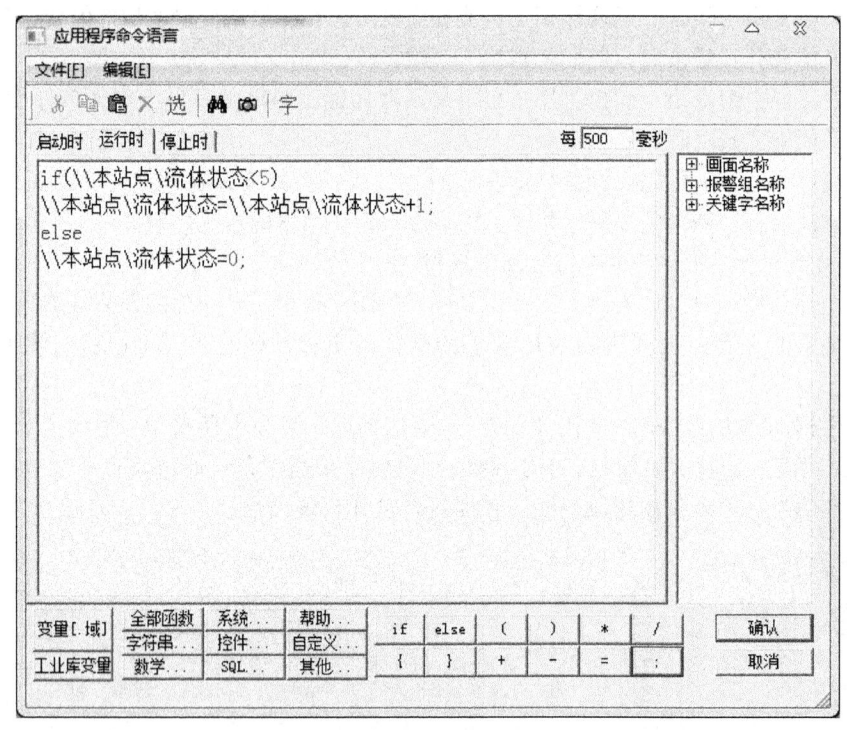

图 4-31　应用程序命令语言

设置命令执行的周期为 500ms，这样在程序运行以后，每隔 500ms 执行一次上述语句，使变量"流体状态"的值在 0、1、2、3、4、5 之间循环，从而使得六段短线能够循环显示。将画面保存后达到动画显示流体流动的效果。

2. 热键——热键命令语言应用实例

在实际的工业现场，为了操作需要可能需要定义一些热键，当此热键被按下时，使系统执行相应的控制命令。例如，想使用 F1 键被按下时，"\\本站点\仿真 PLC 模拟值控制"自加 1，

F2 键被按下时，"\\ 本站点 \ 仿真 PLC 模拟值控制"自减 1，这就需要使用热键命令语言来实现。

我们利用如图 4-25 所示"**仿真 PLC 模拟值控制**"数据词典完成上述任务，工程浏览器的左侧的工程目录显示区内选择"命令语言"下的"热键命令语言"，弹出"热键命令语言"编辑对话框，按"键..."选择"F1"后，在命令语言编辑区输入如图 4-32 所示语句，按"确定"完成设置。

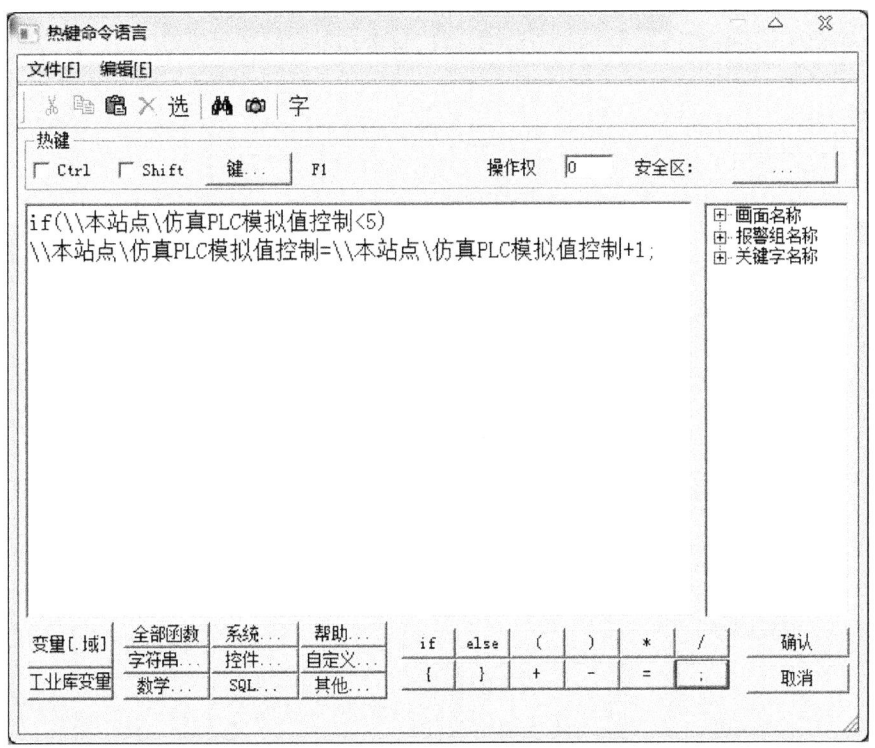

图 4-32　自加 1 热键

工程浏览器左侧的工程目录显示区内选择"命令语言"下的"热键命令语言"，弹出"热键命令语言"编辑对话框，按"键..."选择"F2"后，在命令语言编辑区输入如图 4-33 所示语句，按"确定"完成设置。

则当工程运行中按下 F1 键时，执行上述命令：首先判断"仿真 PLC 模拟值控制"的当前状态，如果是小于 5，则自加 1，按下 F2 键时，执行上述命令：首先判断"仿真 PLC 模拟值控制"的当前状态，如果是大于 0，则自减 1，设置热键时注意不要重复。

3. 退出和显示画面——动画连接命令语言

（1）退出系统按钮的制作。

利用"工具箱"上的按钮工具在画面上画一个按钮，按钮文本为"退出系统"，双击这个按钮能看到动画连接对话框，可以选择按下时、弹起时、按住时——这就是此命令语言执行的时机和条件。单击"弹起时"，弹出"命令语言"对话框，在命令语言编辑区键入"Exit（0）;"，如图 4-34 所示。系统运行中，单击该按钮，当按钮弹起的时候，函数"Exit（0）;"执行，使组态王运行系统退出到 Windows 界面。

（2）切换到"实时曲线"画面。

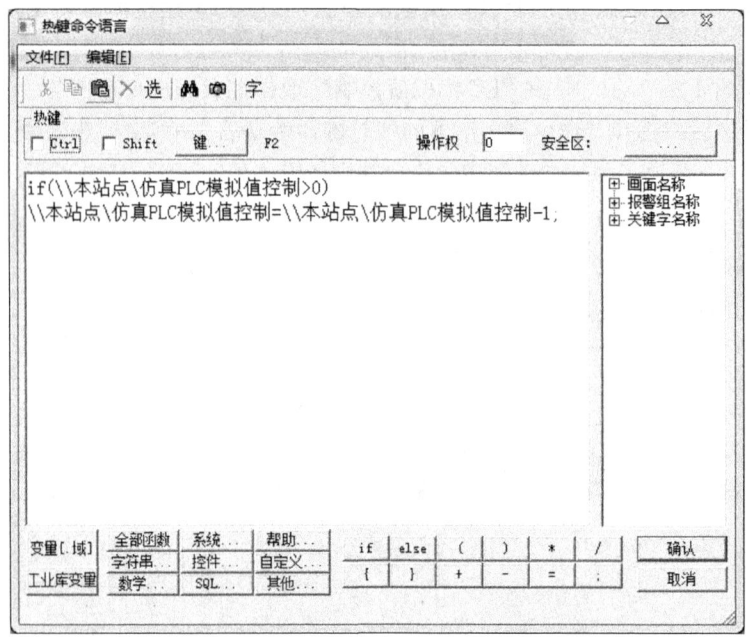

图 4-33 自减 1 热键

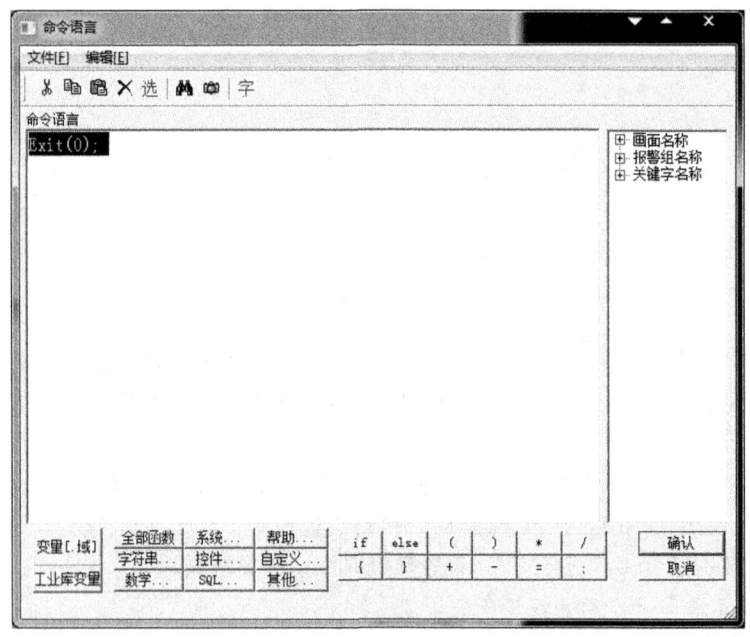

图 4-34 退出按钮

在绘制之前我们需要再绘制一个画面，并将此画面的"画面名称"命名为"实时曲线"，并在"监控主画面"上制作一个按钮，按钮文本为"显示实时曲线画面"，在该按钮的"弹起时"动画连接命令语言对话框中键入"ShowPicture（"实时曲线"）;"，注意这里的"实时曲线"指的是"画面名称"，则当系统运行时，单击该按钮，在按钮弹起的时候，该函数执行，使报警画面得以显示。

常用的命令语言函数有 ClosePicture（   ）、Bit（   ）、BitSet（   ）等，函数使用参考"开始——所有程序——组态王 6.55——组态王文档——命令语言函数手册"。

4.7 报警和事件

运行报警和事件记录是组态软件必不可少的功能，组态王有效的控制运行报警和事件记录方法。组态王中的报警和事件主要包括变量报警事件、操作事件、用户登录事件和工作站事件，通过这些报警和事件，用户可以方便地记录和查看系统的报警、操作和各个工作站的运行情况。当报警和事件发生时，在报警窗中会按照设置的过滤条件实时的显示出来。

为了分类显示报警事件，可以把变量划分到不同的报警组，同时指定报警窗口中只显示所需的报警组。（注：趋势曲线、报警窗口都是一类特殊的变量，有变量名和变量属性等）

4.7.1 实时报警——事件命令语言应用

实时报警是当系统中有任意变量报警时，组态王程序能自动驱动声光报警设备或自动弹出画面提醒操作人员对报警变量进行处理，由于没有外部设备，所以利用自动弹出报警画面提示操作人员对报警变量进行处理。

首先换到工程浏览器，在左侧选择"报警组"，然后双击右侧的图标进入"报警组定义"对话框，在"报警组定义"对话框中单击"修改"，在"修改报警组"对话框中将"RootNode"修改为"化工厂"；然后单击"增加"按钮，在"化工厂"的报警组下再增加两个分组"车间 1"和"车间 2"。报警组定义为"树形"结构，如图 4-35 所示。

然后设置变量"仿真 PLC 模拟值采集"
的报警属性，在工程浏览器的左侧选择"数据
词典"，在右侧双击变量名"仿真 PLC 模拟值
采集"，弹出"定义变量"对话框。在"定义
变量"对话框中单击"报警定义"配置页，弹
出对话框，如图 4-36 所示并按照如下方式设
置参数。

建立一个画面名称为"实时报警"的新画
面，在工具箱中选用报警窗口工具，绘制报警
窗口如图 4-37 所示。双击此报警窗口对象，
弹出"报警窗口配置属性页"对话框，"通用
属性配置页"设置如图 4-38 所示，报警窗口
名为"实时 alarm"，选择"实时报警窗口"，
并定义其余各选项。

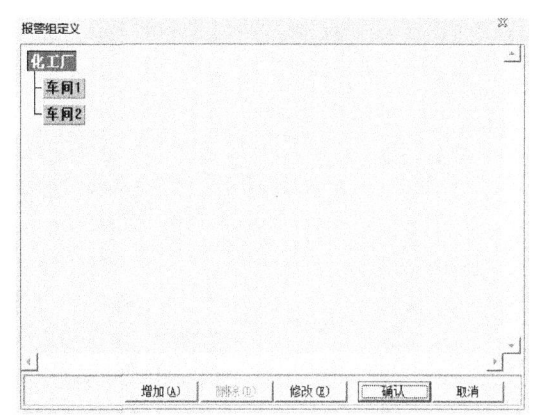

图 4-35 报警组定义

最后在事件命令语言的事件描述内输入"\\ 本站点 \ $新报警＝＝1"；如图 4-39 所示。在发生时输入函数如下，这样每次有新的实时报警产生就会弹出"实时报警"画面。

数据词典"\\ 本站点 \ $新报警"是组态王内置的数据词典，它的功能是只要系统中有任意变量报警，数据词典"\\ 本站点 \ $新报警"就会由 0 变 1，但是报警消失不会自动由 1 变 0，所以需要用程序归 0，否则下次系统中再有变量报警，"实时报警"画面就不能自动弹出。

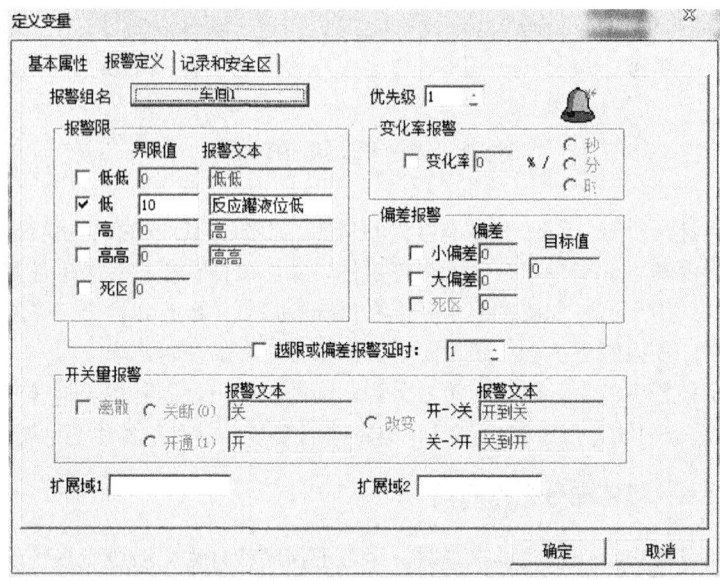

图 4-36　定义变量——报警定义

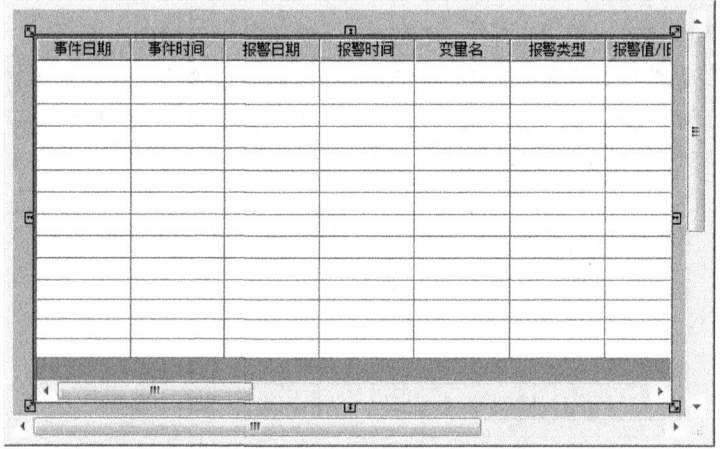

图 4-37　报警和事件窗口

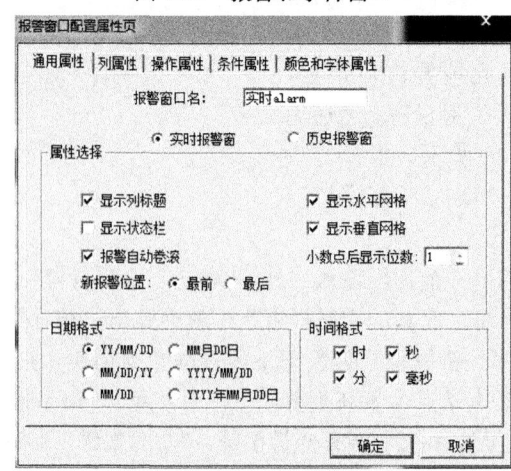

图 4-38　报警窗口配置属性页

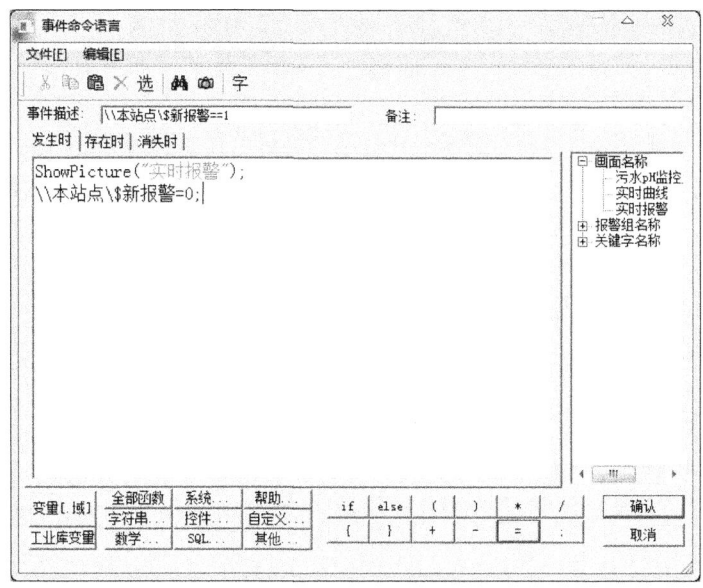

图 4-39 事件命令语言

4.7.2 历史报警

组态王中的报警和事件主要包括变量报警事件、操作事件、用户登录事件和工作站事件，通过这些报警和事件，用户可以方便地记录和查看系统的报警、操作和各个工作站的运行情况。当报警和事件发生时，在报警窗中会按照设置的过滤条件实时的显示出来。

建立一个画面名称为"历史报警"的新画面，在工具箱中选用报警窗口工具，绘制报警窗口与图 4-37 相同。双击此报警窗口对象，弹出"报警窗口配置属性页"对话框，"通用属性配置页"设置报警窗口名为"历史 alarm"，选择"历史报警窗口"，并定义其余各选项。运行可以记载本监控程序的报警和事件，如图 4-40 所示。

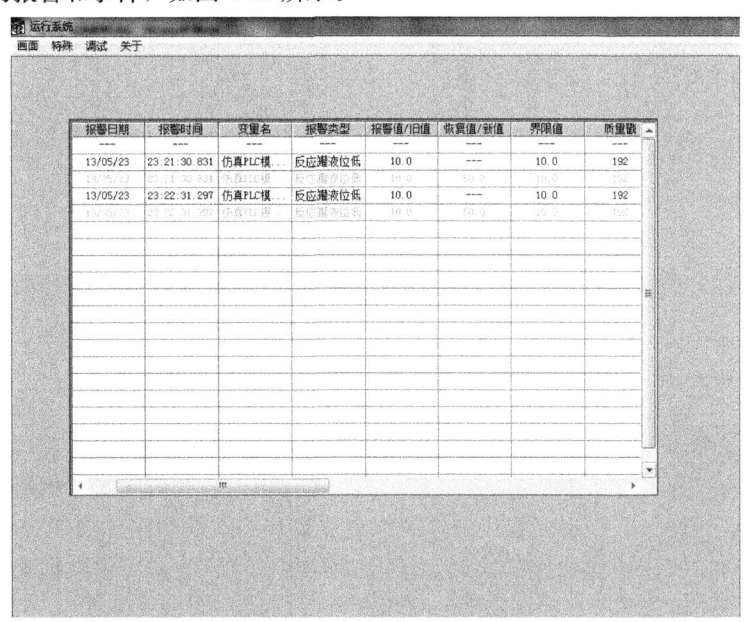

图 4-40 运行中的历史报警窗口

4.8 实时和历史趋势曲线

趋势曲线用来反应数据变量随时间的变化情况。趋势曲线有两种：实时趋势曲线和历史趋势曲线。这两种曲线外形都类似于坐标纸，X 轴是时间轴，Y 轴代表变量的量程百分比。所不同的是，在您的画面程序运行时，实时趋势曲线随时间变化自动卷动，以快速反应变量的新变化，但是不能时间轴"回卷"，不能查阅变量的历史数据；历史趋势曲线可以完成历史数据的查看工作，但它不会自动卷动（如果实际需要自动卷动可以通过编程实现），而需要通过带有命令语言的功能按钮来辅助实现查阅功能。

4.8.1 实时趋势曲线——数据改变命令语言应用

在这节中我们要将"反应罐液位"的变量值在实时趋势曲线中显示出来，第一步要建立一个"画面名称"为"实时趋势曲线"，在工具箱中选用"实时趋势曲线"工具，然后在画面上绘制趋势曲线，如图 4-41 所示。

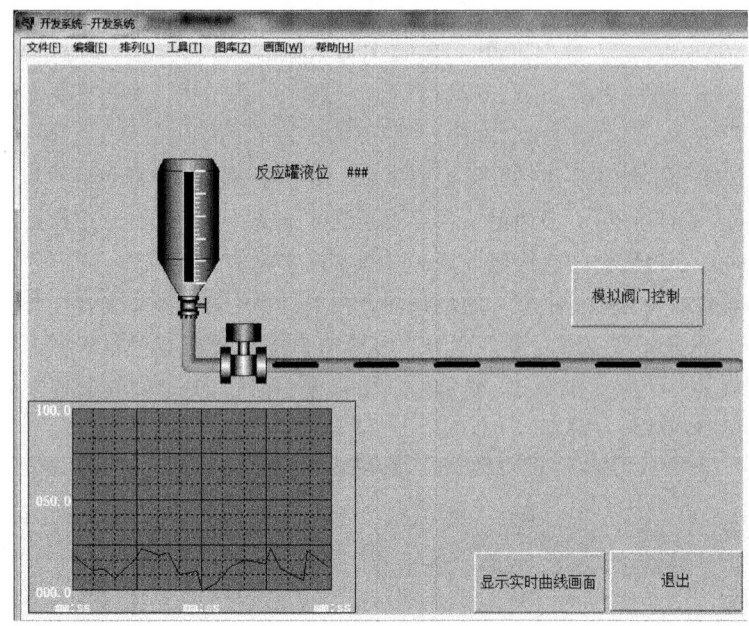

图 4-41　实时趋势曲线界面

双击此实时趋势曲线对象，弹出"实时趋势曲线"对话框，并设置相应参数，如图 4-42 所示。

4.8.2 历史趋势曲线

数据要被记录如历史库，必须打开相关数据词典的"记录和安全区功能"，如图 4-43 所示。

组态王目前有三种历史趋势曲线，工具箱上的、图库内的以及新增的一种控件曲线。第三种控件是组态王以 Active X 控件形式提供的绘制历史曲线和 ODBC 数据库曲线的功能性工具。通过该控件，不但可以实现历史曲线的绘制，还可以实现 ODBC 数据库中数据记录的曲线绘制，而且在运行状态下，可以实现在线动态增加/删除曲线、曲线图表的无级缩放、曲线的动态比较、曲线的打印等，该曲线控件最多可以绘制 16 条曲线，我们将以该曲线为例为大家讲解历史趋势

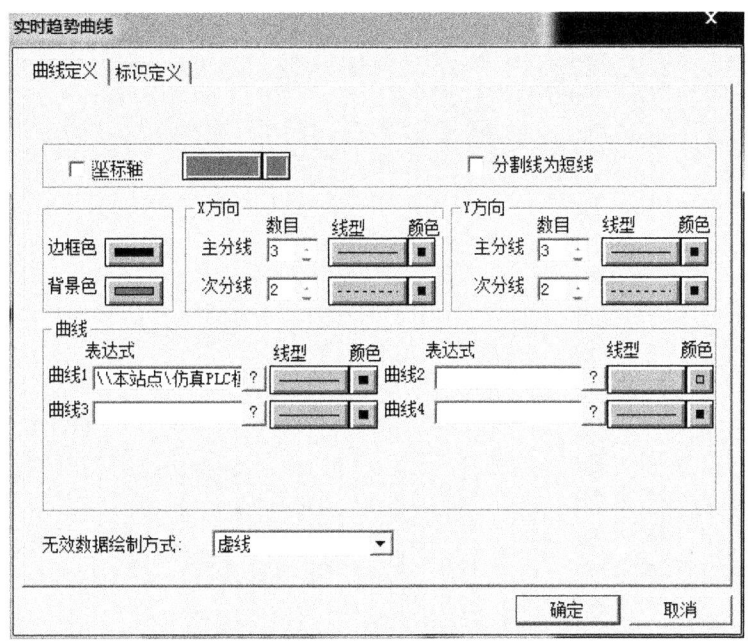

图 4-42　实时趋势曲线设置

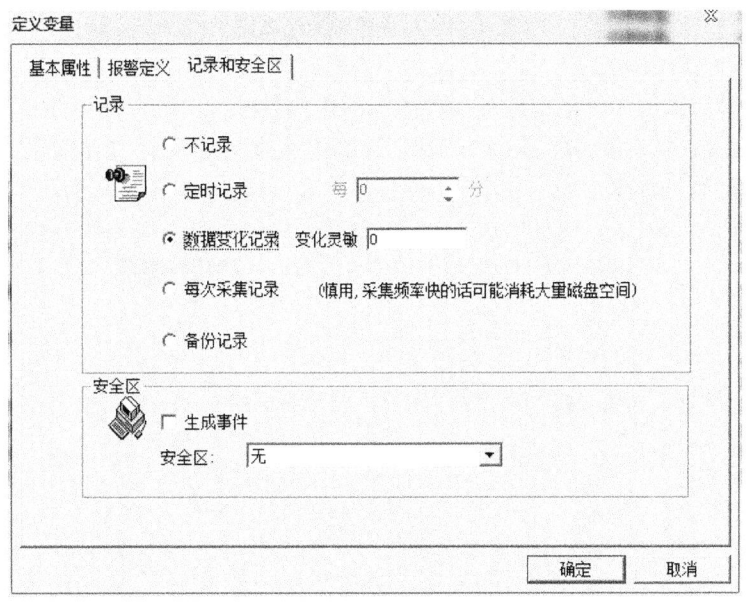

图 4-43　记录和安全区

曲线的制作方法。在组态王开发系统中新建画面，在工具箱中单击"插入通用控件"或选择菜单"编辑"下的"插入通用控件"命令，弹出"插入控件"对话框，在列表中选择"历史趋势曲线"，单击"确定"按钮，对话框自动消失，鼠标箭头变为小"十"字型，在画面上选择控件的左上角，按下鼠标左键并拖动，画面上显示出一个虚线的矩形框，该矩形框为创建后的曲线的外框。当达到所需大小时，松开鼠标左键，则历史曲线控件创建成功，画面上显示出该曲线，如图4-44 所示。

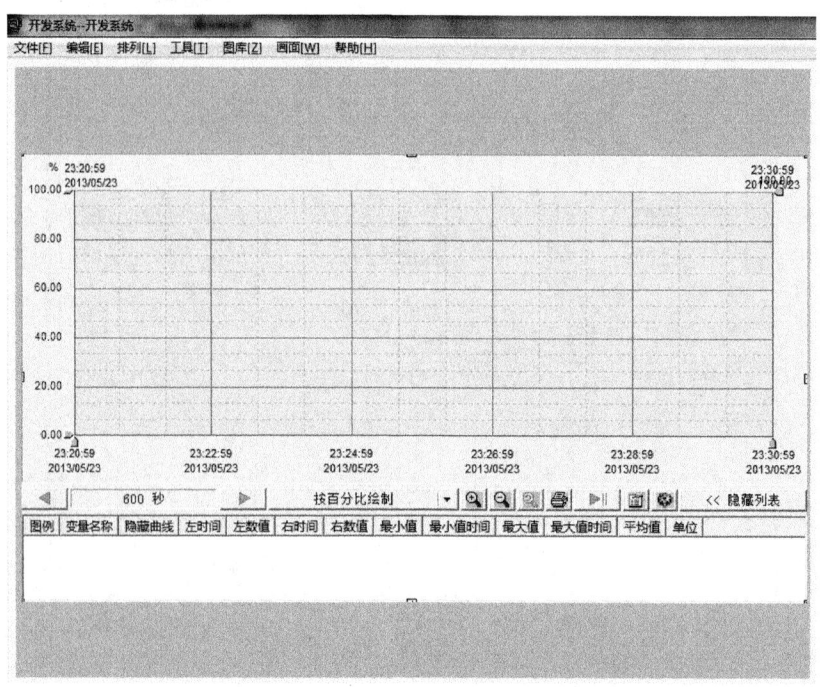

图 4-44 历史趋势曲线界面

在组态王中使用该控件，还需设置控件的动画连接属性。用鼠标选中并双击该控件，弹出"动画连接属性"设置对话框，如图 4-45 所示。注意控件的"控件名"在组态王的当前工程中应为唯一，并设置好相关参数。

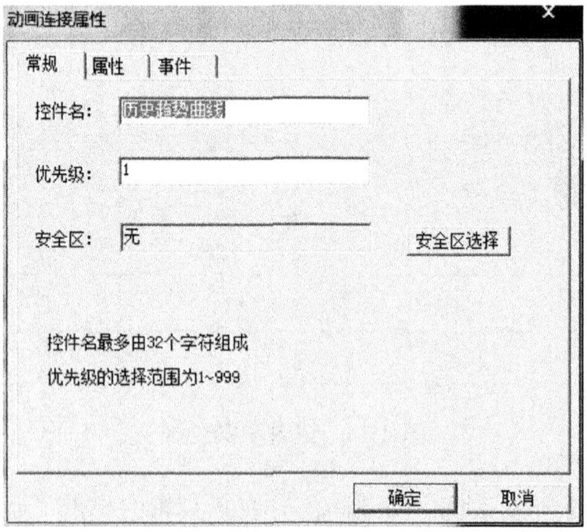

图 4-45 历史趋势曲线动画连接属性

控件创建完成后，在控件上单击右键，在弹出的快捷菜单中选择"控件属性"命令，弹出历史曲线控件的固有属性对话框，如图 4-46 所示，并设置相关参数。

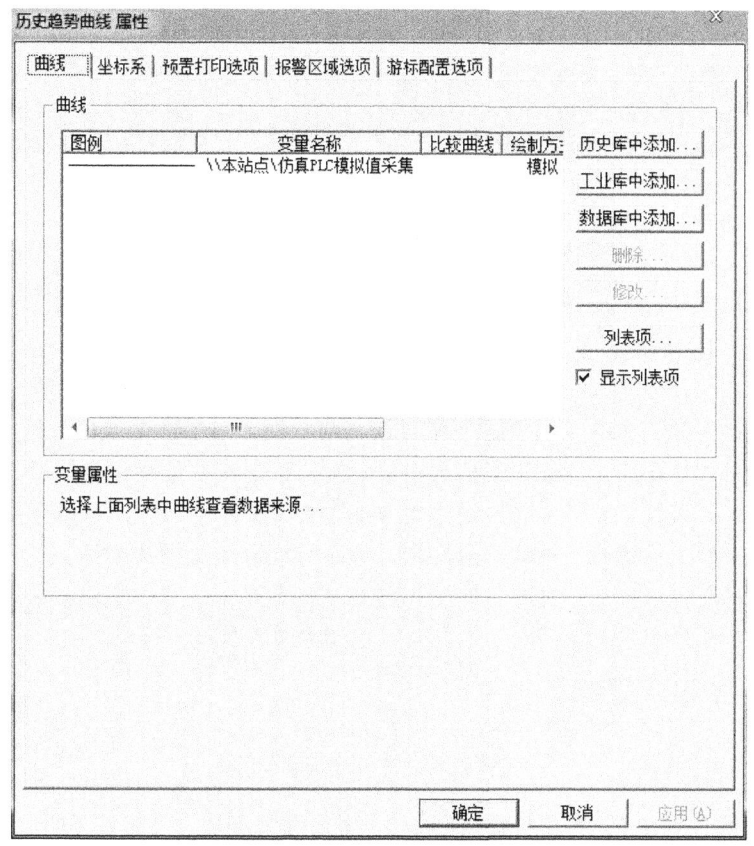

图 4-46 历史趋势曲线属性

4.9 报 表

数据报表是反应生产过程中的数据、状态等，并对数据进行记录的一种重要形式，是生产过程必不可少的一个部分。它既能反应系统实时的生产情况，也能对长期的生产过程进行统计、分析，使管理人员能够实时掌握和分析生产情况。

组态王提供内嵌式报表系统，工程人员可以任意设置报表格式，对报表进行组态。组态王为工程人员提供了丰富的报表函数，实现各种运算、数据转换、统计分析、报表打印等。它既可以制作实时报表，也可以制作历史报表。另外，工程人员还可以制作各种报表模板，实现多次使用，以免重复工作。

4.9.1 实时数据报表

在组态王工具箱内选择"报表窗口"工具，在报表画面上绘制报表。如图 4-47 所示，双击报表窗口的灰色部分（表格单元格区域外没有单元格的部分），弹出"报表设计"对话框，如图 4-48 所示。

（1）设计报表表头：选中"B1"到"D2"的单元格区域，从报表工具箱上单击"合并单元格"按钮，在报表工具箱的编辑框里输入文本"实时数据报表"，单击"输入"按钮；或双击合并的单元格，使输入光标位于该单元格中，然后输入上述文本。

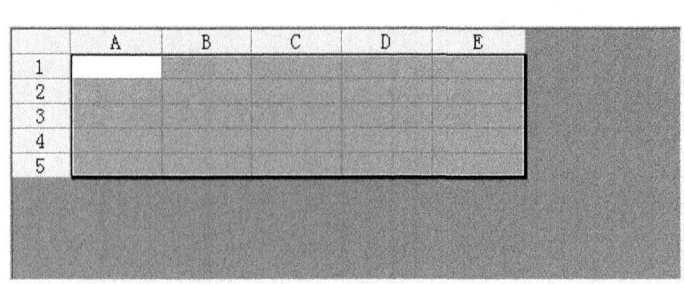

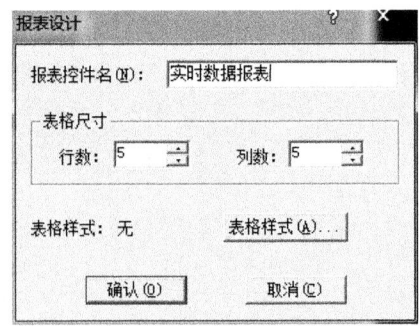

图 4-47 实时数据报表   图 4-48 报表设计

（2）设计报表时间：在单元格"D3"中显示当前日期，双击该单元格，然后输入函数"＝Date（＄年，＄月，＄日）"。"E3"中显示当前时间，双击该单元格，然后输入"＝Time（＄时，＄分，＄秒）"。设置单元格"D3"的格式为：常规—日期（YYYY 年 MM 月 DD 日）。设置单元格"E3"的格式为：常规—时间（××时××分××秒），如图 4-49 所示。

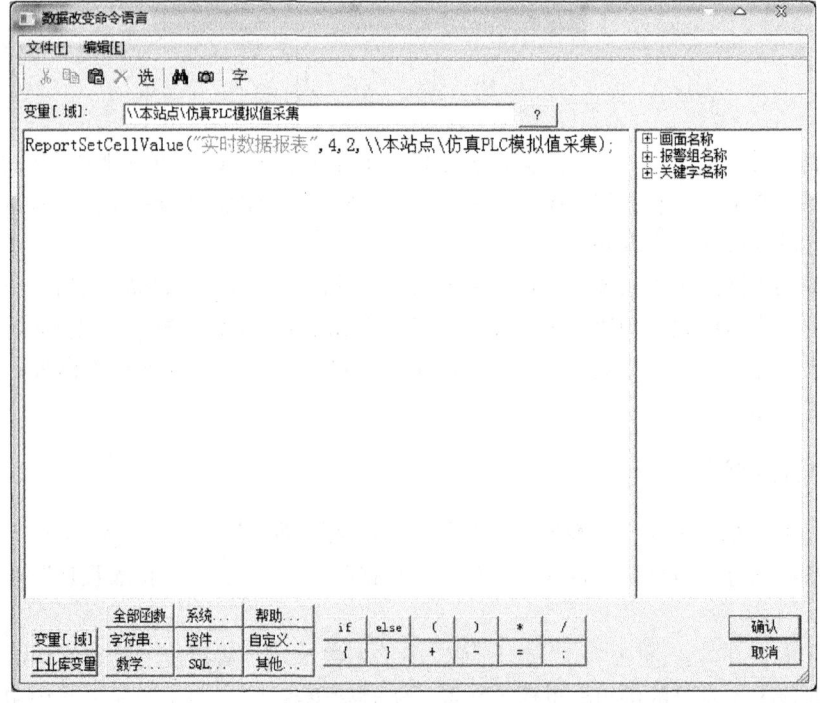

图 4-49 实时数据报表

（3）显示变量的实时值：利用数据改变命令语言和报表函数。在组态王的"数据改变命令语言"对话框中输入，如图 4-50 所示，注意函数中的参数"实时数据报表"为实时报表控件名。

图 4-50 数据改变命令语言

4.9.2 历史数据报表

历史报表的创建和表格样式设计与实时数据报表方法是一样的，并可以通过调用历史报表查询函数加以实现，可以根据实时数据报表的设计方法设计历史报表样式。

在组态王"历史数据报表"画面中建一个"报表查询"的按钮，在"弹起时"命令语言中输入查询函数，如图 4-51 所示，即可实现报表查询功能。

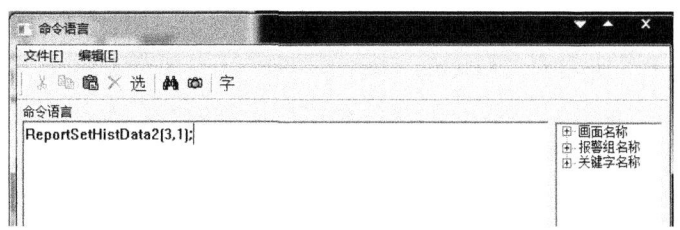

图 4-51　报表查询函数

运行组态王，打开历史报表画面，单击"报表查询"按钮，弹出对话框如图 4-52 所示。

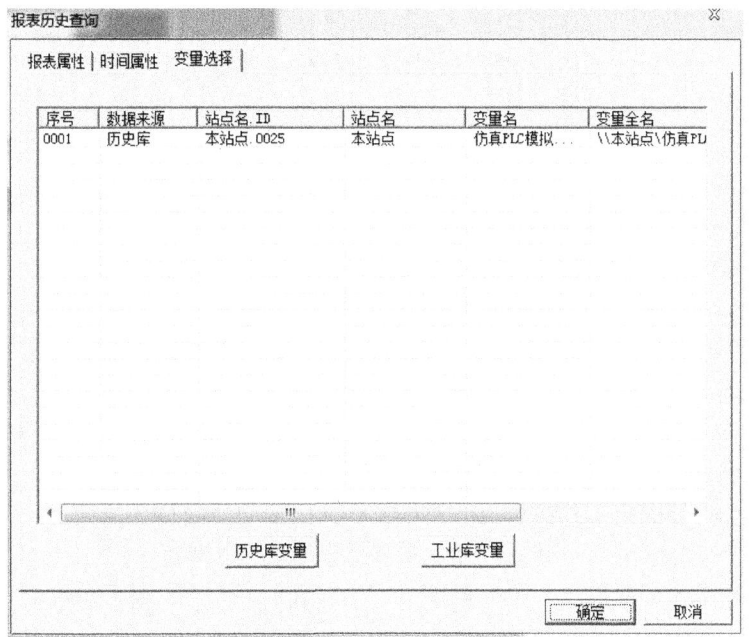

图 4-52　历史数据报表

最后生成的历史数据报表如图 4-53 所示。

组态王提供了丰富的报表函数以实现对历史数据的多种处理方法，用户可以根据实际要求设计需要的报表。除了前面所述，常用报表函数如下。

（1）ReportPageSetup：此函数在运行系统中对指定的报表进行页面设置。

（2）ReportPrint：此函数用于将指定数据报告文件（不是报表）输出打印机配置设定的打印口上。

（3）ReportPrint2（EV_STRING，EV_LONG｜EV_STRING｜EV_ANALOG｜EV_DISC）：第二个参数为真，函数自动打印，否则弹出打印对话框。

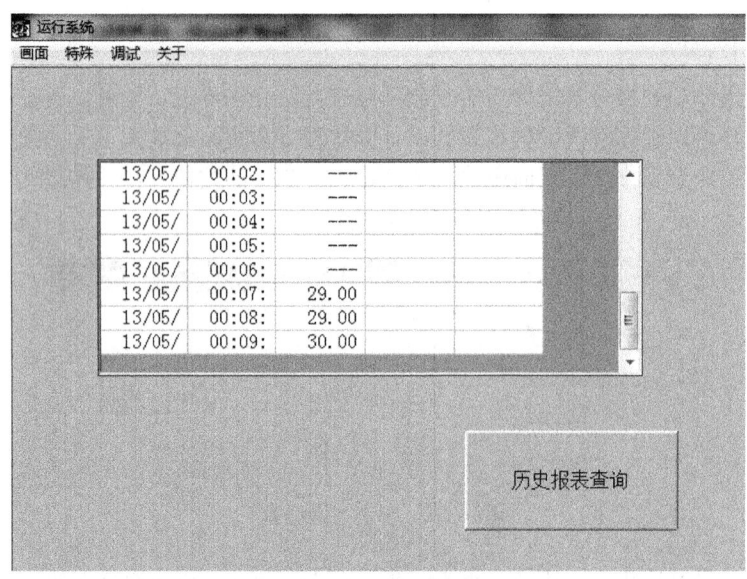

图 4-53 历史报表查询结果

（4）ReportPrintSetup：此函数对指定的报表进行打印预览并且可输出到打印配置中指定的打印机上进行打印。

（5）ReportGetCellString：获取指定报表的指定单元格的文本。

（6）ReportGetCellValue：获取指定报表的指定单元格的数值。

（7）ReportGetColumns：获取指定报表的列数。

（8）ReportGetRows：获取指定报表的行数。

（9）ReportLoad：将指定路径下的报表读到当前报表中来。

（10）ReportSaveAs：将指定报表按照所给的文件名存储到指定目录下。

（11）ReportSetCellString：将指定报表的指定单元格设置为给定字符串。

（12）ReportSetCellString2：将指定报表的指定单元格区域设置为给定字符串。

（13）ReportSetCellValue：将指定报表的指定单元格设置为给定值。

（14）ReportSetCellValue2：将指定报表的指定单元格区域设置为给定值。

（15）ReportSetHistData：按照用户给定的参数查询历史数据。

相关函数使用参考"开始——所有程序——组态王 6.55——组态王文档——命令语言函数手册"。

4.10 配 方

在制造领域，配方是用来描述生产一件产品所用的不同配料之间的比例关系，是生产过程中一些变量对应的参数设定值的集合。比如在钢铁厂，一个配方可能就是机器设置参数的一个集合，而对于批处理器，一个配方可能被用来描述批处理过程中的不同步骤。组态王支持对配方的管理，用户利用此功能可以在控制生产过程中得心应手，提高效率。比如当生产过程状态需要大量的控制变量参数时，如果一个接一个地设置这些变量参数就会耽误时间，而使用配方，则可以一次设置大量的控制变量参数，满足生产过程的需要。建立配方需要如下步骤：

（1）数据词典中定义配方要用到的三个变量："原料1"，"原料2"，"原料3"，分别采用仿真

PLC 的静态寄存器 STATIC8、STATIC9、STATIC10，注意要设为"读写"属性，此外还要建立一个内存字符串型变量"配方名称"。

（2）切换到工程浏览器，在左侧选择"配方"，然后双击右侧的"新建"图标进入"配方定义"对话框，在"配方定义"对话框中，选中第二行第一列，单击菜单命令"变量"，弹出"选择变量名"对话框，选择"原料1"，同样的方法，分别将变量"原料2"，"原料3"引入。然后分别输入两组配方的名称和参数值，在工具菜单的配方属性内配置变量及配方的数目，在工具菜单的配方属性内配置变量及配方的数目，并删除多余的行和列，如图4-54所示。

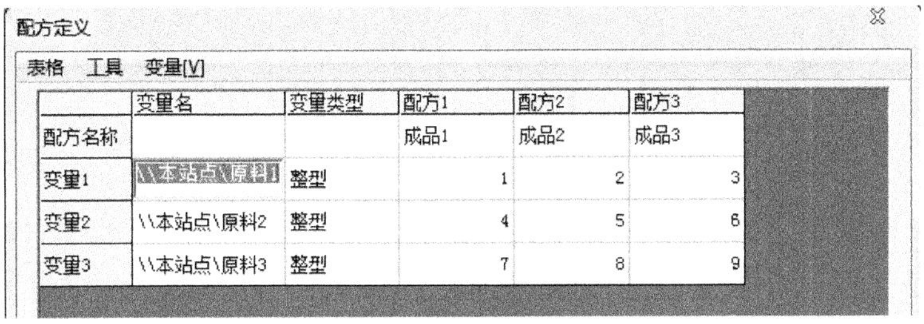

图 4-54　配方定义

单击菜单"表格"下的"另存为"命令，将配方模板文件保存到当前工程文件路径下，即"D：\ XX 炼油厂污水 pH 值控制系统 \ 新配方 .csv"，然后关闭此对话框。

（3）最后为创建配方操作按钮。对于配方的操作，组态王提供了配方管理函数，配方函数允许当组态王运行时对包含在配方模板文件中的各种配方进行选择、修改、创建和删除等一系列操作。

通过建立按钮，在命令语言中使用这些函数来实现对配方的操作，首先建立"配方"画面如图4-55所示。数据词典"配方名称"做字符串输出，数据词典"原料1"、"原料2"和"原料3"做模拟值输出，显示控制效果。

1)"选择配方"按钮，在"弹起时"命令语言中输入：RecipeSelectRecipe（"D：\ XX 炼油厂污水 pH 值控制系统 \ 新配方 .csv"，配方名称，"请输入配方名"）；

2)"调入配方"按钮，在"弹起时"命令语言输入：RecipeLOad（"D：\ XX 炼油厂污水 pH 值控制系统 \ 新配方 .csv"，配方名称）；

3)"存储配方"按钮，在"弹起时"命令语言输入：RecipeSave（"D：\ XX 炼油厂污水 pH 值控制系统 \ 新配方 .csv"，配方名称）；

4)"删除配方"按钮，在"弹起时"命令语言输入：RecipeDelete（"D：\ XX 炼油厂污水 pH 值控制系统 \ 新配方 .csv"，配方名称）；

5)"选择下一个"按钮，在"弹起时"命令语言输入：RecipeSelectNextRecipe（"D：\ XX 炼油厂污水 pH 值控制系统 \ 新配方 .csv"，配方名称）；

6)"选择上一个"按钮，在"弹起时"命令语言输入：RecipeSelectPreviOusRecipe（"D：\ XX 炼油厂污水 pH 值控制系统 \ 新配方 .csv"，配方名称）。

在画面运行时单击"选择配方按钮"，弹出"配方选择"对话框，选中"成品1"，则"配方名称"字符串变量被赋值为"成品1"；再点击"调入配方"按钮，则各个参数值被输入到相应变量，画面变化如图4-56所示。如果需要在线增加新的配方，可以单击"配方名称"，输入新的配方名称（如成品4），然后输入相应配料值，保存即可。

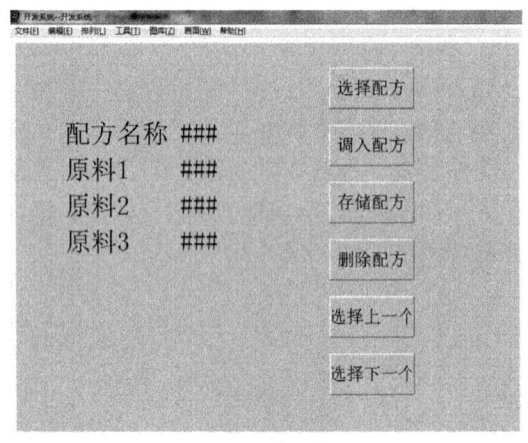

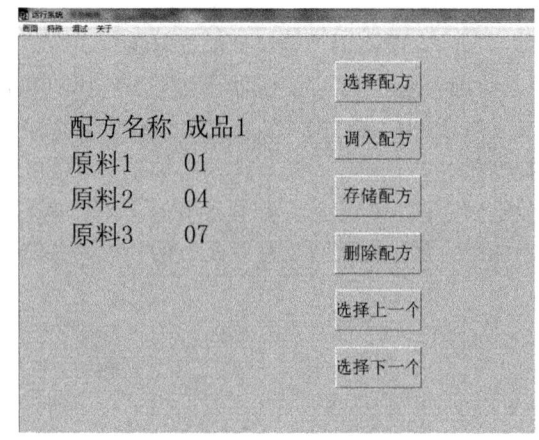

图 4-55　配方界面　　　　　　　　图 4-56　配方运行界面

4.11　系　统　配　置

4.11.1　用户配置

在前面"污水 pH 值监控主画面"设置的"退出"按钮，其功能是退出组态王画面运行程序。而对一个实际的系统来说，可能不是每一个操作者都有权利使用此按钮，这就需要为按钮设置访问权限和安全区。同时，也要给操作者赋予不同级别的操作权限，分配不同的可操作安全区，在组态王中只有当操作者的操作权限大于或等于按钮的访问权限，并且属于按钮允许的操作安全区时，按钮的功能才是可实现的。用户配置包括设定用户名、口令、操作权限、安全区等。

（1）首先双击"工程浏览器"中左边的"系统配置/用户配置"，弹出"用户和安全区配置"对话框如图 4-57 所示。

（2）编辑安全区：单击对话框的"编辑安全区"按钮，弹出"用户和安全区配置"对话框；选中安全区"A"后，单击右侧的"修改"按钮，弹出"更改安全区名"对话框，在对话框内输入内容"车间 1"；单击"确定"按钮，安全区"A"被命名为"车间 1"，如图 4-58 所示。单击"确认"按钮，关闭"用户和安全区配置"对话框。

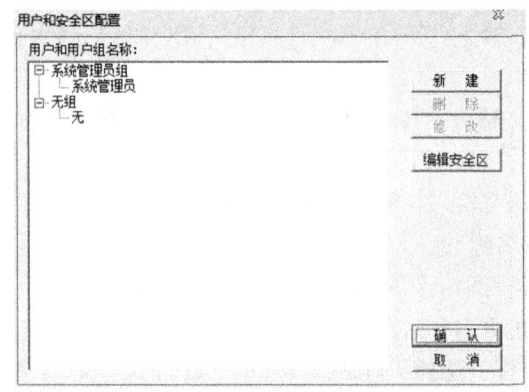

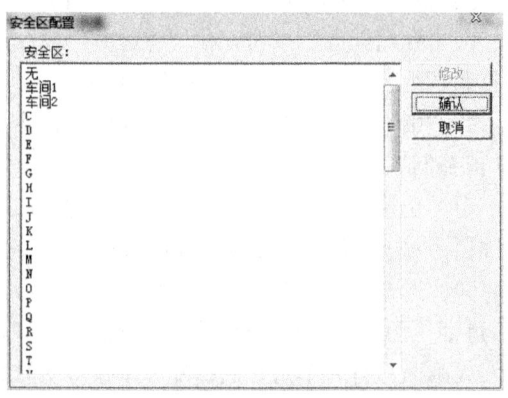

图 4-57　用户和安全区配置　　　　　　图 4-58　安全区配置

（3）第二步建立用户组。单击"用户和安全区配置"对话框的"新建"按钮，设置如图 4-59

所示。

（4）在用户组下加入用户。单击"用户和安全区配置"对话框的"新建"按钮，新建用户如图 4-60 所示。

 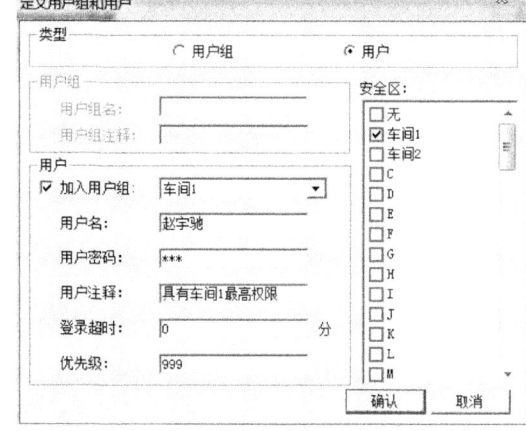

图 4-59　新建用户组　　　　　　　　　　　　图 4-60　新建用户

（5）设置图形对象的访问权限：打开画面"污水 pH 值监控主画面"，双击"退出"按钮，弹出"动画连接"对话框，在对话框中的"访问权限"编辑框内输入 900，"安全区"选择"车间 1"，单击"确定"。激活组态王画面运行程序，按钮"退出"此时已变灰。要对此按钮进行操作，操作者必须登录，以确认操作权限。

（6）登录：关闭并重新运行组态王。选择菜单"特殊/登录开"，弹出"登录"对话框：输入管理员的用户名和密码就可登录，达到对"退出"按钮操作的目的。

4.11.2　设置运行系统

在前面我们虽然通过"用户和安全区"设置禁止普通人员对于"退出"应用程序这个按钮的功能，但就退出功能而言，操作者也可以从 Touchview 菜单"文件/退出"或者系统菜单"退出"来实现。如果要禁止这两种方式，需要做如下设置，双击"工程浏览器"中左边的"系统配置/设置运行系统"，弹出对话框，设置"运行系统外观"，如图 4-61 所示，在"标题条文本中"输入"XX 炼油厂污水 pH 值监控系统"。

在"主画面配置中"选择"污水 pH 值监控系统主画面"画面作为监控的主画面，如图 4-62 所示。

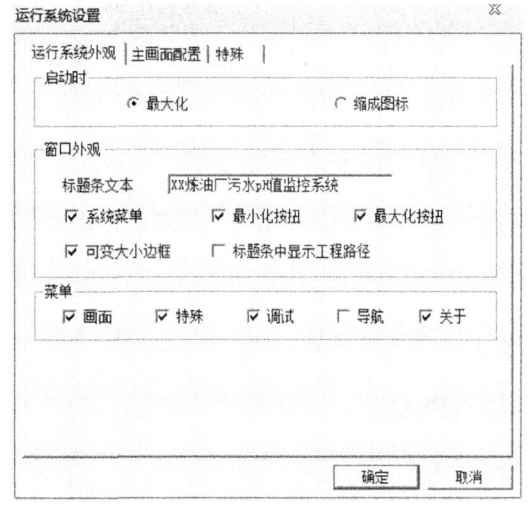

图 4-61　运行系统设置——运行系统外观

在"特殊"中在"禁止退出运行环境"、"禁止 ALT 键"和"禁止任务切换"前打"√"。

至此，组态王的主要功能已经讲解完毕，如有问题请参看"组态王帮助"文件。

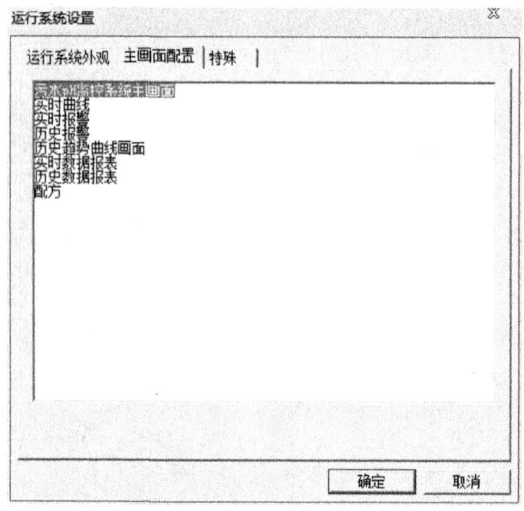

图 4-62　运行系统设置——主画面配置

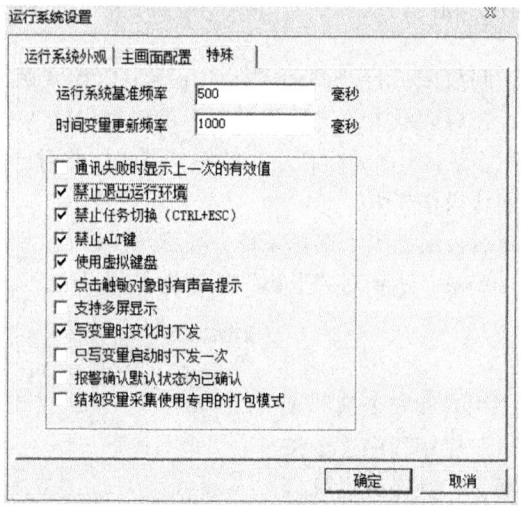

图 4-63　运行系统设置——特殊

 习题与思考题

1. 制作组态王工程的一般步骤是什么？

2. 驱动的外部设备包括哪些？其实质是什么？

3. 为什么说数据词典是连接"上位机"和"下位机"的桥梁？

4. 制作动画连接时很多时候需要用到命令语言，各种命令语言之间的区别与联系是什么？

5. 用户权限和安全按钮上的权限和安全区有什么关系？

6. 为什么只有打开数据词典上的记录和安全区功能才能记录历史数据？记录历史数据时应注意什么？

第5章　计算机控制算法

　　计算机控制算法（或称"控制规律"、"控制律"）是指基于自动控制理论，在已知系统性能指标的前提下，依据受控对象的数学模型或操作人员的先验知识设计出来，并通过计算机软件编程实现的某种数字控制算法。计算机控制算法的设计一般分为连续化设计与离散化设计两类方法。连续化设计方法是指忽略控制回路中所有的采样器和零阶保持器，采用连续系统的设计方法求出模拟控制算法，然后通过某种近似将模拟控制算法离散化为数字控制算法；离散化设计方法是指直接根据离散控制理论来设计数字控制算法。

　　在工业过程控制中，PID控制算法具有原理简单、易于实现、运行可靠等优点，多年来一直是应用最广泛的计算机控制策略。资料表明，采用PID控制的系统数量占计算机控制系统总量的85%以上。计算机作为新一代数字式控制仪表，有着模拟控制仪表无法比拟的计算能力与记忆能力，能够适应复杂的工况和高指标的控制要求，也随之应运而生了许多新型的控制策略。其中，预测控制算法是最具代表性和典型性的一种，在工业过程控制中的地位仅次于PID控制算法。

　　本章将讲述数字控制的基础知识、数字滤波与数据处理技术、控制算法的连续化与离散化设计、史密斯预估控制算法、大林控制算法、数字PID控制算法、预测控制算法和智能控制算法，其中重点为数字PID控制算法和预测控制算法。

5.1　数　字　控　制　基　础

　　从控制系统信号类型角度，控制系统可划分为连续控制系统和离散控制系统。若控制系统中各变量都是时间的连续函数，称为连续控制系统。控制系统中有一部分信号不是时间的连续函数，而是一组离散的脉冲序列或数字序列，这样的系统称为离散控制系统。

　　离散控制系统的最广泛应用形式是以数字计算机为控制器的所谓数字控制系统。也就是说，数字控制系统是一种用数字计算机作为控制器去控制具有连续工作状态的受控对象的闭环控制系统。因此，数字控制系统包括处于离散工作状态的数字计算机和连续工作状态的受控对象两部分，其方框图如图5-1所示。数字计算机只能处理数字（离散）信号，控制系统中模数（A/D）转换器和数模（D/A）转换器用于完成连续信号与离散信号之间的相互转换。

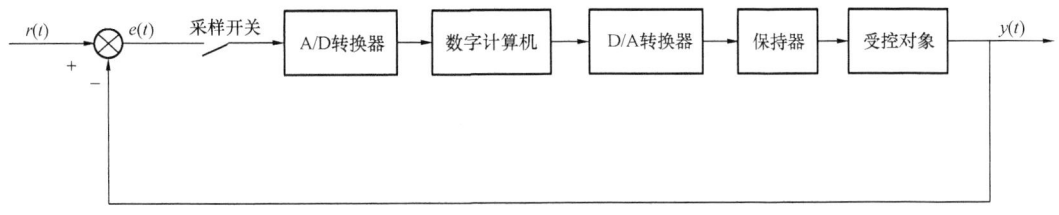

图 5-1　数字控制系统组成方框图

从图 5-1 可以看出，数字控制系统首先对连续的偏差信号 $e(t)$ 进行采样，并通过 A/D 转换器把采样脉冲变成数字信号送给数字计算机，然后数字计算机根据这些数字信息按照预定的控制算法进行运算，最后通过 D/A 转换器和保持器把运算结果转换成模拟量去控制具有连续工作状态的受控对象，使被控量 $y(t)$ 满足控制指标要求。因此，数字控制系统面临的一个问题是：怎样把连续信号近似为离散信号，即"采样"与"量化"（连续信号在时间和幅值上均具有无穷多的值，在计算机上如何用有限的时间间隔和有限的数值取而代之）问题。

5.1.1 采样过程与采样定理

实际系统中存在的物理过程或物理量，绝大多数都是在时间上和幅值上均连续的模拟量。将模拟信号按一定时间间隔循环进行取值，从而得到按照时间顺序排列的一串离散信号的过程称为采样。经过采样得到的离散信号，虽然在时间上是离散的，但在幅值上还是连续的，若进一步通过 A/D 转换器，把幅值上连续的离散信号变换成数码（例如二进制码）的形式，这个过程称为量化。

1. 采样过程

将连续信号 $x(t)$ 加到采样开关 K 的输入端，采样开关经过周期 T 秒闭合一次，闭合的持续时间为 τ 秒，且有 $\tau < T$。在闭合期间，截取信号 $x(t)$ 的幅值，作为采样开关的输出；而在断开期间，采样开关的输出为零。因此，在采样开关的输出端得到宽度为 τ 的脉冲序列 $x^*(t)$（以带"*"表示采样信号），如图 5-2 所示。在实际应用中，脉冲的持续时间 τ 通常远远小于采样周期 T，可以认为 $x(t)$ 在 τ 时间内变化甚微，所以 $x^*(t)$ 可以近似表示成高为 $x(kT)$，宽为 τ 的矩形脉冲序列（见图 5-3）。基于脉冲强度的概念，矩形脉冲序列可表示为

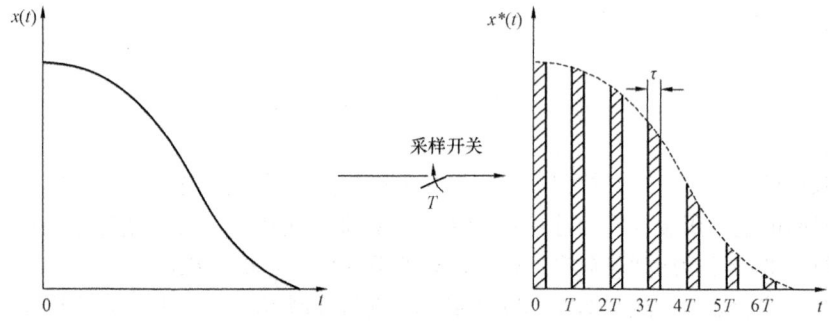

图 5-2　采样过程

$$x^*(t) = \sum_{k=0}^{+\infty} x(kT) \cdot \frac{1}{\tau} \cdot [1(t-kT) - 1(t-kT-\tau)] \tag{5-1}$$

其中，$\frac{1}{\tau}[1(t-kT) - 1(t-kT-\tau)]$ 表示发生在 kT 时刻的单位强度脉冲（即面积等于 1 的脉冲），而 $x(kT)\frac{1}{\tau}[1(t-kT) - 1(t-kT-\tau)]$ 则表示发生在 kT 时刻强度为 $x(kT)$ 的脉冲。由于实际中 τ 很小，比采样开关以后系统各部分的时间常数小很多，因此可近似认为 τ 趋近于零，式(5-1)所描述的矩形脉冲序列可看作是强度为 $x(kT)$、宽度为无限小的理想脉冲序列（见图 5-4）。这种理想脉冲序列可借助数学上的 δ 函数进行描述，即

$$x^*(t) = \sum_{k=0}^{+\infty} x(kT)\delta(t-kT) \tag{5-2}$$

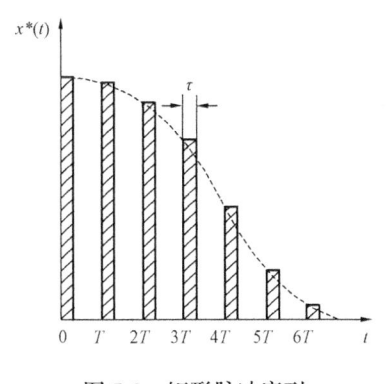

图 5-3　矩形脉冲序列　　　　　　图 5-4　理想脉冲序列

其中，$\delta(t-kT)$ 表示发生在 kT 时刻具有单位强度的理想脉冲，即

$$\delta(t-kT) = \left.\begin{cases} \infty, t = kT \\ 0, t \neq kT \end{cases}\right\}$$

$$\int_{-\infty}^{+\infty} \delta(t-kT)\,\mathrm{d}t = 1 \quad\quad\quad\quad (5\text{-}3)$$

$\delta(t-kT)$ 的作用在于指出脉冲存在的时刻为 kT，而脉冲强度则由 kT 时刻的连续函数值 $x(kT)$ 确定。

　　需要指出，连续信号经过采样得到的离散脉冲序列视为理想脉冲序列是有条件的。就是说采样持续时间 τ 应远远小于采样周期 T 和采样开关之后系统各部分的时间常数。上述条件在实际控制系统中通常总可得到满足。在数字控制系统中，数字计算机接受和处理的是量化后代表脉冲强度的数列，即把幅值连续变化的离散模拟信号用相近的间断的数码（如二进制）来代替，数码可以实现的数值是量化单位的整数倍。由于量化单位很小，所以数字控制系统的采样信号 $x(kT)$，仍认为与 $x(t)$ 呈线性关系，仍可用 $x^*(t)$ 表示。

　　2. 采样定理

　　前面已指出，要对受控对象进行控制，通常需要把采样信号（脉冲信号）恢复成原连续信号，而采样信号能否恢复到原连续信号，主要取决于采样信号是否包含反映原信号的全部信息。连续信号经采样后，只能给出采样时刻的数值，不能给出采样时刻之间的数值，亦即损失掉了原连续信号的部分信息。由图 5-2 可直观看出，连续信号变化越缓慢，采样频率越高，则采样信号就越能反映原连续信号的变化规律，即越多地包含反映原信号的信息。采样定理从定量角度给出了采样频率与连续信号（被采样信号）变化快慢之间的关系。

　　采样定理可叙述如下：如果采样频率 f_s 满足下列条件，即

$$f_s = \frac{1}{T} \geqslant 2f_{max} \quad\quad\quad\quad (5\text{-}4)$$

其中，f_{max} 为连续信号最高次谐波的频率，则采样信号就可以无失真地再恢复为原连续信号。从物理意义上来理解采样定理，那就是如果选择的采样频率足够高，使得对连续信号所含的最高次谐波来说，能做到在一个周期内采样两次以上的话，那么经采样后所得到的脉冲序列将包含原连续信号的全部信息，也就有可能通过理想滤波器把原信号毫无失真地恢复出来。反之，采样频率过低，信息损失很多，原连续信号就不能准确复现。

　　需要指出的是，采样定理只是在理论上给出了信号准确复现的条件。但还有两个实际问题需要解决。其一，实际的非周期连续信号的频谱中最高频率是无限的，不论采样频率选择多高，采样后信号频谱波形总是重复搭接的，因此经过滤波后，信息总是会有损失。为此实际上采用一个

折中的办法：给定一个信息容许损失的百分数 b，即选择原信号频谱的幅值由 $|X(0)|$（即 $f=0$时的幅值）降至 $b|X(0)|$ 时的频率为最高频率 f_{max}，按此选择采样频率 $f_s=2f_{max}$。这样可以做到信息损失允许，采样频率又不致于太高；其二，需要一个幅频特性为矩形的理想低通滤波器，才能把原信号不失真地复现出来，而这样的滤波器实际上是不存在的，因此复现的信号与原信号是有差别的。

5.1.2 信号保持

信号保持是指将采样信号（离散脉冲序列）转换成连续信号的过程，其恰好是采样过程的逆过程。用于完成信号保持过程的元件称为保持器。从数学上讲，保持器的任务是解决采样时刻之间的插值问题。

在 kT 时刻，采样信号 $x^*(kT)$ 直接转换成连续信号 $x(t)|_{t=kT}$。同理，在 $(k+1)T$ 时刻，连续信号为 $x(t)|_{t=(k+1)T}=x^*[(k+1)T]$，但当 $kT<t<(k+1)T$ 时，连续信号应该取何值就是保持器要解决的问题。实际上，保持器具有"外推"功能，即保持器在现时刻的输出信号取决于过去时刻离散信号值的外推。实现外推的常用方法是采用多项式外推公式

$$x(kT+\Delta t) = a_0 + a_1\Delta t + a_2\Delta t^2 + \cdots + a_m\Delta t^m \tag{5-5}$$

其中，Δt 为以 kT 为时间原点的时间坐标，$0<\Delta t<T$；a_0、a_1、a_2、$\cdots$、a_m 是由过去各采样时刻的采样信号值 $x(kT)$、$x[(k-1)T]$、$x[(k-2)T]$、$\cdots$、$x[(k-m)T]$ 确定的系数。工程上一般按式(5-5)的第一项或前二项组成外推装置。只按第一项组成的外推装置，因所用外推多项式是零阶的，故称为零阶保持器；同理，按前两项组成的外推装置称为一阶保持器。其中，应用最为广泛的是零阶保持器。零阶保持器的外推公式为

$$x(kT+\Delta t) = a_0 \tag{5-6}$$

由于 $\Delta t=0$ 时上式也成立，所以 $a_0=x(kT)$，从而得到

$$x(kT+\Delta t) = x(kT) \quad (0\leqslant\Delta t<T) \tag{5-7}$$

上式表明，零阶保持器的作用是把 kT 时刻的采样值，保持到下一个采样时刻 $(k+1)T$ 到来之前，或者说按常值外推，如图5-5所示。

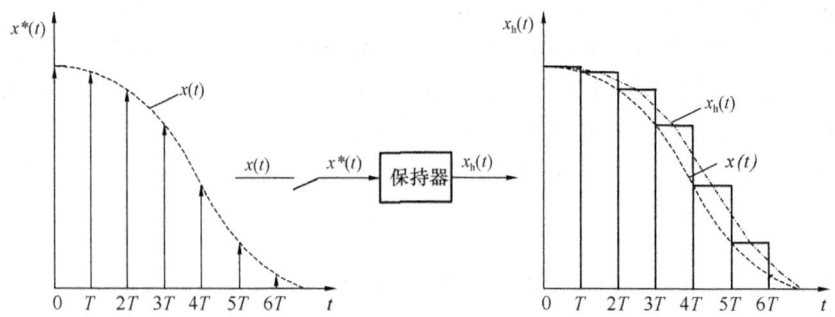

图5-5 零阶保持器的功能

零阶保持器比较简单，容易实现，相位滞后比一阶保持器小得多，因此在数字控制系统中被广泛采用。步进电动机、寄存器、数模转换器等都是零阶保持器的应用实例。

5.1.3 Z 变换

线性连续控制系统的动态及稳态特性，可以采用拉氏变换方法进行分析。与此相似，线性数

字控制系统的性能,可用基于拉氏变换方法建立的 Z 变换方法来分析。Z 变换方法可看作是拉氏变换方法的一种变形,可由拉氏变换导出。

1. Z 变换的定义

前面已得出,连续信号 $x(t)$ 经过周期为 T 的采样开关后,得到采样信号 $x^*(t)$ 为

$$x^*(t) = \sum_{k=0}^{\infty} x(kT)\delta(t-kT) \tag{5-8}$$

对上式进行拉氏变换,得

$$X^*(s) = \mathcal{L}\left[x^*(t)\right] = \sum_{k=0}^{\infty} x(kT) \cdot e^{-kTs} \tag{5-9}$$

从式(5-9)可以看出,在任何采样信号的拉氏变换中,都含有超越函数 e^{-kTs}。若仍采用拉氏变换处理采样系统的问题,就会给运算带来很大困难,故引入新变量 z,令

$$z = e^{Ts} \tag{5-10}$$

将式(5-10)代入式(5-9),便得到以复变量 z 为自变量的函数 $X(z)$,即

$$X(z) = \sum_{k=0}^{\infty} x(kT)z^{-k} \tag{5-11}$$

式(5-11)所示 $X(z)$ 称为离散脉冲序列 $x^*(t)$ 的 Z 变换,记为

$$X(z) = Z\left[x^*(t)\right] \tag{5-12}$$

因为 Z 变换只对采样点上的信号起作用,所以上式也可以写为

$$X(z) = Z\left[x(t)\right] \tag{5-13}$$

2. Z 变换的性质

与拉氏变换的性质相类似,Z 变换有线性定理、位移定理(时位移与复位移)、初值定理和终值定理等,详见表 5-1。

常用函数的 Z 变换及其拉氏变换列入表 5-2,以备在求取这些函数的 Z 变换与 Z 反变换时查用。

表 5-1　　　　　　　　　　　　　　 Z 变 换 性 质

类　　别	公　　式
线性定理	$Z\left[ax_1(t) \pm bx_2(t)\right] = aX_1(z) \pm bX_2(z)$
时位移定理	$Z\left[x(t-nT)\right] = z^{-n}X(z)$ $Z\left[x(t+nT)\right] = z^n\left[X(z) - \sum_{m=0}^{n-1} x(mT)z^{-m}\right]$
复位移定理	$Z\left[e^{\pm akT}x(t)\right] = X(ze^{\mp aT})$
初值定理	$\lim_{t \to 0} x(t) = \lim_{z \to \infty} X(z)$
终值定理	$\lim_{t \to \infty} x(t) = \lim_{z \to 1}\left[(z-1)X(z)\right]$
尺度变换定理	$Z\left[a^{-k}x(t)\right] = X(az)$

表 5-2　　　　　　　　　　　　　常用函数 Z 变换与拉氏变换对照表

函数 $x(t)$或 $x(kT)$	拉氏变换 $X(s)$	Z 变换 $X(z)$
$\delta(t)$	1	z^{-0}
$\delta(t-kT)$	e^{-kTs}	z^{-k}
$1(t)$	$\dfrac{1}{s}$	$\dfrac{z}{z-1}$
t	$\dfrac{1}{s^2}$	$\dfrac{Tz}{(z-1)^2}$
$\dfrac{t^2}{2}$	$\dfrac{1}{s^3}$	$\dfrac{T^2 z(z+1)}{2\,(z-1)^3}$
e^{-at}	$\dfrac{1}{s+a}$	$\dfrac{z}{z-e^{-aT}}$
te^{-at}	$\dfrac{1}{(s+a)^2}$	$\dfrac{Tze^{-aT}}{(z-e^{-aT})^2}$
$\sin\omega t$	$\dfrac{\omega}{s^2+\omega^2}$	$\dfrac{z\sin\omega T}{z^2-2z\cos\omega T+1}$
$\cos\omega t$	$\dfrac{s}{s^2+\omega^2}$	$\dfrac{z(z-\cos\omega T)}{z^2-2z\cos\omega T+1}$
a^k		$\dfrac{z}{z-a}$

3. Z 变换的求取方法

(1) 级数求和法。

已知函数 $x(t)$，则有

$$Z[x(t)] = \sum_{k=0}^{\infty} x(kT)z^{-k} \tag{5-14}$$

将式(5-14)展开后，根据无穷级求和公式

$$a+aq+aq^2+\cdots = \frac{a}{1-q} \quad (|q|<1) \tag{5-15}$$

即可求出函数 $x(t)$ 的 Z 变换。

例 5-1　试求衰减的指数函数 e^{-at} ($a>0$)的 Z 变换。

解　将指数函数 e^{-at} 在各采样时刻上的采样值代入式(5-14)，得到

$$Z[e^{-at}] = \sum_{k=0}^{\infty} e^{-akT}z^{-k} \tag{5-16}$$

若条件

$$|ze^{aT}| > 1 \tag{5-17}$$

成立，则可将 $Z[e^{-at}]$ 写成

$$Z[e^{-at}] = \frac{1}{1-e^{-aT}z^{-1}} = \frac{z}{z-e^{-aT}} \tag{5-18}$$

例 5-2　试求单位阶跃函数 $1(t)$ 的 Z 变换。

解　单位阶跃函数 $1(t)$ 在所有采样时刻上的采样值均为 1，即

$$1(kT) = 1, k = 0,1,2,\cdots$$

根据式(5-14)求得

$$Z[1(t)] = \sum_{k=0}^{\infty} z^{-k} = 1+z^{-1}+z^{-2}+\cdots+z^{-k}+\cdots \tag{5-19}$$

若 $|z|>1$，则式(5-19)可写为

$$Z[1(t)] = \frac{1}{1-z^{-1}} = \frac{z}{z-1} \tag{5-20}$$

（2）部分分式法。

若已知函数 $x(t)$ 的拉氏变换 $X(s)$，可将 $X(s)$ 展开成部分分式和的形式，然后通过查表 5-2 得到各分式项所对应的 Z 变换，最终求得 $X(z)$。

例 5-3　试求具有拉氏变换 $a/[s(s+a)]$ 的连续函数 $x(t)$ 的 Z 变换。

解　首先写出 $X(s)=a/[s(s+a)]$ 的部分分式展开式，即

$$X(s) = \frac{a}{s(s+a)} = \frac{1}{s} - \frac{1}{s+a} \tag{5-21}$$

通过查表 5-2 得到

$$Z[x(t)] = \frac{z}{z-1} - \frac{z}{z-e^{-aT}} = \frac{z(1-e^{-aT})}{z^2 - (1+e^{-aT})z + e^{-aT}} \tag{5-22}$$

4. Z 反变换

Z 反变换是 Z 变换的逆变换。通过 Z 反变换可求出 $X(z)$ 所对应的原函数 $x^*(t)$——采样脉冲序列。也就是说，通过 Z 反变换得到的仅是各采样时刻上连续函数的函数值 $x(kT)$。Z 反变换可记作

$$Z^{-1}[X(z)] = x^*(t) \tag{5-23}$$

下面介绍与 Z 变换相对应的两种求取 Z 反变换的常用方法。

（1）级数展开法。

级数展开法又称综合除法，即把式 $X(z)$ 展开成按 z^{-1} 升幂排列的幂级数。由于 $X(z)$ 的形式通常是两个 z 的多项式之比，即

$$X(z) = \frac{b_m z^m + b_{m-1} z^{m-1} + \cdots + b_0}{a_n z^n + a_{n-1} z^{n-1} + \cdots + a_0} \quad (n \geqslant m) \tag{5-24}$$

故很容易用综合除法展开成幂级数。式（5-24）用分母去除分子，所得之商按 z^{-1} 的升幂排列为

$$X(z) = c_0 + c_1 z^{-1} + c_2 z^{-2} + \cdots + c_k z^{-k} + \cdots = \sum_{k=0}^{\infty} c_k z^{-k} \tag{5-25}$$

式（5-25）正是 Z 变换的定义式，z^{-k} 项的系数 c_k 就是函数 $x(t)$ 在采样时刻 $t=kT$ 时的值 $x(kT)$。因此，只要求得上述形式的级数，就可知函数 $x(t)$ 在采样时刻的函数值序列 $x(kT)$。

例 5-4　试用幂级数展开法求 $X(z) = \dfrac{z}{(z-1)(z-2)}$ 的 Z 反变换。

解　经综合除法运算得

$$X(z) = 0 + z^{-1} + 3z^{-2} + 7z^{-3} + 15z^{-4} + 31z^{-5} + 63z^{-6} + \cdots \tag{5-26}$$

由式（5-26）系数可知

$x(0) = 0, x(T) = 1, x(2T) = 3, x(3T) = 7, x(4T) = 15, x(5T) = 31, x(6T) = 63, \cdots$

（2）部分分式展开法。

此方法是将 $X(z)$ 通过部分分式分解为低阶的分式之和，直接从常用函数 Z 变换表 5-2 中求出各项对应的 Z 反变换，最终相加得到 $x(kT)$。

例 5-5　已知 $X(z) = \dfrac{z}{(z-1)(z-2)}$，试求 $x(kT)$。

解　不难看出，首先将式 $X(z)/z$ 展开成部分分式较容易。

$$\frac{X(z)}{z} = \frac{1}{(z-1)(z-2)} = \frac{-1}{z-1} + \frac{1}{z-2} \tag{5-27}$$

式（5-27）两边同时乘以 z，得

$$X(z) = \frac{-z}{z-1} + \frac{z}{z-2} \tag{5-28}$$

查 Z 变换表 5-2，得到

$$Z^{-1}\left[\frac{-z}{z-1}\right] = -1, Z^{-1}\left[\frac{z}{z-2}\right] = 2^k$$

所以

$$x(kT) = -1 + 2^k \tag{5-29}$$

即

$$x(0) = 0, x(T) = 1, x(2T) = 3, x(3T) = 7, x(4T) = 15, x(5T) = 31$$

结果与例 5-4 所得结果相同。

5.1.4 差分方程与脉冲传递函数

下面引入分析和设计数字控制系统的数学基础——数学模型。数字控制系统的数学模型包括差分方程和脉冲传递函数。它们与连续控制系统中数学模型(微分方程和传递函数)有平行的对应关系。

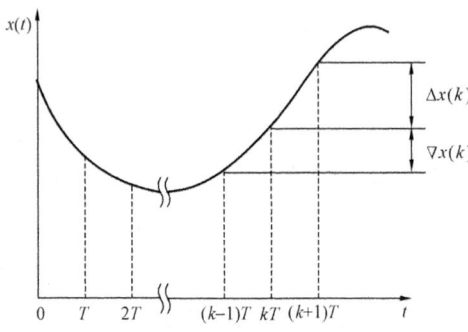

图 5-6 前向差分与后向差分

1. 差分方程

微分方程是描述连续系统动态过程最基本的数学模型。但对于数字系统，由于系统中的信号已离散化，因此描述连续函数的微分、微商等概念就不适用了，而需用建立在差分、差商等概念基础上的差分方程来描述数字系统的动态过程。

(1) 差分的概念。

差分与连续函数的微分相对应。不同的是差分有前向差分和后向差分之别。如图 5-6 所示，连续函数 $x(t)$，经采样后为 $x^*(t)$，在 kT 时刻，其采样值为 $x(kT)$，并简记作 $x(k)$。

一阶前向差分的定义为

$$\Delta x(k) = x(k+1) - x(k) \tag{5-30}$$

二阶前向差分的定义为

$$\begin{aligned}
\Delta^2 x(k) &= \Delta x(k+1) - \Delta x(k) \\
&= x(k+2) - x(k+1) - [x(k+1) - x(k)] \\
&= x(k+2) - 2x(k+1) + x(k)
\end{aligned} \tag{5-31}$$

n 阶前向差分的定义为

$$\Delta^n x(k) = \Delta^{n-1} x(k+1) - \Delta^{n-1} x(k) \tag{5-32}$$

同理，一阶后向差分的定义为

$$\nabla x(k) = x(k) - x(k-1) \tag{5-33}$$

二阶后向差分的定义为

$$\begin{aligned}
\nabla^2 x(k) &= \nabla x(k) - \nabla x(k-1) \\
&= x(k) - x(k-1) - [x(k-1) - x(k-2)] \\
&= x(k) - 2x(k-1) + x(k-2)
\end{aligned} \tag{5-34}$$

n 阶后向差分的定义为

$$\nabla^n x(k) = \nabla^{n-1} x(k) - \nabla^{n-1} x(k-1) \tag{5-35}$$

从上述定义可以看出，前向差分所采用的是 kT 时刻未来的采样值，而后向差分所采用的是 kT 时刻过去的采样值，所以在实际中后向差分用得更为广泛。

（2）差分方程。

若方程的变量除了含有 $x(k)$ 本身外，还含有 $x(k)$ 的各阶差分，则此方程称为差分方程。对于输入、输出为采样信号的线性数字系统，描述其动态过程的差分方程一般形式为

$$a_n y(k+n) + a_{n-1} y(k+n-1) + \cdots + a_1 y(k+1) + a_0 y(k)$$
$$= b_m u(k+m) + b_{m-1} u(k+m-1) + \cdots + b_1 u(k+1) + b_0 u(k) \tag{5-36}$$

其中，$u(k)$、$y(k)$ 分别为输入信号和输出信号，$a_0, \cdots, a_n, b_0, \cdots, b_m$ 均为常系数，且有 $n \geqslant m$。差分方程的阶次取作为最高阶差分的阶次。

2. 脉冲传递函数

分析线性数字控制系统时，脉冲传递函数是个非常重要的概念。正如线性连续控制系统的特性可由传递函数来描述一样，线性数字控制系统的特性可通过脉冲传递函数来描述。

脉冲传递函数定义为：输出脉冲序列的 Z 变换与输入脉冲序列的 Z 变换之比。对于图 5-7 所示的开环线性数字控制系统，其连续部分 $G(s)$ 的脉冲传递函数 $G(z)$ 为

$$G(z) = \frac{Z[y^*(t)]}{Z[u^*(t)]} = \frac{Y(z)}{U(z)}$$

由图 5-7 可知，连续环节 $G(s)$ 的输出不是离散信号，严格来讲，其脉冲传递函数是不能求出的，但可采用虚拟同步采样开关的办法（见图中虚线部分）转换求得。

（1）串联环节的等效脉冲传递函数。

根据串联环节间是否存在采样开关，分下面两种情况进行讨论。

1）串联环节间有采样开关隔开时的等效脉冲传递函数。

如图 5-8 所示，两个串联环节间存在采样开关，所以有

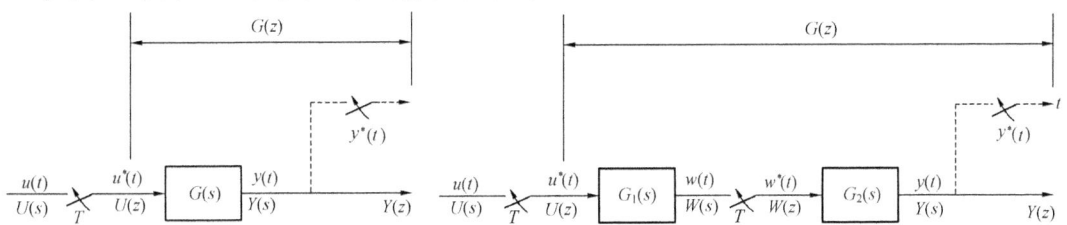

图 5-7　开环线性数字控制系统方框图　　　图 5-8　有采样开关隔开的串联环节方框图

$$\begin{cases} W(z) = G_1(z)U(z) \\ Y(z) = G_2(z)W(z) \end{cases} \tag{5-37}$$

其中，$G_1(z)$、$G_2(z)$ 分别为线性环节 $G_1(s)$、$G_2(s)$ 的脉冲传递函数。由式(5-37)进一步推得

$$Y(z) = G_1(z)G_2(z)U(z)$$

所以，图 5-8 所示串联环节的等效脉冲传递函数为

$$G(z) = \frac{Y(z)}{U(z)} = G_1(z)G_2(z) \tag{5-38}$$

可见，两个环节间有采样开关隔开时，则串联环节的等效脉冲传递函数为两个环节脉冲传递函数的乘积。同理，n 个环节串联，且所有环节之间均有采样开关隔开时，则等效脉冲传递函数为所有环节脉冲传递函数的乘积，即

$$G(z) = G_1(z)G_2(z)\cdots G_n(z) \tag{5-39}$$

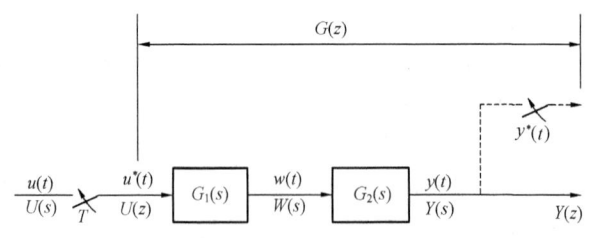

图 5-9　无采样开关隔开的串联环节方框图

2）串联环节间无采样开关隔开时的等效脉冲传递函数。

如图 5-9 所示，两个串联环节间没有采样开关，$G_2(s)$ 环节的输入信号不是脉冲序列，而是连续函数，因而不能通过式 (5-38) 计算串联环节的等效脉冲传递函数。此处求取方法为：先将两个串联环节 $G_1(s)$、$G_2(s)$ 等效为一个环节 $G_1(s) \cdot G_2(s)$，再求出 $G_1(s) \cdot G_2(s)$ 的 Z 变换。此 Z 变换便为串联环节的等效脉冲传递函数，即

$$G(z) = \frac{Y(z)}{U(z)} = Z\left[G_1(s)G_2(s)\right] = G_1G_2(z) \tag{5-40}$$

其中，$G_1G_2(z)$ 表示 $G_1(s) \cdot G_2(s)$ 经采样后的 Z 变换。显然

$$Z\left[G_1(s)G_2(s)\right] = G_1G_2(z) \neq G_1(z)G_2(z) \tag{5-41}$$

即各环节传递函数乘积的 Z 变换，不等于各环节传递函数 Z 变换的乘积。

由此可知，两个串联环节间无采样开关隔开时，则等效脉冲传递函数等于两个环节传递函数乘积经采样后的 Z 变换。同理，此结论也适用于多个环节串联而无采样开关隔开的情况，即有

$$G(z) = Z\left[G_1(s)G_2(s)\cdots G_n(s)\right] = G_1G_2\cdots G_n(z) \tag{5-42}$$

例 5-6　求零阶保持器与环节 $G_P(s)$ 串联时的脉冲传递函数。

解　已知零阶保持器 $G_H(s) = \dfrac{1-e^{-Ts}}{s}$，由于 $G_H(s)$ 与 $G_P(s)$ 之间无采样开关，因此首先需要计算

$$G_H(s)G_P(s) = \frac{1-e^{-Ts}}{s} \cdot G_P(s) = (1-e^{-Ts}) \cdot \frac{G_P(s)}{s} = G_H'(s)G_P'(s) \tag{5-43}$$

其中，$G_H'(s) = 1 - e^{-Ts}$，$G_P'(s) = \dfrac{G_P(s)}{s}$。由式 (5-43) 进一步推得

$$G_H'(s)G_P'(s) = (1-e^{-Ts})G_P'(s) = G_P'(s) - e^{-Ts}G_P'(s) \tag{5-44}$$

再根据式 (5-43) 与式 (5-44) 得到串联等效脉冲传递函数为

$$\begin{aligned}
G(z) &= Z\left[G_H(s)G_P(s)\right] = Z\left[G_P'(s) - e^{-Ts}G_P'(s)\right] \\
&= Z\left[G_P'(s)\right] - Z\left[G_P'(s)\right] \cdot z^{-1} = \frac{z-1}{z}Z\left[\frac{G_P(s)}{s}\right]
\end{aligned} \tag{5-45}$$

（2）并联环节的等效脉冲传递函数。

并联环节后的变量是相加关系，只有同类型的变量才能相加。因此，讨论图 5-10 所示的并联环节。显然有

$$Y(s) = U^*(s)\left[G_1(s) + G_2(s)\right] \tag{5-46}$$

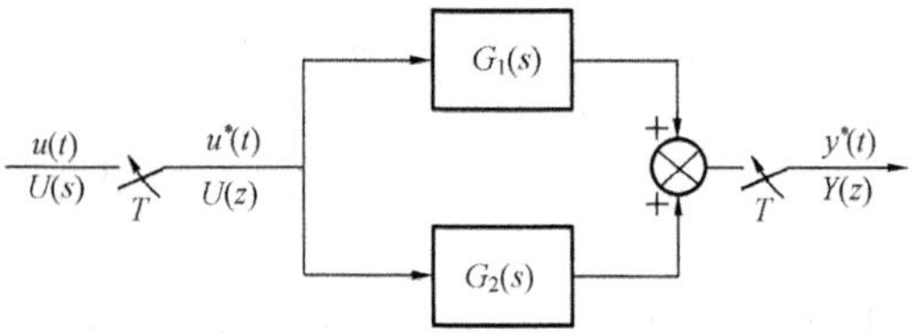

图 5-10　并联环节方框图

对式 (5-46) 采样，得

$$Y^*(s) = U^*(s)\left[G_1(s) + G_2(s)\right]^*$$

$$Y(z) = U(z)G_1(z) + U(z)G_2(z)$$

即

$$G(z) = \frac{Y(z)}{U(z)} = G_1(z) + G_2(z) \tag{5-47}$$

（3）闭环系统的脉冲传递函数。

数字控制系统闭环脉冲传递函数的一般求取方法是定义法，即在已知系统的方框图中注明各

环节的输入、输出信号,用代数消元法求出系统输入、输出关系式。由于有些数字控制系统的脉冲传递函数是不存在的,因此本文对脉冲传递函数的计算准确地说是指求取系统输出信号的 Z 变换。

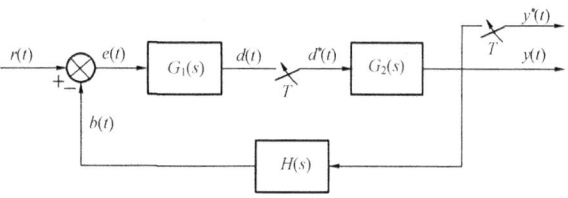

图 5-11 例题 5-7 数字控制系统方框图

例 5-7 试求如图 5-11 所示闭环数字控制系统输出信号的 Z 变换 $Y(z)$。

解 对于连续环节 $G_1(s)$,其输入为 $r(t)-b(t)$,输出为 $d(t)$,于是有

$$D(s) = G_1(s)[R(s) - B(s)] = G_1(s)R(s) - G_1(s)B(s) \tag{5-48}$$

对于连续环节 $G_2(s)H(s)$,其输入为 $d^*(t)$,输出为 $b(t)$,于是有

$$B(s) = G_2(s)H(s)D^*(s) \tag{5-49}$$

将式(5-49)代入式(5-48),得

$$D(s) = G_1(s)R(s) - G_1(s)G_2(s)H(s)D^*(s) \tag{5-50}$$

对式(5-50)采样,有

$$D^*(s) = [G_1(s)R(s)]^* - [G_1(s)G_2(s)H(s)]^* D^*(s) \tag{5-51}$$

将式(5-51)两边取 Z 变换,得

$$D(z) = G_1 R(z) - G_1 G_2 H(z)D(z)$$

即

$$D(z) = \frac{G_1 R(z)}{1 + G_1 G_2 H(z)} \tag{5-52}$$

由于

$$Y(s) = G_2(s)D^*(s) \tag{5-53}$$

对式(5-53)采样,再经 Z 变换得

$$Y(z) = G_2(z)D(z) \tag{5-54}$$

将式(5-52)代入式(5-54),得

$$Y(z) = \frac{G_2(z)G_1 R(z)}{1 + G_1 G_2 H(z)} \tag{5-55}$$

由上可知,对于复杂的数字控制系统用定义法计算脉冲传递函数将是十分困难的。若系统输入信号在进入反馈回路后,至回路输出节点前,至少有一个真实的采样开关,则可用简易法计算脉冲传递函数。闭环脉冲传递函数的一种常用简易计算方法叙述如下:

1)将数字控制系统中的采样开关去掉,求出对应连续控制系统的输出表达式 $Y(s)$。

2)对 $Y(s)$ 表达式进行采样,各环节乘积项需要逐个确定其"*"号。方法为:乘积项中某项与其余相乘项两两比较,当且仅当该项与其中任意一相乘项均被采样开关分隔时,该项才能打"*"号,否则需相乘后打"*"号。

3)将采样得到的 $Y^*(s)$ 表达式两边取 Z 变换。其中,把有"*"号的单项中的变量 s 变换为 z,多项相乘后仅有一个"*"号的其 Z 变换等于各项传递函数乘积的 Z 变换。

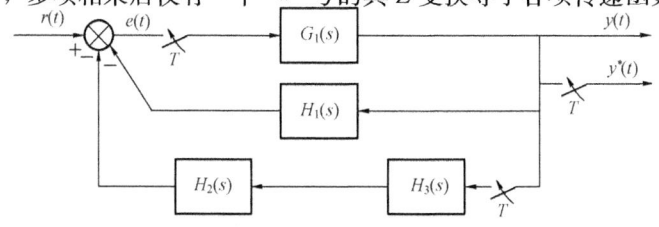

图 5-12 例 5-8 数字控制系统方框图

例 5-8 试求如图 5-12 所示数字控制系统的闭环脉冲传递函数 $\phi(z)$。

解 显然该系统可用简易法计算,去掉采样开关后,连续系统的输出表达式为

$$Y(s) = \frac{G_1(s)R(s)}{1 + G_1(s)\left[H_1(s) + H_2(s)H_3(s)\right]}$$

$$= \frac{G_1(s)R(s)}{1 + G_1(s)H_1(s) + G_1(s)H_2(s)H_3(s)} \tag{5-56}$$

对式(5-56)进行采样，得

$$Y^*(s) = \frac{G_1^*(s)R^*(s)}{1 + \left[G_1(s)H_1(s)\right]^* + G_1^*(s)\left[H_2(s)H_3(s)\right]^*} \tag{5-57}$$

最后，对式(5-57)进行变量置换得

$$Y(z) = \frac{G_1(z)R(z)}{1 + G_1H_1(z) + G_1(z)H_2H_3(z)}$$

$$\phi(z) = \frac{Y(z)}{R(z)} = \frac{G_1(z)}{1 + G_1H_1(z) + G_1(z)H_2H_3(z)} \tag{5-58}$$

5.2 数字滤波与数据处理

与连续控制系统不同，数字控制系统信号的输入是每隔一个采样周期断续进行的。数据采样是一种通过间接方法取得事物状态的技术，其先将事物的温度、压力、流量等属性通过一定的转换技术转换为电信号，然后再将电信号转换为数字化的数据。在多次转换中，由于转换技术的主客观原因造成采样数据中掺杂少量的噪声数据，影响了最终数据的准确性。为了防止噪声对数据结果的影响，除了采用更加科学的采样技术外，还需运用一些必要的技术手段对原始数据进行处理。

5.2.1 数字滤波

数字滤波是指在计算机中利用某种计算方法对原始输入数据进行数学处理，去掉原始数据中掺杂的噪声数据，提高信号的真实性，获得最具有代表性的数据集合。相比模拟滤波技术，数字滤波技术的优点在于：一是不需要增加硬件设备，只需在计算机得到采样数据之后，执行一段根据预定滤波算法编制的程序即可达到滤波目的；二是数字滤波稳定性好，一种滤波程序可以反复调用，使用方便灵活。随着数字化技术的不断发展，数字滤波已经成为数字仪表和计算机在数据采集中的关键性技术。这里介绍几种常用的数字滤波方法。

1. 平均值滤波法

(1) 算术平均值滤波法。

算术平均值滤波是指对于某一点数据连续采样多次，然后计算其算术平均值，以平均值作为该点采样结果。设采样数据为 $x(t)$，其经滤波后在时刻 kT 处的有效采样值 $\overline{x}(k)$ 为

$$\overline{x}(k) = \frac{1}{n}\sum_{i=0}^{n-1} x(k-i) \tag{5-59}$$

式中，n 为采样次数。n 值大小决定了算术平均值滤波的平滑度和灵敏度。随着 n 值的增大，平滑度升高，但灵敏度降低。因此，应视具体情况选取 n 值，以便得到满意的滤波效果。为了方便计算，n 值一般取作 2 的整数次幂。通常，对于流量信号，取 n 等于 8 或 16；对于压力信号，取 n 等于 4；对于温度、成分等缓慢变化的信号，取 n 等于 2。算术平均值滤波可以减少系统的随机干扰对采集结果的影响，也可以有效消除周期性的干扰。

(2) 加权平均值滤波法。

由式(5-59)可以看出，算术平均值滤波法对每次采样值给出相同的加权系数。实际上，有些

场合需要增加新采样值在平均值中的权重，此时可采用加权平均值滤波法，其计算表达式为

$$\overline{x}(k) = \frac{1}{n} \sum_{i=0}^{n-1} c_i x(k-i) \tag{5-60}$$

式中，c_i 为加权系数，且满足 $0 \leqslant c_i \leqslant 1, \sum_{i=0}^{n-1} c_i = 1$。加权系数体现了各次采样值在平均值中所占的权重，视具体情况而定。通常越接近现时刻的数据，加权系数取得越大。合理选择加权系数，可以获得更佳的滤波效果。加权平均值滤波方法可以根据需要突出信号的某一部分，抑制信号的另一部分，适用于纯滞后较大、采样周期短的过程。

算术平均值滤波和加权平均值滤波主要用于对压力、流量等周期性的采样值进行平滑加工，但对偶然出现的脉冲性干扰的平滑作用尚不理想，因而不适用于脉冲性干扰比较严重的场合。

2. 中值滤波法

中值滤波是指对某一参数连续采样 n 次（一般取 n 为奇数），然后把 n 次的采样值从小到大或从大到小排队，最后取中间值作为本次采样值。

中值滤波对于去掉由于偶然因素引起的波动或采样器不稳定造成的误差所引起的脉动干扰比较有效。若参数变化比较缓慢，则采用中值滤波效果比较好，但对快速变化的参数（如流量），则不宜采用。

在实际使用中，n 值应该选择适当。若 n 值选择过小，可能起不到去除干扰的作用；相反，n 值选择过大，会造成采样数据的时延过大，致使系统性能变差。因此，一般取 n 值为 3～5 次。

如果将平均值滤波和中值滤波结合起来使用，滤波效果会更好。方法是：连续采样 n 次，并按大小排序，然后去掉采样值中的最大值和最小值，将余下的 $n-2$ 个采样值取算术平均值，作为本次采样的有效数据。

3. 惯性滤波法

为提高滤波效果，可以仿照模拟系统 RC 低通滤波器的方法，将硬件 RC 低通滤波器的微分方程离散化后用差分方程表示，然后用软件算法来模拟硬件滤波器的功能。此方法称为惯性滤波法。

典型 RC 低通滤波器的动态方程为

$$\tau \frac{d\overline{x}(t)}{dt} + \overline{x}(t) = x(t) \tag{5-61}$$

其中，$\tau = RC$，称为滤波器时间常数；$x(t)$ 是测量值；$\overline{x}(t)$ 是经滤波后的测量值。

将式(5-61)离散化可得惯性滤波算法为

$$\overline{x}(k) = a\overline{x}(k-1) + (1-a)x(k) \tag{5-62}$$

其中，$a = \tau / (\tau + T)$，且 $0 < a < 1$，称为滤波系数。当 $a \to 1$ 时，相当于不采用当前测量值，当前输出等于前一步输出值，新测量信号完全滤掉；当 $a \to 0$ 时，当前输出值等于测量值，相当于没有滤波。

惯性滤波法模拟了具有较大惯性的低通滤波器功能，对周期性干扰具有良好的抑制作用，其不足之处在于带来相位滞后，灵敏度低。

4. 程序判断滤波法

经验表明，许多物理量的变化都是需要一定时间的，相邻两次采样值之间的变化有一定的限度。程序判断滤波方法便是根据生产经验，确定出相邻两次采样信号之间可能出现的偏差 Δx。若超过此偏差值，则表明该输入信号是干扰信号，应该去掉；若小于此偏差值，则可将信号作为本次采样值。当采样信号由于随机干扰，如大功率用电设备的启动或停止，造成电源的尖峰干扰或误测，以及变送器不稳定而引起的严重失真等，使得采样数据偏离实际值较远，可以采用程序

判断滤波。程序判断滤波一般分为限幅滤波和限速滤波两种。

（1）限幅滤波法。

限幅滤波是将两次相邻的采样值相减，求出其增量（以绝对值表示），然后与两次采样允许的最大偏差 Δx 进行比较，若小于或等于 Δx，则取本次采样值；若大于 Δx，则取上次采样值作为本次采样值。即

$$\left| x(k) - x(k-1) \right| \begin{cases} \leqslant \Delta x, 则\ x(k) = x(k) \\ > \Delta x, 则\ x(k) = x(k-1) \end{cases} \tag{5-63}$$

限幅滤波方法主要用于温度、物位等变化比较缓慢的参数。其中，Δx 是可供选择的常数，应视被控参数的变化速度而定，否则非但达不到滤波效果，反而会降低控制品质。

（2）限速滤波法。

限幅滤波是用两次采样值来决定采样的结果，而限速滤波最多可用三次采样值来决定采样结果。其方法为：设顺序采样时刻 $(k-1)T$、kT、$(k+1)T$ 所采集的参数值分别为 $x(k-1)$、$x(k)$、$x(k+1)$，则

当 $\left| x(k) - x(k-1) \right| \leqslant \Delta x$ 时，$x(k) = x(k)$。

当 $\left| x(k) - x(k-1) \right| > \Delta x$ 时，$x(k)$ 不采用，但保留。

当 $\left| x(k+1) - x(k) \right| \leqslant \Delta x$ 时，$x(k+1) = x(k+1)$。

当 $\left| x(k+1) - x(k) \right| > \Delta x$ 时，$x(k+1) = \dfrac{x(k) + x(k+1)}{2}$。

限速滤波是一种折中的方法，既照顾了采样的实时性，又顾及了采样值变化的连续性。

数据采集所采用的检测技术不同，检测对象不同，数据的采集频率、信噪比不同，各种数字滤波算法各有优缺点，故在实际使用时，可能不仅仅采用一种方法，而是综合运用上述方法，比如在中值滤波法中，加入平均值滤波，借以提高滤波的性能。总而言之，要根据现场的具体情况，灵活选用最佳的数字滤波算法，为生产管理提供准确有效的数据。

5.2.2 数据处理

在数字控制系统中，计算机的输入信号是通过数字滤波得到的比较真实的被测现场参数，但此信号有时不能直接使用，需要进一步处理或给用户以特别提示。

1. 线性化处理

计算机从模拟量输入通道得到的检测信号与该信号所代表的物理量之间不一定呈线性关系。例如，差压变送器输出的节流元件两边差压信号与实际流量之间成平方根关系；热电偶的热电势与其所测温度之间也是非线性关系等。在计算机内部参与运算和控制的二进制数希望与被测参数之间呈线性关系，其目的为便于运算和数字显示，因此需要对数据做线性化处理。在数字控制系统中，用计算机进行非线性补偿，方法灵活，精确度高。常用的补偿方法有计算法、插值法与折线法。

（1）计算法。

当参数间的非线性关系可以用数学方程来表示时，计算机可按公式进行计算，完成非线性补偿。在过程控制中较为常见的两个非线性关系是差压—流量和温度—热电势。

差压变送器输出的差压信号 ΔP 与实际被测流体流量 Q 之间呈平方根关系，即

$$Q = k \sqrt{\Delta P} \tag{5-64}$$

其中，k 为流量系数。式(5-64)可采用数值分析中的牛顿迭代法，即式(5-65)，计算平方根。设 $y = \sqrt{x}\ (x > 0)$，则

$$y(k) = \frac{1}{2}\left[y(k-1) + \frac{x}{y(k-1)}\right] \tag{5-65}$$

热电偶的热电势与所测温度之间也是非线性关系。例如，镍铬—镍铝热电偶在 $400\sim1000{}^\circ\text{C}$ 范围内，温度可按式(5-66)求取

$$T = a_4 E^4 + a_3 E^3 + a_2 E^2 + a_1 E + a_0 \tag{5-66}$$

式中，E 为热电势，mV；T 为温度，${}^\circ\text{C}$；a_4、a_3、a_2、a_1、a_0 为确定的常数。将非线性化的关系式(5-66)分解成多个线性化的式子表示为

$$T = \{[(a_4 E + a_3)E + a_2]E + a_1\}E + a_0 \tag{5-67}$$

(2) 插值法。

插值法是计算机非线性处理应用最多的方法，其实质是找出一种简单的、便于计算与处理的近似表达式代替非线性参数关系式。用这种方法得到的公式叫做插值公式。常用的插值公式有多项式插值公式、拉格朗日插值公式和线性插值公式等。这里仅介绍多项式插值公式。

已知函数 $y = f(x)$ 在 $n+1$ 个相异点 $a = x_0 < x_1 < \cdots < x_n = b$ 处的函数值为

$$f(x_0) = f_0, f(x_1) = f_1, \cdots, f(x_n) = f_n$$

希望找到一种插值函数 $P_n(x)$，使其最大限度地逼近 $f(x)$，并且在 $x_i(i = 0, 1, \cdots, n)$ 处与 $f(x_i)$ 相等，则函数 $P_n(x)$ 被称为 $f(x)$ 的插值函数，x_i 被称为插值点。

插值函数 $P_n(x)$ 可用一个 n 次多项式来表示，即

$$P_n(x) = C_n x^n + C_{n-1} x^{n-1} + \cdots + C_1 x + C_0 \tag{5-68}$$

作为所求的近似表达式，使其满足条件：$P_n(x_i) = f_i$，其中，$i = 0, 1, \cdots, n$。

插值函数 $P_n(x)$ 中系数 $C_0, C_1, \cdots, C_n$，应满足下列方程组：

$$\begin{cases} C_n x_0^n + C_{n-1} x_0^{n-1} + \cdots + C_0 = f_0 \\ C_n x_1^n + C_{n-1} x_1^{n-1} + \cdots + C_0 = f_1 \\ \quad\quad\quad\quad\quad \vdots \\ C_n x_n^n + C_{n-1} x_n^{n-1} + \cdots + C_0 = f_n \end{cases} \tag{5-69}$$

由式(5-69)求解出系数 $C_0, C_1, \cdots, C_n$，将其代入式(5-68)即可求出近似值 $P_n(x)$。$P_n(x)$ 称为函数 $f(x)$ 以 $x_0, x_1, \cdots, x_n$ 为基点的插值多项式。

(3) 折线法。

上述两种方法都可能会带来大量运算，对于小型工控机来说，占用内存比较大。为简单起见，可以分段进行线性化，即用多段折线代替曲线。

线性化过程是：首先判断测量数据处于哪一折线段内，然后按相应段的线性化公式计算出线性值。折线段的分法并不是唯一的，可以视具体情况和要求而定。当然，折线段数量越多，线性化精度越高，然而软件的开销却随之增加。

2. 标度变换

在数字控制系统中，生产过程中的各种参数具有不同的数值和量纲，例如压力的单位为 Pa，流量的单位为 m^3/h，温度的单位为 ${}^\circ\text{C}$ 等。实际中，上述过程参数都经变送器转换成 A/D 转换器能够接收的 $0\sim5\text{V}$ 电压信号，再由 A/D 转换器转换成 $00\sim\text{FFH}$(8 位)的数字量，它们不再是带量纲的参数值，而是仅能代表参数值的相对大小。因此，为了便于操作以及满足一些运算、显示和打印的要求，必须采用一定的数据处理技术将这些数字量转换成具有不同量纲的相应物理量，这一技术常被称作标度变换。标度变换有不同的类型，它取决于测量参数所用传感器的类型，应

用中需根据实际情况选择适当的标度变换方法。

(1) 线性参数标度变换。

线性参数是指一次仪表测量值与 A/D 转换结果具有线性关系。其标度变换公式为

$$A_x = A_0 + (A_m - A_0)\frac{N_x - N_0}{N_m - N_0} \tag{5-70}$$

式中，A_0 为一次测量仪表的下限；A_m 为一次测量仪表的上限；A_x 为实际测量值；N_0 为仪表下限对应的数字量；N_m 为仪表上限对应的数字量；N_x 为测量值所对应的数字量。

对于某一固定被测参数或仪器的某一档量程而言，A_0、A_m、N_0、N_m 都是常数。在大多数情况下，将被测参数的起点 A_0 做某些处理，使其对应的 A/D 转换值 $N_0 = 0$。于是，式(5-70)可简化为

$$A_x = A_0 + (A_m - A_0)\frac{N_x}{N_m} \tag{5-71}$$

例 5-9 某加热炉温度测量仪表的量程为 200~1000℃，在某一时刻计算机采样并经数字滤波后的数字量为 0CDH，试求此时的温度值。

解 根据题意可知，$A_0 = 200℃$，$A_m = 1000℃$，$N_x = 0CDH = (205)_D$，$N_m = 0FFH = (255)_D$，按照式(5-71)可计算出此时温度 A_x 为

$$A_x = A_0 + (A_m - A_0)\frac{N_x}{N_m} = 200 + (1000 - 200) \times \frac{205}{255} = 843℃$$

在数字控制系统中，为了实现上述转换，可把它设计成特定的子程序，把各个不同参数所对应的 A_0、A_m、N_0、N_m 存放在存储器中，然后当某一参数要进行标度变换时，只要调用相应的标度变换子程序即可。

(2) 非线性参数标度变换。

上面介绍的标度变换公式，只适用于线性变化的参数，如果被测参数为非线性，上面的公式均不适用，需重新建立标度变换公式。一般而言，非线性参数的变化规律各不相同，故标度变换公式亦需根据具体情况来建立。

在过程控制中，最常见的非线性关系是差压变送器信号 ΔP 与流量 Q 的关系，见式(5-64)。据此，可得测量流量时的标度变换公式为

$$\frac{Q_x - Q_0}{Q_m - Q_0} = \frac{k\sqrt{N_x} - k\sqrt{N_0}}{k\sqrt{N_m} - k\sqrt{N_0}} \tag{5-72}$$

即

$$Q_x = \frac{\sqrt{N_x} - \sqrt{N_0}}{\sqrt{N_m} - \sqrt{N_0}}(Q_m - Q_0) + Q_0 \tag{5-73}$$

式中，Q_0 为流量仪表下限值；Q_m 为流量仪表上限值；Q_x 为被测量的流量值；N_0 为差压变送器下限所对应的数字量；N_m 为差压变送器上限所对应的数字量；N_x 为差压变送器所测差压对应的数字量。

3. 越限报警处理

在数字控制系统中，为了确保生产安全，对于一些重要的参数需设有上、下限检测及报警系统，以便提醒操作人员注意或采取相应的措施。其方法就是把计算机采集到的数据经过数字滤波、标度变换之后，与该参数上、下限给定值进行比较。若其高于上限或低于下限，则进行报警，否则就作为采样的正常值进行显示和控制。例如，在锅炉汽包水位自动控制系统中，水位的高低是非常重要的参数，水位过高将影响蒸汽的质量，水位过低则有爆炸的危险，故需要做越限

报警处理。

4. 死区处理

从工业现场采集到的信号往往会在一定范围内不断的波动，或者说有频率较高、能量不大的干扰叠加在信号上，这种情况往往出现在应用工控板卡的场合，此时采集到的数据有效值的最后一位不停的波动，难以稳定。这种情况可以将不停波动的值进行死区处理，只有当其变化超出某一限值时才认为该值发生了变化。

上面介绍的只是一些有关数字控制系统中数据处理最常用的知识，在实际应用中必须根据具体情况作具体的分析和应用。

5.3 控制算法的连续化设计

5.3.1 基本设计原理

计算机控制算法的连续化设计是指忽略控制回路中所有的零阶保持器和采样器，在 s 域中采用连续系统的设计方法求出连续控制器 $D(s)$，然后通过某种近似，将连续控制器 $D(s)$ 离散化为数字控制器 $D(z)$，并由计算机软件编程实现。

在图 5-13 所示的数字控制系统中，$G(s)$ 为受控对象的传递函数，$G_h(s)$ 为零阶保持器，$D(z)$ 为数字控制器。系统设计的任务是：根据已知的系统性能指标和 $G(s)$ 来设计出数字控制器 $D(z)$。

计算机控制算法的连续化设计步骤如下。

(1) 设计假想的连续控制器 $D(s)$。忽略数字控制系统中的零阶保持器和采样器，$D(z)$ 假想为 $D(s)$，这样数字控制系统就变为连续控制系统，如图 5-14 所示。然后，采用连续系统的设计方法(如频率特性法、根轨迹法等)设计出假想的连续控制器 $D(s)$。

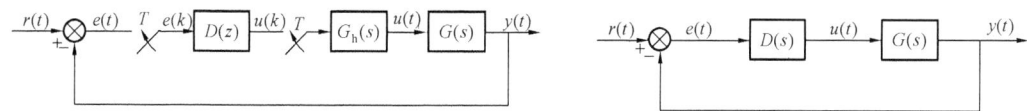

图 5-13　数字控制系统方框图　　　　　　图 5-14　假想的连续控制系统方框图

(2) 确定采样周期 T。设计出 $D(s)$ 后，写出系统的开环传递函数，并求得系统的开环截止频率 ω_c。然后，根据 ω_c 与采样周期 T 之间的关系式(5-74)，确定采样周期 T。

$$T \leqslant \frac{\pi}{5\omega_c} \tag{5-74}$$

(3) 将 $D(s)$ 离散化为 $D(z)$。将连续控制器 $D(s)$ 离散化为数字控制器 $D(z)$ 的方法有很多，如脉冲响应不变法、阶跃响应不变法、双线性变换法、后向差分变换法、前向差分变换法、零极点匹配法和零阶保持器法等。

(4) 将 $D(z)$ 转换为计算机可以实现的控制算法——差分方程。设数字控制器 $D(z)$ 的一般形式为

$$D(z) = \frac{U(z)}{E(z)} = \frac{b_0 + b_1 z^{-1} + \cdots + b_m z^{-m}}{1 + a_1 z^{-1} + \cdots + a_n z^{-n}} \tag{5-75}$$

式中，$n \geqslant m$，各项系数 a_i、b_i 均为实数，且有 n 个极点和 m 个零点。

将式(5-75)改写为

$$U(z) = (-a_1 z^{-1} - a_2 z^{-2} - \cdots - a_n z^{-n})U(z) + (b_0 + b_1 z^{-1} + \cdots + b_m z^{-m})E(z)$$

然后取 Z 反变换，得

$$u(k) = -a_1 u(k-1) - a_2 u(k-2) - \cdots - a_n u(k-n)$$
$$+ b_0 e(k) + b_1 e(k-1) + \cdots + b_m e(k-m) \tag{5-76}$$

利用式(5-76)即可实现计算机编程。因此，式(5-76)称为数字控制器 $D(z)$ 的控制算法。

(5) 校验。数字控制器 $D(z)$ 设计完成并求出控制算法后，需要检验其闭环特性是否符合设计要求，可采用数字仿真来验证，若满足设计要求，设计结束，否则应修改设计。

5.3.2 离散化方法

前面提到将连续控制器 $D(s)$ 离散化为数字控制器 $D(z)$ 的方法有很多，下面介绍常用的脉冲响应不变法、阶跃响应不变法、双线性变换法、后向差分变换法和前向差分变换法。

1. 脉冲响应不变法

脉冲响应不变法又称为 Z 变换法，即直接将 $D(s)$ 求取 Z 变换得到 $D(z)$。脉冲响应不变法定义为

$$D(z) = Z[D(s)] \tag{5-77}$$

如果 $D(s)$ 具有实数的单极点形式

$$D(s) = \frac{A_1}{s+a_1} + \frac{A_2}{s+a_2} + \cdots = \sum_{i=1}^{k} \frac{A_i}{s+a_i}$$

则 $D(z)$ 具有如下简单的变化形式

$$D(z) = Z[D(s)] = \sum_{i=1}^{k} \frac{A_i}{1 - e^{-a_i T} z^{-1}} \tag{5-78}$$

脉冲响应不变法具有如下特性：

(1) 频率坐标的变换是线性的。

(2) 若 $D(s)$ 是稳定的，则 $D(z)$ 也是稳定的。

(3) $D(z)$ 与 $D(s)$ 在采样点处的脉冲响应相同。

脉冲响应不变法使用时应注意：

(1) $D(s)$ 必须是具有衰减性很好的低通或带通特性，否则会引起混叠。

(2) 在 $D(s)$ 为高通或带阻特性(即不满足特性要求)的情况下，可通过串联低通特性环节使高频区特性衰减。

(3) 脉冲响应不变法一般不能保证增益不变，如果要求稳态增益不变，则可以采用式(5-79)进行变换

$$D(z) = T \cdot D(z) \tag{5-79}$$

但是此时会失去脉冲响应不变的特性。

2. 阶跃响应不变法

阶跃响应是衡量一个系统特性优劣的常用方法。阶跃响应不变法可以保证 $D(s)$ 与 $D(z)$ 的阶跃响应相同。其变换公式定义为

$$D(z) = (1 - z^{-1}) Z\left[\frac{1}{s} D(s)\right] \tag{5-80}$$

阶跃响应不变法具有如下特性：

(1) 频域轴坐标变换也是线性的。

(2) $D(z)$ 能够保持与 $D(s)$ 具有相同的阶跃响应，但不能保持脉冲响应相同。

(3) 如果 $D(s)$ 是稳定的，则 $D(z)$ 也一定是稳定的。

(4) 此种变换方法会使 $D(z)$ 的频率特性混叠减少。

（5）$D(z)$ 能保持稳态增益不变。

阶跃响应不变法使用时应注意：

（1）采样频率较低时，应串联校正网络，补偿零阶保持器引起的相移。

（2）只适用于 $D(s)$ 具有低通特性的情况。

3. 双线性变换法

由 Z 变换的定义可知，$z=e^{Ts}$。利用级数展开可得

$$z = e^{Ts} = \frac{e^{\frac{Ts}{2}}}{e^{-\frac{Ts}{2}}} = \frac{1 + \frac{Ts}{2} + \cdots}{1 - \frac{Ts}{2} + \cdots} \approx \frac{1 + \frac{Ts}{2}}{1 - \frac{Ts}{2}} \tag{5-81}$$

式(5-81)称为双线性变换。

为了由 $D(s)$ 求得 $D(z)$，由式(5-81)可得

$$s = \frac{2}{T}\frac{z-1}{z+1} \tag{5-82}$$

则有

$$D(z) = D(s) \mid_{s=\frac{2}{T}\frac{z-1}{z+1}} \tag{5-83}$$

式(5-83)就是利用双线性变换法由 $D(s)$ 得到 $D(z)$ 的计算公式。

双线性变换法的特点为：

（1）$D(z)$ 的频率特性没有混迭效应。

（2）如果 $D(s)$ 是稳定的，则 $D(z)$ 也一定是稳定的。

（3）由于频率轴发生严重畸变，因此 $D(z)$ 不能保持 $D(s)$ 的频率特性。

（4）变换后的稳态增益不变。

4. 后向差分变换法

利用级数将 $z=e^{Ts}$ 展开为如下形式

$$z = e^{Ts} = \frac{1}{e^{-Ts}} \approx \frac{1}{1 - Ts} \tag{5-84}$$

为了由 $D(s)$ 求得 $D(z)$，由式(5-84)可得

$$s = \frac{z-1}{Tz} \tag{5-85}$$

则有

$$D(z) = D(s) \mid_{s=\frac{z-1}{Tz}} \tag{5-86}$$

式(5-86)便是后向差分变换法由 $D(s)$ 求取 $D(z)$ 的计算公式。

5. 前向差分变换法

利用级数展开可将 $z=e^{Ts}$ 写成如下形式

$$z = e^{Ts} = 1 + Ts + \frac{(Ts)^2}{2!} + \cdots \approx 1 + Ts \tag{5-87}$$

为了由 $D(s)$ 求得 $D(z)$，由式(5-87)可得

$$s = \frac{z-1}{T} \tag{5-88}$$

则有

$$D(z) = D(s) \mid_{s=\frac{z-1}{T}} \tag{5-89}$$

式(5-89)便是前向差分变换法由 $D(s)$ 求取 $D(z)$ 的计算公式。

各种离散化方法的比较结果如下：

（1）双线性变换法精度最高，其次是差分变换法和阶跃响应不变法，脉冲响应不变法最差。

（2）对于阶跃响应不变法，由于零阶保持器造成的附加相移较大，当采样频率不够高时，应设法补偿。

（3）脉冲响应不变法能保证脉冲响应不变，但幅度受采样周期 T 影响，随着 T 的减小，变换精度才有所提高。

（4）当采样周期 T 小到一定程度时，各种变换方法区别不大。

5.4　控制算法的离散化设计

计算机控制算法的连续化设计，立足于连续控制系统控制器的设计，然后在计算机上进行数字模拟来实现的。但是连续化设计技术要求相当短的采样周期，因此只能实现较简单的控制算法。由于控制任务的需要，当所选择的采样周期比较大或对控制质量要求比较高时，必须从受控对象的特性出发，直接根据离散控制理论来设计数字控制算法，这类方法称为离散化设计方法。离散化设计技术比连续化设计技术更具有一般意义，它完全是根据离散控制系统的特点进行分析和综合，并导出相应的控制算法。

5.4.1　基本设计原理

在图 5-15 所示的数字控制系统中，$G_P(s)$ 是受控对象的传递函数，$G_h(s)$ 是零阶保持器的传递函数，$D(z)$ 是待定的数字控制器。系统的闭环脉冲传递函数为

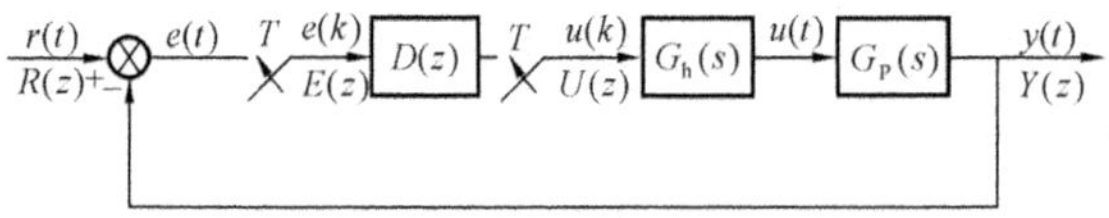

图 5-15　数字控制系统方框图

$$\varphi(z) = \frac{Y(z)}{R(z)} = \frac{D(z)G(z)}{1 + D(z)G(z)}$$

$$(5\text{-}90)$$

其中，$G(z) = Z[G_h(s)G_P(s)] = Z\left[\dfrac{1-e^{-Ts}}{s}G_P(s)\right]$ 为广义对象的脉冲传递函数。

根据式（5-90）可得数字控制器 $D(z)$ 的脉冲传递函数为

$$D(z) = \frac{\varphi(z)}{G(z)\left[1-\varphi(z)\right]}$$

$$(5\text{-}91)$$

若已知 $G_P(s)$ 且可根据控制系统性能指标要求构造 $\varphi(z)$，则数字控制器 $D(z)$ 也就随之确定。由此可得出计算机控制算法的离散化设计步骤如下：

（1）根据控制系统的性能指标要求和其他约束条件，确定所需闭环脉冲传递函数 $\varphi(z)$。

（2）求出广义对象的脉冲传递函数 $G(z)$。

（3）根据式（5-91）求出数字控制器的脉冲传递函数 $D(z)$。

（4）根据 $D(z)$ 求取控制算法——差分方程，并由计算机编程实现。

5.4.2　最少拍控制算法

在数字随动控制系统中，要求系统输出尽快地跟踪给定值的变化，最少拍控制就是能够满足上述要求的一种离散化设计方法。所谓最少拍控制，就是要求闭环系统对于某种特定的输入在最少的几个采样周期内达到无静差的稳态控制效果。

1. 典型输入信号的 Z 变换

控制系统的典型输入信号有以下几种。

(1) 单位阶跃信号。输入信号 $r(t) = 1(t)$，其 Z 变换为

$$R(z) = \frac{1}{1 - z^{-1}} \tag{5-92}$$

(2) 单位斜坡信号。输入信号 $r(t) = t$，其 Z 变换为

$$R(z) = \frac{Tz^{-1}}{(1 - z^{-1})^2} \tag{5-93}$$

(3) 单位加速度信号。输入信号 $r(t) = \frac{1}{2}t^2$，其 Z 变换为

$$R(z) = \frac{T^2 z^{-1}(1 + z^{-1})}{2(1 - z^{-1})^3} \tag{5-94}$$

上述信号的一般形式为

$$R(z) = \frac{A(z)}{(1 - z^{-1})^q} \tag{5-95}$$

式中，$A(z)$ 是不包含 $(1 - z^{-1})$ 因子的关于 z^{-1} 的多项式。当 q 分别为 1、2、3 时，对应的典型输入信号为单位阶跃信号、单位斜坡信号和单位加速度信号。

2. 最少拍控制器设计

设受控对象 $G_p(s)$ 中不含有纯滞后环节。由图 5-15 可知，误差 $E(z)$ 为

$$E(z) = R(z) - Y(z) = R(z) - \varphi(z)R(z) = [1 - \varphi(z)]R(z) \tag{5-96}$$

则闭环误差脉冲传递函数 $\varphi_e(z)$ 为

$$\varphi_e(z) = \frac{E(z)}{R(z)} = 1 - \varphi(z) \tag{5-97}$$

依据最少拍控制系统的性能要求，可得

$$\begin{aligned}
\lim_{k \to \infty} e(k) &= \lim_{z \to 1}(1 - z^{-1})E(z) \\
&= \lim_{z \to 1}(1 - z^{-1})R(z)\varphi_e(z) \\
&= \lim_{z \to 1}(1 - z^{-1})\frac{A(z)}{(1 - z^{-1})^q}\varphi_e(z) = 0
\end{aligned} \tag{5-98}$$

因为 $A(z)$ 中不包含 $(1 - z^{-1})$ 因子，故 $\varphi_e(z)$ 中必含有 $(1 - z^{-1})^q$ 的因子。设

$$\varphi_e(z) = (1 - z^{-1})^q F(z) \tag{5-99}$$

其中，$F(z)$ 为一个待定的关于 z^{-1} 的多项式。显然，为了使 $\varphi(z)$ 能够实现，$F(z)$ 中的第一项应取为 1，即

$$F(z) = 1 + f_1 z^{-1} + f_2 z^{-2} + \cdots + f_p z^{-p}$$

可以看出，$\varphi(z)$ 具有 z^{-1} 的最高幂次为 $N = p + q$，这表明系统闭环响应在采样点的值经过 N 拍可达到稳态。特别是当 $p = 0$，即 $F(z) = 1$ 时，系统在采样点的输出可在最少拍（$N_{min} = q$）内达到稳态，即为最少拍控制。因此最少拍控制器设计时 $\varphi(z)$ 选为

$$\varphi(z) = 1 - (1 - z^{-1})^q \tag{5-100}$$

由式(5-91)可知，最少拍控制器 $D(z)$ 为

$$D(z) = \frac{\varphi(z)}{G(z)[1 - \varphi(z)]} = \frac{1 - (1 - z^{-1})^q}{G(z)(1 - z^{-1})^q} \tag{5-101}$$

将在典型输入信号作用下的最少拍控制系统闭环脉冲传递函数及相应的响应过程调整时间列入表 5-3。

对于表 5-3 所示三种情况，根据式(5-101)求得最少拍控制器的脉冲传递函数 $D(z)$ 分别为

$$D(z) = \frac{z^{-1}}{1 - z^{-1}} \cdot \frac{1}{G(z)} \quad r(t) = 1(t)$$

$$D(z) = \frac{2z^{-1} - z^{-2}}{(1 - z^{-1})^2} \cdot \frac{1}{G(z)} \quad r(t) = t$$

$$D(z) = \frac{3z^{-1} - 3z^{-2} + z^{-3}}{(1 - z^{-1})^3} \cdot \frac{1}{G(z)} \quad r(t) = \frac{1}{2}t^2$$

表 5-3　　　　　　　　　最少拍系统闭环脉冲传递函数及相应过程的调整时间

典型输入		闭环脉冲传递函数		调整时间 t_s
$r(t)$	$R(z)$	$\varphi_e(z)$	$\varphi(z)$	
$1(t)$	$\dfrac{1}{1 - z^{-1}}$	$1 - z^{-1}$	z^{-1}	T
t	$\dfrac{Tz^{-1}}{(1 - z^{-1})^2}$	$(1 - z^{-1})^2$	$2z^{-1} - z^{-2}$	$2T$
$\dfrac{1}{2}t^2$	$\dfrac{T^2 z^{-1}(1 + z^{-1})}{2(1 - z^{-1})^3}$	$(1 - z^{-1})^3$	$3z^{-1} - 3z^{-2} + z^{-3}$	$3T$

需指出，表 5-3 给出的典型输入信号作用下最少拍系统的闭环脉冲传递函数只适用于广义对象脉冲传递函数 $G(z)$ 不含纯滞后，以及在单位圆上与单位圆外无零极点的情况。

3. 最少拍控制算法使用说明

(1) 最少拍控制器对典型输入的适应性问题。最少拍控制器的设计是使系统对某一典型输入的响应为最少拍，但对于其他典型输入不一定为最少拍，甚至会引起大的超调和静差。一般来说，一种典型的最少拍闭环传递函数 $\varphi(z)$ 只适应一种特定的输入而不能适应各种输入。

(2) $D(z)$ 的物理可实现问题。所谓数字控制器 $D(z)$ 的物理可实现问题，是要求数字控制器算法中不允许出现对未来时刻信息的要求。这是因为未来信息尚属未知，不能用来计算控制量。具体来说，就是 $D(z)$ 的无穷级数展开式中不能出现 z 的正幂项。为了使 $D(z)$ 物理上可实现，$\varphi(z)$ 应满足的条件是：若系统广义对象的脉冲传递函数 $G(z)$ 的分母比分子高 N 阶，则确定 $\varphi(z)$ 时必须至少分母比分子高 N 阶。

(3) 最少拍控制的稳定性问题。在前面的设计过程中，对 $G(z)$ 并没有提出限制条件。实际上，只有当 $G(z)$ 是稳定的(即在 z 平面单位圆上和圆外没有极点)，且不含有纯滞后环节时，式 (5-100)才成立。如果 $G(z)$ 不满足稳定条件，则需对设计原则作相应的限制。由闭环脉冲传递函数 $\varphi(z)$ 的表达式(5-90)可以看出，$D(z)$ 和 $G(z)$ 总是成对出现，但却不允许它们的零点、极点互相抵消。这是因为，简单地利用 $D(z)$ 的零点去消 $G(z)$ 中不稳定的极点，虽然从理论上可以得到一个稳定的闭环系统，但是这种稳定是建立在零极点完全对消的基础上的。当系统的参数产生漂移，或系统辨识的参数有误差时，这种零极点对消不可能准确实现，从而将引起闭环系统不稳定。

上述分析说明，在单位圆上或圆外 $D(z)$ 和 $G(z)$ 不能对消零极点，但并不意味着含有这种现象的系统不能补偿成稳定的系统，只是在选择 $\varphi(z)$ 时必须加一个约束条件，这个约束条件称为稳定条件。

5.5　纯滞后对象的控制算法

在工业生产过程控制中，由于物料或能量的传输延迟，使得许多受控对象具有纯滞后特性。

依据自动控制理论可知，由于纯滞后的存在，控制器的控制作用需经过纯滞后时间 τ 才能作用于受控对象，致使干扰对被控量的影响得不到及时消除，控制系统产生较明显的超调或振荡。因此，具有纯滞后的对象被公认为是过程控制的难点之一。纯滞后对象的常规控制算法有史密斯预估控制算法、大林控制算法、无振荡控制算法和最优控制算法等。这里仅介绍前两种算法。

5.5.1　史密斯预估控制算法

早在 20 世纪 50 年代末，国外就对工业生产过程中纯滞后现象进行了深入的研究，史密斯(Smith)提出了一种纯滞后控制器，常被称为史密斯预估器或史密斯补偿器。由于当时模拟仪表不能实现这种补偿，致使这种方法在工业实际中无法实现。随着计算机技术的飞速发展，现在人们可以利用计算机方便地实现纯滞后补偿。史密斯预估控制算法的基本思想是按照过程的动态特性建立一个模型加入到反馈控制系统中，使被延迟了时间 τ 的被控量超前反映到控制器上，让控制器提前动作，从而可明显地减少超调量以及加快调节过程。

1. 算法原理

图 5-16 为受控对象具有纯滞后特性的单回路反馈控制系统。其中，控制器的传递函数为 $D(s)$，受控对象的传递函数为 $G_P(s)e^{-\tau s}$ [$G_P(s)$ 为受控对象中不包含纯滞后部分的传递函数，$e^{-\tau s}$ 为受控对象纯滞后部分的传递函数]。

图 5-16 所示的单回路反馈控制系统闭环传递函数为

$$\varphi(s) = \frac{D(s)G_P(s)e^{-\tau s}}{1 + D(s)G_P(s)e^{-\tau s}} \tag{5-102}$$

由式(5-102)可以看出，系统特征方程中含有纯滞后环节，它会降低系统的稳定性。

史密斯预估控制原理是：与控制器 $D(s)$ 并接一个补偿环节(称为预估器)，用来补偿受控对象中的纯滞后部分。预估器的传递函数为 $G_P(s)(1 - e^{-\tau s})$，补偿后的控制系统如图 5-17 所示。

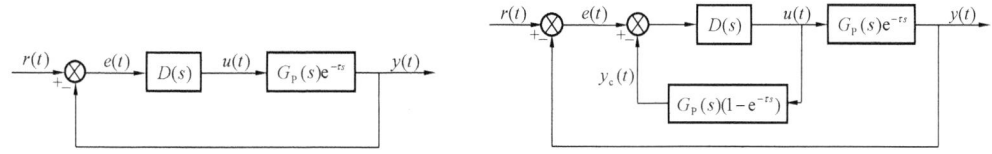

图 5-16　纯滞后对象的单回路反馈控制系统　　　图 5-17　带史密斯预估器的控制系统

由史密斯预估器 $G_P(s)(1 - e^{-\tau s})$ 和控制器 $D(s)$ 组成的回路称为纯滞后补偿器，其传递函数 $D_m(s)$ 为

$$D_m(s) = \frac{D(s)}{1 + D(s)G_P(s)(1 - e^{-\tau s})} \tag{5-103}$$

根据图 5-17 可得史密斯预估器补偿后系统的闭环传递函数为

$$\varphi(s) = \frac{D(s)G_P(s)}{1 + D(s)G_P(s)} e^{-\tau s} \tag{5-104}$$

式(5-104)说明，经补偿后，消除了纯滞后环节对控制系统的影响，纯滞后 $e^{-\tau s}$ 已在闭环控制回路之外，它将不会影响系统的稳定性。拉氏变换的位移定理说明，$e^{-\tau s}$ 仅是将控制作用在时间坐标上推移了一个时间 τ，控制系统的过渡过程及其他性能指标都与受控对象特性为 $G_P(s)$ (即没有纯滞后)时完全相同。

2. 算法实现

纯滞后补偿的数字控制器由两部分组成：一部分是数字控制器 $D(z)$ [由 $D(s)$ 离散化得到]，另一部分是史密斯预估器，如图 5-18 所示。

由于纯滞后的存在，信号要延迟 N（$N = \tau/T$）个周期。为此，在计算机内存中专门设定 N 个单元存放信号 $m(k)$（见图 5-19）的历史数据。实施时，在每个采样周期，把新得到的 $m(k)$ 存入 0 号单元，同时把 0 号单元原来存放的数据移到 1 号单元，1 号单元原来存放的数据移到 2 号单元，依此类推。因此，N 号单元里的内容，即为 $m(k)$ 滞后 N 个采样周期后的信号 $m(k-N)$。

史密斯预估器的输出可按图 5-19 的顺序计算。在图 5-19 中，$u(k)$ 是数字控制器 $D(z)$ 的输出，$y_c(k)$ 是史密斯预估器的输出。从图 5-19 可知，必须先计算传递函数 $G_P(s)$ 的输出 $m(k)$ 后，才能计算史密斯预估器的输出。

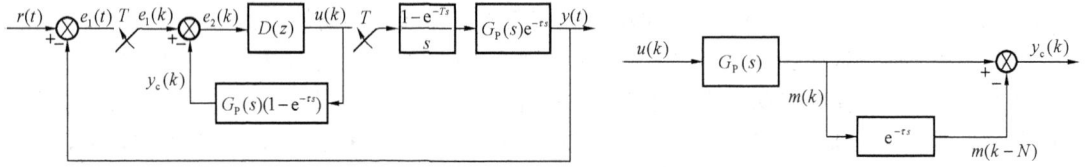

图 5-18　具有纯滞后补偿的数字控制系统　　　图 5-19　史密斯预估器方框图

（1）计算反馈回路的偏差 $e_2(k)$。

$$e_2(k) = r(k) - y(k) - y_c(k) \tag{5-105}$$

（2）计算控制器的输出 $u(k)$。

$$u(k) = u(k-1) + \Delta u(k) \tag{5-106}$$

（3）计算史密斯预估器的输出 $y_c(k)$。

$$y_c(k) = m(k) - m(k-N) \tag{5-107}$$

其中，$m(k)$ 根据受控对象模型 $G_P(s)$ 的差分形式和控制器 $D(z)$ 的输出 $u(k)$ 计算得到。

假设受控对象可以用一阶惯性环节与纯滞后环节的串联（许多工业过程可用此模型来近似）模型表示，即

$$G(s) = G_P(s)\mathrm{e}^{-\tau s} = \frac{K_P}{1 + T_P s}\mathrm{e}^{-\tau s} \tag{5-108}$$

其中，K_P 为受控对象的放大倍数，T_P 为受控对象的时间常数。史密斯预估器的传递函数为

$$G_c(s) = \frac{Y_c(s)}{U(s)} = G_P(s)(1 - \mathrm{e}^{-\tau s}) = \frac{K_P}{1 + T_P s}(1 - \mathrm{e}^{-NTs}) \tag{5-109}$$

相应的差分方程为

$$y_c(k) = a y_c(k-1) + b[u(k-1) - u(k-N-1)] \tag{5-110}$$

史密斯预估器为解决纯滞后控制问题提供了一条有效的途径，但遗憾的是它存在两个不足之处，在应用时应引起重视。一是史密斯预估器对系统受到的负荷干扰无补偿作用；二是史密斯预估控制系统的控制效果严重依赖于对象的动态模型精度，特别是纯滞后时间，因此模型的失配或运行条件的改变都将影响到控制效果。针对这些问题，许多学者又在史密斯预估器的基础上研究了不少的改进方案。

5.5.2　大林控制算法

针对具有纯滞后特性受控对象的控制问题，前面介绍了史密斯预估控制算法，这里再介绍一种算法——大林（Dahlin）控制算法。

1. 算法设计

设受控对象 $G_P(s)$ 是带有纯滞后的一阶环节或二阶惯性环节，其传递函数为

$$G_P(s) = \frac{K}{T_1 s + 1}\mathrm{e}^{-\tau s} \tag{5-111}$$

$$G_P(s) = \frac{K}{(T_1 s+1)(T_2 s+1)} e^{-\tau s} \tag{5-112}$$

大林算法的设计目标是使整个闭环系统所期望的传递函数 $\varphi(s)$ 为一个惯性环节与一个纯滞后环节的串联，且纯滞后时间与受控对象纯滞后时间相同，即

$$\varphi(s) = \frac{1}{T_\tau s+1} e^{-\tau s} \tag{5-113}$$

式中，T_τ 为闭环系统的时间常数。

设控制系统的方框图如图 5-15 所示。由于系统中采用零阶保持器，所以闭环系统的脉冲传递函数 $\varphi(z)$ 为

$$\varphi(z) = Z\left[\frac{1-e^{-Ts}}{s} \cdot \frac{e^{-\tau s}}{T_\tau s+1} \right] \tag{5-114}$$

将 $\tau = NT$ 代入式(5-114)，再取 Z 变换得

$$\varphi(z) = \frac{(1-e^{-T/T_\tau}) z^{-N-1}}{1-e^{-T/T_\tau} z^{-1}} \tag{5-115}$$

所设计的数字控制器脉冲传递函数为

$$D(z) = \frac{\varphi(z)}{G(z)[1-\varphi(z)]} = \frac{1}{G(z)} \cdot \frac{(1-e^{-T/T_\tau}) z^{-N-1}}{1-e^{-T/T_\tau} z^{-1} - (1-e^{-T/T_\tau}) z^{-N-1}} \tag{5-116}$$

下面分别对带有纯滞后的一阶惯性环节和二阶惯性环节进行讨论。

(1) 受控对象为带有纯滞后的一阶惯性环节情况。

$$G(z) = Z\left[\frac{1-e^{-Ts}}{s} \cdot \frac{Ke^{-\tau s}}{T_1 s+1} \right] \tag{5-117}$$

将 $\tau = NT$ 代入式(5-117)，再取 Z 变换得

$$G(z) = Kz^{-N-1} \frac{1-e^{-T/T_1}}{1-e^{-T/T_1} z^{-1}} \tag{5-118}$$

再将式(5-118)代入式(5-116)得到数字控制器的脉冲传递函数为

$$D(z) = \frac{(1-e^{-T/T_\tau})(1-e^{-T/T_1} z^{-1})}{K(1-e^{-T/T_1})[1-e^{-T/T_\tau} z^{-1} - (1-e^{-T/T_\tau}) z^{-N-1}]} \tag{5-119}$$

(2) 受控对象为带有纯滞后的二阶惯性环节情况。

$$G(z) = Z\left[\frac{1-e^{-Ts}}{s} \cdot \frac{Ke^{-\tau s}}{(T_1 s+1)(T_2 s+1)} \right] \tag{5-120}$$

将 $\tau = NT$ 代入式(5-120)，再取 Z 变换得

$$G(z) = \frac{K(C_1+C_2 z^{-1}) z^{-N-1}}{(1-e^{-T/T_1} z^{-1})(1-e^{-T/T_2} z^{-1})} \tag{5-121}$$

其中

$$\begin{cases} C_1 = 1+ \dfrac{1}{T_2-T_1}(T_1 e^{-T/T_1} - T_2 e^{-T/T_2}) \\ C_2 = e^{-T(1/T_1+1/T_2)} + \dfrac{1}{T_2-T_1}(T_1 e^{-T/T_2} - T_2 e^{-T/T_1}) \end{cases}$$

再将式(5-121)代入式(5-116)得到数字控制器的脉冲传递函数为

$$D(z) = \frac{(1-e^{-T/T_\tau})(1-e^{-T/T_1} z^{-1})(1-e^{-T/T_2} z^{-1})}{K(C_1+C_2 z^{-1})[1-e^{-T/T_\tau} z^{-1} - (1-e^{-T/T_\tau}) z^{-N-1}]} \tag{5-122}$$

2. 振铃现象及抑制方法

按照大林算法设计的控制器，有时会出现所谓的振铃现象。它表现为控制量[即 $u(k)$]以二分之一采样频率大幅度地衰减振荡。由于受控对象中惯性环节的低通特性，使得振铃现象对系统

的输出几乎无任何影响，但却会增加执行机构的磨损，所以在系统设计中应设法消除振铃现象。

衡量振铃现象的强烈程度采用参数"振铃幅度（RA）"进行衡量。它的定义是：控制器在单位阶跃输入作用下，第 0 次输出幅度与第 1 次输出幅度的差值。振铃现象与受控对象的特性、系统闭环时间常数、采样周期、纯滞后时间的大小等有关。下面就振铃现象产生的原因及振铃现象的消除进行讨论。

依据图 5-15 可以得到如下关系式：

$$Y(z) = U(z)G(z) \tag{5-123}$$

$$Y(z) = \varphi(z)R(z) \tag{5-124}$$

由式(5-123)与式(5-124)可以推得数字控制器的输出 $U(z)$ 与输入信号 $R(z)$ 之间的关系为

$$\frac{U(z)}{R(z)} = \frac{\varphi(z)}{G(z)} = \varphi_u(z)$$

即有

$$U(z) = \varphi_u(z)R(z) \tag{5-125}$$

$\varphi_u(z)$ 表达了数字控制器的输出与输入信号在闭环时的关系，是分析振铃现象的基础。对于单位阶跃输入信号 $R(z) = 1/(1-z^{-1})$，含有极点 $z=1$，如果 $\varphi_u(z)$ 的极点在 z 平面的负实轴上，且与 $z=-1$ 点相近，那么数字控制器的输出序列 $u(k)$ 中将含有这两种幅值相近的瞬态项，而且瞬态项的符号在不同时刻是不同的。当两瞬态项符号相同时，数字控制器的输出控制作用加强，符号相反时，控制作用减弱，从而造成数字控制器的输出序列大幅度波动。分析 $\varphi_u(z)$ 在 z 平面负实轴上极点的分布情况，就可以得出振铃现象的有关结论。下面分析带纯滞后的一阶或二阶惯性环节系统中的振铃现象。

（1）带纯滞后的一阶惯性环节。

受控对象为具有纯滞后特性的一阶惯性环节时，则有

$$\varphi_u(z) = \frac{\varphi(z)}{G(z)} = \frac{(1-e^{-T/T_r})(1-e^{-T/T_1}z^{-1})}{K(1-e^{-T/T_1})(1-e^{-T/T_r}z^{-1})} \tag{5-126}$$

求得极点 $z = e^{-T/T_r}$，显然 z 永远大于零。故得出结论：在带纯滞后的一阶惯性环节组成的系统中，采用大林算法时不会产生振铃现象。

（2）带纯滞后的二阶惯性环节。

受控对象为具有纯滞后特性的二阶惯性环节时，则有

$$\varphi_u(z) = \frac{\varphi(z)}{G(z)} = \frac{(1-e^{-T/T_r})(1-e^{-T/T_1}z^{-1})(1-e^{-T/T_2}z^{-1})}{KC_1(1-e^{-T/T_r}z^{-1})(1+\frac{C_2}{C_1}z^{-1})} \tag{5-127}$$

式(5-127)有两个极点，第一个极点 $z = e^{-T/T_r}$，不会引起振铃现象，第二个极点 $z = -\frac{C_2}{C_1}$。由式(5-121)可知，$\lim\limits_{T \to 0}\left(-\frac{C_2}{C_1}\right) = -1$。说明这时可能在实轴上出现与 $z=-1$ 相近的极点，这一极点将引起振铃现象。

大林提出一种消除振铃的方法，即先找出 $D(z)$ 中引起振铃现象的因子（$z=-1$ 附近的极点），然后令其中的 $z=1$。根据 Z 变换的终值定理，这样处理不会影响输出量的稳态值，但往往可以有效地消除振铃现象。

例 5-10 设闭环系统数字控制器的脉冲传递函数 $D(z)$ 为

$$D(z) = \frac{1.068(1-z^{-1})(1-0.368z^{-1})}{(1+0.718z^{-1})(1-0.607z^{-1}-0.393z^{-3})}$$

试分析系统中产生振铃现象的原因，并采取有效措施消除振铃现象。

解 显然 $D(z)$ 的极点 $z = -0.718$ 是一个接近 $z = -1$ 的极点，它是引起振铃现象的主要原因。在因子 $(1 + 0.718z^{-1})$ 中，令 $z = 1$，即得新的控制器为

$$D'(z) = \frac{1.068(1 - z^{-1})(1 - 0.368z^{-1})}{1.718(1 - 0.607z^{-1} - 0.393z^{-3})} = \frac{0.622(1 - z^{-1})(1 - 0.368z^{-1})}{1 - 0.607z^{-1} - 0.393z^{-3}} \quad (5\text{-}128)$$

对应新的控制器 $D'(z)$，系统的闭环传递函数为

$$\varphi(z) = \frac{D'(z)G(z)}{1 + D'(z)G(z)} = \frac{0.229z^{-3}(1 + 0.718z^{-1})}{1 - 0.607z^{-1} - 0.164z^{-3} + 0.164z^{-4}} \quad (5\text{-}129)$$

闭环系统在单位阶跃作用下的输出为

$$Y(z) = \varphi(z)R(z) = 0.229z^{-3} + 0.532z^{-4} + 0.716z^{-5} + 0.866z^{-6} + \cdots$$

数字控制器的输出为

$$U(z) = \frac{Y(z)}{G(z)} = 0.622 + 0.149z^{-1} + 0.09z^{-2} + 0.158z^{-3} + \cdots \quad (5\text{-}130)$$

可见，振铃现象已基本消除。

5.6 数字 PID 控制算法

自计算机进入控制领域以来，用数字计算机代替模拟控制器组成计算机控制系统，不仅可以利用软件实现 PID 控制算法，而且能够结合计算机控制的特点，根据具体情况增加各种功能模块，使 PID 控制更加灵活多样，以更好地满足工业过程的需要。数字 PID 是工业过程中最普遍采用的一种控制算法，在机电、化工、冶金、机械等行业中获得广泛应用。

5.6.1 PID 控制原理

在模拟控制系统中，PID 控制算法将偏差 $e(t)$ [即给定值 $r(t)$ 与被控量 $y(t)$ 之差]的比例、积分、微分通过线性组合构成控制量，对受控对象进行控制。模拟 PID 控制算法表达式为

$$u(t) = K_P \left[e(t) + \frac{1}{T_I} \int_0^t e(t)\mathrm{d}t + T_D \frac{\mathrm{d}e(t)}{\mathrm{d}t} \right] + u_0 \quad (5\text{-}131)$$

式中，$u(t)$ 为控制量；$e(t)$ 为偏差，$e(t) = r(t) - y(t)$；K_P 为比例增益；T_I 为积分时间；T_D 为微分时间；u_0 为控制量起始值。

PID 控制算法中各校正环节的作用简述如下：

(1) 比例环节：即成比例地反应控制系统的偏差信号 $e(t)$，偏差一旦产生，控制器立即产生控制作用以减小偏差。比例增益 K_P 越大，比例作用越强，消除余差的能力也就越强。

(2) 积分环节：主要用于消除余差，提高系统的无差度。积分作用的强弱取决于积分时间 T_I 的大小，T_I 越小，积分作用越强，反之则越弱。

(3) 微分环节：反应偏差信号的变化速率，并能在偏差信号值变得太大之前，在系统中引入一个有效的早期修正信号，从而加快系统的动作速度，减小调节时间。微分时间 T_D 越大，微分作用越强，反之则越弱。

5.6.2 基本数字 PID 控制算法

数字 PID 控制算法是模拟 PID 控制算法的数字化形式。为了用程序实现 PID 控制算法，必须将微分方程式(5-131)离散化为差分方程，故需作如下近似：

$$t = kT \quad (5\text{-}132)$$

$$\int_0^t e(t)\,\mathrm{d}t \approx \sum_{j=0}^k e(jT)T \tag{5-133}$$

$$\frac{\mathrm{d}e(t)}{\mathrm{d}t} \approx \frac{e(kT)-e(kT-T)}{T} \tag{5-134}$$

式中，T 为采样周期。为使算式简便，将 $e(kT)$ 记为 $e(k)$。

根据输出量表达方式的不同，数字 PID 控制算法可分为位置式、增量式和速度式三种。

1. 位置式

在数字控制系统中，偏差经 PID 运算后，如果控制器的输出值（即控制量）表明了控制阀开度的大小，则此时的数字 PID 控制算法称为位置式 PID 算法。

将式(5-132)～式(5-134)代入式(5-131)，可得位置式 PID 算法表达式为

$$u(k) = K_P \left\{ e(k) + \frac{T}{T_I}\sum_{j=0}^k e(j) + \frac{T_D}{T}\left[e(k)-e(k-1)\right] \right\} + u_0 \tag{5-135}$$

或写成

$$u(k) = K_P e(k) + K_I \sum_{j=0}^k e(j) + K_D\left[e(k)-e(k-1)\right] + u_0 \tag{5-136}$$

式中，$u(k)$ 为 $t=kT$ 时刻的控制量；$K_I = \dfrac{K_P T}{T_I}$ 为积分系数；$K_D = \dfrac{K_P T_D}{T}$ 为微分系数。

由式(5-135)和式(5-136)可知，积分项 $\sum\limits_{j=0}^k e(j)$ 需要保留所有 kT 时刻之前的偏差值，计算繁琐，占用很大内存，容易产生较大的累积计算误差。此外，控制从手动切换到自动时，位置式 PID 算法必须先将计算机的输出值置为原始阀门开度后，才能保证无冲击切换。位置式 PID 算法的程序框图如图 5-20(a)所示。

2. 增量式

在数字控制系统中，偏差经 PID 运算后，如果控制器的输出值表明了控制阀开度的改变量，则此时的数字 PID 控制算法称为增量式 PID 算法，即

$$\Delta u(k) = u(k) - u(k-1) \tag{5-137}$$

由式(5-135)可知

$$u(k-1) = K_P \left\{ e(k-1) + \frac{T}{T_I}\sum_{j=0}^{k-1} e(j) + \frac{T_D}{T}\left[e(k-1)-e(k-2)\right] \right\} + u_0 \tag{5-138}$$

再将式(5-135)、式(5-138)代入式(5-137)，得到增量式 PID 算法表达式为

$$\Delta u(k) = K_P\left[e(k)-e(k-1)\right] + K_P\frac{T}{T_I}e(k) + K_P\frac{T_D}{T}\left[e(k)-2e(k-1)+e(k-2)\right] \tag{5-139}$$

或写成

$$\Delta u(k) = K_P\left[e(k)-e(k-1)\right] + K_I e(k) + K_D\left[e(k)-2e(k-1)+e(k-2)\right] \tag{5-140}$$

增量式 PID 算法与位置式 PID 算法相比，具有如下优点：

(1) 除当前偏差值 $e(k)$ 外，只需保留前两个采样时刻的偏差值，即 $e(k-2)$ 和 $e(k-1)$，免去了保存所有偏差值的麻烦，因此计算误差或精度不足时对控制量的计算影响较小，编程简单，占用内存少，运算快。

(2) 即使偏差长期存在使控制阀达到极限位置，但是只要偏差换向，输出增量 $\Delta u(k)$ 也立即换向，使输出脱离饱和状态，减小了发生积分饱和的危险。

(3) 增量式 PID 算法与原始值无关，易于实现手动到自动的无冲击切换。

由于增量式 PID 算法具有上述优点，故它在数字控制系统中得到了最广泛的应用。增量式

PID 算法的程序框图如图 5-20(b)所示。

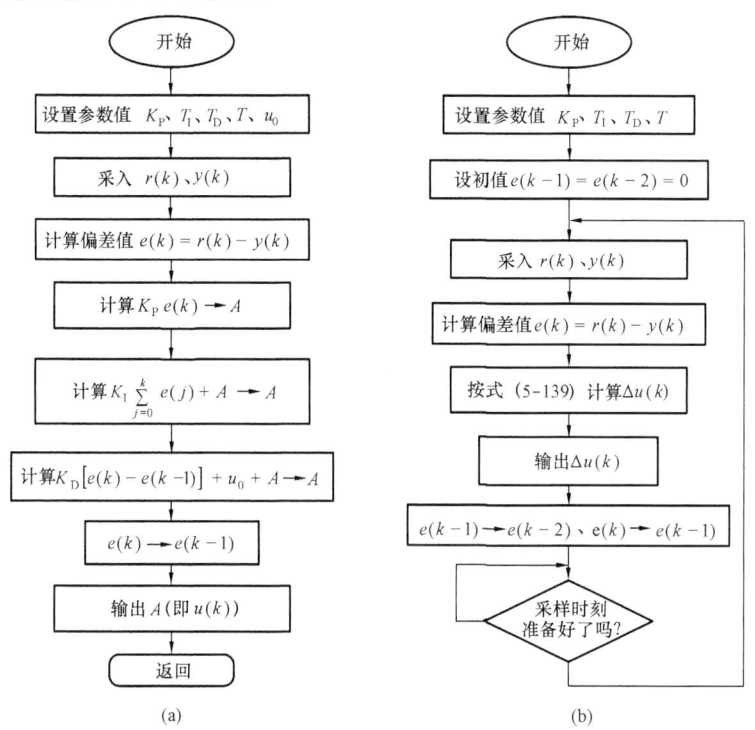

图 5-20 PID 算法程序框图

(a)位置式 PID 算法；(b)增量式 PID 算法

3. 速度式

在数字控制系统中，偏差经 PID 运算后，如果控制器的输出值表示直流伺服电动机的转动速度，则此时的数字 PID 算法称为速度式 PID 算法。

将式(5-139)两边同除以采样周期 T，可得速度式 PID 算法表达式为

$$v(k) = \frac{K_P}{T}\left[e(k) - e(k-1)\right] + \frac{K_P}{T_I}e(k) + \frac{K_P T_D}{T^2}\left[e(k) - 2e(k-1) + e(k-2)\right]$$

$$(5-141)$$

5.6.3 改进型数字 PID 控制算法

由于计算机控制系统中的数字 PID 算法由软件实现，所以根据不同受控对象的要求，在上述基本 PID 控制算法基础上作某些改进非常方便，这样可在某种程度上改善控制品质。

1. 微分先行 PID 控制算法

当控制系统的给定值发生阶跃变化时，微分动作将使控制量 $u(k)$ 大幅度变化，这样不利于生产的稳定操作。为了避免因给定值变化给控制系统带来超调量过大、控制阀动作剧烈地冲击，可采用如图 5-21 所示的控制算法。这种算法的特点是只对被控量进行微分运算，而不对偏差微分，即对给定值无微分作用。这种方案称为微分先行 PID 控制算法，其表达式为

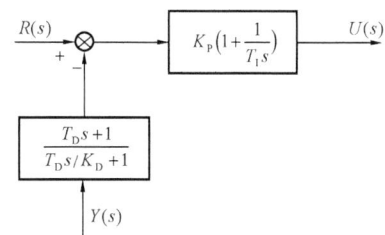

图 5-21 微分先行 PID 控制算法框图

$$\Delta u(k) = K_P \left[e(k) - e(k-1)\right] + K_I e(k) + K_D \left[y(k) - 2y(k-1) + y(k-2)\right]$$

$$(5\text{-}142)$$

2. 积分分离 PID 控制算法

基本 PID 控制算法的一个重要缺陷就是积分饱和问题。由数字化的积分运算规律可知，积分运算其实就是对系统偏差的不断累加。由于数字输出接口（D/A 转换器）的字长是有限的，其输出量最大值是固定的，如果某些因素使系统的偏差较大且短时间内无法消除，那么积分环节就会努力去消除偏差，进行长时间的运算，经过若干个采样周期后，其计算结果就会超过数字输出接口所能表示的最大值，从而进入积分饱和状态。进入饱和状态以后，控制器便失去了调节能力，系统在控制器饱和输出值的作用下，以最大的加速度运动，一直到系统出现较大幅度且较长时间的超调以后，在较大的反向偏差作用下，才能使积分环节的输出脱离饱和状态，这就是积分饱和问题。积分饱和现象会造成调节滞后，使系统出现明显的超调，恶化控制品质，而且受控对象的惯性越大，这种积分饱和现象就越严重。为了避免出现积分饱和，可以采用积分分离 PID 控制算法。

积分分离 PID 控制算法的基本思想是：在偏差 $e(k)$ 较大时，暂时取消积分作用；当偏差 $e(k)$ 小于某一设定值 ε 时，才将积分作用投入，即

$$u(k) = \begin{cases} K_P e(k) + K_D \left[e(k) - e(k-1)\right] + u_0 & |e(k)| > \varepsilon \\ K_P e(k) + K_I \sum_{j=0}^{k} e(j) + K_D \left[e(k) - e(k-1)\right] + u_0 & |e(k)| \leqslant \varepsilon \end{cases} \quad (5\text{-}143)$$

由于 ε 与系统其他参数之间没有固定的函数关系，所以 ε 的值需要根据系统的实际情况适当选取。若 ε 过大，起不到积分分离的作用；ε 过小，即偏差 $e(k)$ 一直在积分区域之外，长期只有 P 或 PD 控制，系统将存在余差。

3. 变速积分 PID 控制算法

在基本 PID 控制算法中，积分系数 K_I 是一个常数，所以在整个控制过程中积分增益不变。而比较理想的情况是：系统偏差大时积分作用减弱以至全无，而在小偏差时加强；否则，积分系数取大了容易产生超调甚至积分饱和，取小了又长时间不能消除余差。因此，若能根据系统偏差大小改变积分速度，便可有效提高控制品质。变速积分 PID 算法就是基于此思想设计出来的，其积分项表达式为

$$u_I(k) = K_I \left\{ \sum_{j=0}^{k-1} e(j) + f\left[e(k)\right]e(k) \right\} \quad (5\text{-}144)$$

由式(5-144)可知，变速积分 PID 算法就是设法改变积分项的累加速度，实现偏差越大，积分越慢，反之则越快。积分项的累加速度由函数 $f\left[e(k)\right]$ 决定，当 $|e(k)|$ 增大时，$f\left[e(k)\right]$ 减小，反之增大。

$f\left[e(k)\right]$ 与 $e(k)$ 的关系可以是线性或高阶的，例如为

$$f\left[e(k)\right] = \begin{cases} 1 & |e(k)| \leqslant E \\ \dfrac{B - |e(k)| + E}{B} & E < |e(k)| \leqslant B + E \\ 0 & |e(k)| > B + E \end{cases} \quad (5\text{-}145)$$

其中，$f\left[e(k)\right]$ 的值在 $[0, 1]$ 区间内变化。当 $|e(k)| > B + E$ 时，$f\left[e(k)\right] = 0$，暂停对当前 e

(k)的累加；当偏差$|e(k)|\leqslant E$时，累加全部当前$e(k)$，即积分项变为$u_\text{I}(k)=K_\text{I}\sum\limits_{j=0}^{k}e(j)$，与基本PID情况相同，积分动作达到全速；而当$E<|e(k)|\leqslant B+E$时，则累加的是部分当前$e(k)$，其积分速度在$K_\text{I}\sum\limits_{j=0}^{k-1}e(j)$ 和 $K_\text{I}\sum\limits_{j=0}^{k}e(j)$ 之间变化。将式(5-144)代入位置式 PID 算式(5-136)，得到变速积分 PID 算法完整表达式为

$$u(k)=K_\text{P}e(k)+K_\text{I}\left\{\sum_{j=0}^{k-1}e(j)+f[e(k)]e(k)\right\}+K_\text{D}[e(k)-e(k-1)]+u_0 \quad (5\text{-}146)$$

变速积分 PID 算法与基本 PID 算法相比，具有如下一些优点：

（1）完全消除了积分饱和现象。

（2）明显减小超调，容易使系统稳定。

（3）适应能力强，适用于大多数控制过程。

（4）参数整定容易，对B和E两参数的要求不是很精确。

变速积分与积分分离两种 PID 算法比较类似，都可以达到避免积分饱和的目的。但两者调节方法有明显区别。积分分离对积分项采用的是"开关"控制，即或者全部使用，或者全部切除。而变速积分则是缓慢变化，积分作用的强弱比较灵活。因此，变速积分 PID 算法相比积分分离 PID 算法思想更为先进，更能提高系统的控制品质。

4. 带死区的 PID 控制算法

实际中有些控制过程并不要求被控量准确地控制在给定值上，允许有小范围波动，例如大多数的液位控制系统就是这样。在上述前提下，为了避免控制动作的过于频繁，消除由于频繁动作所引起的振荡，可以采用带死区的 PID 控制算法，其表达式为

$$\Delta u(k)=\begin{cases} 0 & |e(k)|\leqslant F \\ \Delta u(k) & |e(k)|>F \end{cases} \quad (5\text{-}147)$$

式中，F 为死区宽度。

式(5-147)表明，当$|e(k)|\leqslant F$时，系统不进行控制，输出增量为零。当$|e(k)|>F$时，系统进行 PID 运算，调节过程与基本 PID 相同。在实际应用中，应根据受控对象情况确定F值。若F值太大，则系统会有很大的滞后，反应太慢，控制精度受影响；而F值太小又起不到应有的作用。

5.6.4　数字 PID 算法参数整定

1. 采样周期的选取原则

影响采样周期的因素归结如下：

（1）受控对象的扰动信号频率越高，则采样频率也应提高，即减小采样周期。

（2）当受控对象的纯滞后较大时，采样周期可以适当增大，但不能大于纯滞后时间；如果纯滞后或容量滞后不太显著，则可以选择采样周期接近对象的时间常数。

（3）系统控制的回路数量越多，则采样周期应该越大。

（4）用户对控制质量的要求越高，采样周期越小。

（5）A/D 转换器的转换速度直接限制采样周期的大小。

（6）如果选择 PID 控制算法，则应综合积分时间、微分时间的整定来考虑采样周期。

对于大多数的过程参数而言，可以按照表 5-4 给出的数据为基础先选定一个初步数值，再通过实验进行调整。

表 5-4   采样周期的选择

参数类型	采样周期	说　　明
流量	1～5s	优选 1～2s
压力	3～10s	优选 6～8s
液位	3～8s	
温度	15～20s	也可选择纯滞后时间作为采样周期
成分	15～20s	

2. 数字 PID 参数整定

参数整定是指通过调整控制参数(K_P、T_1、T_D），使控制器的特性与受控对象的特性相匹配，以满足某种反映控制系统质量的性能指标。常用的数字 PID 参数整定的方法有如下 3 种：

(1) 理论计算整定方法。依据系统的数学模型，经过理论计算确定控制器参数。这种方法所得到的计算数据未必可以直接用，还必须通过工程实际进行调整和修改。

(2) 工程整定方法。依赖工程经验，直接在控制系统的试验中进行，且方法简单、易于掌握，在工程实际中被广泛采用。主要有临界比例度法、响应曲线法和衰减法。三种方法各有其特点，其共同点都是通过试验，然后按照工程经验公式对控制器参数进行整定。但无论采用哪一种方法所得到的控制器参数，都需要在实际运行中进行最后调整与完善。

(3) 试凑法。在实际工程中，常常采用试凑法进行参数整定。

增大比例增益 K_P 一般将加快系统的响应速度，使系统的稳定性变差。

减小积分时间 T_1 将使系统的稳定性变差，使余差消除加快。

增大微分时间 T_D 将使系统的响应加快，但对扰动有敏感的响应，可使系统稳定性变差。

在试凑时，可参考上述参数对控制过程的影响趋势，对参数实行先比例，后积分，最后微分的整定步骤。

1) 首先只整定比例部分。将比例增益由小变大，观察相应的响应，直到得到反应较快、超调较小的响应曲线。若系统的余差较小，满足要求可采用纯比例控制。

2) 如果纯比例控制，有较大的余差，则需要加入积分作用。同样，积分时间从大变小，同时调整比例增益，使系统保持良好的动态性能，反复调整比例增益和积分时间，以得到满意的动态性能。

3) 若使用比例积分控制，反复调整仍达不到满意的效果，则可加入微分环节。在整定时，微分时间从小变大，相应调整比例增益和积分时间，逐步试凑，以得到满意的系统动态性能。

5.7 预测控制算法

预测控制是一类以模型预测为基础的先进计算机优化控制算法，它并不是某一种统一理论的产物，而是在工业生产过程中逐渐发展起来的，是工程界和控制理论界协作的产物。预测控制发展至今，已经在实践中和理论上均取得了丰硕的成果，先后提出了模型算法控制(MAC)、动态矩阵控制(DMC)、广义预测控制(GPC)等多种算法，并且在实际复杂工业过程控制中得到了成功应用。预测控制算法的种类虽然多，但都具有相同的三个要素——预测模型、滚动优化和反馈校正，这三个要素也是预测控制区别于其他控制算法的基本特征，同时也是预测控制在实际工程应用中取得成功的关键。

预测控制算法的基本特点归纳如下：

(1) 预测控制算法综合利用过去、现在和将来（模型预测）的信息，而传统算法（如 PID 等），却只利用过去和现在的信息。

(2) 对模型精度要求低，现代控制理论之所以在工业过程中难以大规模应用，重要的原因之一是对模型精度要求太高，而预测控制算法就成功的克服了这一点。

（3）预测控制算法反复在线优化取代离线一次优化，每个控制周期不断进行优化计算，不仅在时间上满足了实时性的要求，而且突破了离线一次优化的局限，将稳态优化与动态优化相结合。

（4）用多变量的控制思想取代传统控制手段的单变量控制。

（5）能有效处理约束问题。在实际生产中，往往希望将生产过程的设定状态推向设备及工艺条件的边界上(安全边界、设备能力边界、工艺条件边界等)运行，这种状态常会产生使操纵变量饱和，使被控变量超出约束的问题。所以能够处理约束问题就成为使控制系统能够长期、稳定、可靠运行的关键技术。

模型算法控制与动态矩阵控制是工业过程控制中最常用的两种预测控制算法，而广义预测控制是当前控制理论界和工业控制界的研究热点。下面以单输入单输出系统作为受控对象的情况为例，对三种算法加以讲述。

5.7.1　模型算法控制

模型算法控制(Model Algorithmic Control)是 20 世纪 60 年代末在法国工业企业中的锅炉和分馏塔的控制中首先得到应用。模型算法控制的预测模型采用脉冲响应模型，用过去和未来的输入、输出信息，根据模型预测系统未来的输出状态，用模型输出误差反馈校正后，与参考输入轨迹进行比较，应用二次型性能指标进行滚动优化，计算得到当前时刻应施加于系统的控制动作。由于这种算法是先预测系统未来的输出状态，再去确定当前时刻的控制动作，即先预测后控制，所以具有预见性，明显优于先有信息反馈，再产生控制动作的传统 PID 控制算法。

设受控对象的脉冲响应为 h_l，系统输出可用如下卷积模型描述：

$$y(k) = \sum_{l=1}^{\infty} h_l u(k-l) \tag{5-148}$$

式中，$y(k)$ 为系统输出；$u(k)$ 为系统控制输入。

对于稳定的受控对象，当 l 增大时，h_l 趋于零，因此模型式(5-148)可近似表示为

$$y(k) = \sum_{l=1}^{N} h_l u(k-l) \tag{5-149}$$

式中，N 为模型时域。N 的选取与采样周期 T 有关，即 NT 应该对应于受控对象的响应时间。

利用模型式(5-149)，可得到未来 $k+j$ 时刻的预测输出值为

$$\overline{y}(k+j \mid k) = \sum_{l=1}^{N} h_l u(k+j-l \mid k) \tag{5-150}$$

利用实测输出 $y(k)$ 与 $\overline{y}(k \mid k)$ 之差(称即时预测误差)对预测输出值 $\overline{y}(k+j \mid k)$ 进行修正，表示为

$$y(k+j \mid k) = \overline{y}(k+j \mid k) + f_j[y(k) - \overline{y}(k \mid k)] \tag{5-151}$$

式中，f_j 为反馈校正系数。

令输出的期望值为 $y_s(k+j)$，可采用如下参考轨迹得到

$$\begin{cases} y_s(k) = y(k) \\ y_s(k+j) = \alpha y_s(k+j-1) + (1-\alpha) y_{ss} \end{cases} (j > 0) \tag{5-152}$$

式中，α 为柔化因子，$\alpha \in [0, 1)$；y_{ss} 为输出给定值。

由式(5-151)和式(5-152)可得，输出跟踪误差预测值为

$$\begin{aligned} e(k+j \mid k) &= y_s(k+j) - y(k+j \mid k) \\ &= y_s(k+j) - \overline{y}(k+j \mid k) - f_j[y(k) - \overline{y}(k \mid k)] \end{aligned} \tag{5-153}$$

令 P 为预测时域，M 为控制时域，且 $M \leqslant P$，则有

$$u(k+i \mid k) = u(k+M-1 \mid k), i \in \{M, \cdots, P-1\} \tag{5-154}$$

根据式(5-150)和式(5-154)，容易得到

$$\overline{y}(k \mid k) = \boldsymbol{G}u(k \mid k) + \boldsymbol{G}_\mathrm{P}\boldsymbol{u}_\mathrm{P}(k) \tag{5-155}$$

其中

$$\overline{y}(k \mid k) = \begin{bmatrix} \overline{y}(k+1 \mid k) & \overline{y}(k+2 \mid k) & \cdots & \overline{y}(k+P \mid k) \end{bmatrix}^\mathrm{T}$$

$$u(k \mid k) = \begin{bmatrix} u(k \mid k) & u(k+1 \mid k) & \cdots & u(k+M-1 \mid k) \end{bmatrix}^\mathrm{T}$$

$$\boldsymbol{u}_\mathrm{P}(k) = \begin{bmatrix} u(k-1) & u(k-2) & \cdots & u(k-N+1) \end{bmatrix}^\mathrm{T}$$

$$\boldsymbol{G} = \begin{bmatrix}
h_1 & 0 & \cdots & 0 & 0 \\
h_2 & h_1 & \cdots & 0 & 0 \\
\vdots & \vdots & \ddots & \vdots & \vdots \\
h_{M-1} & h_{M-2} & \cdots & h_1 & 0 \\
h_M & h_{M-1} & \cdots & h_2 & h_1 \\
h_{M+1} & h_M & \cdots & h_3 & h_2+h_1 \\
\vdots & \vdots & \ddots & \vdots & \vdots \\
h_P & h_{P-1} & \cdots & h_{P-M+2} & h_{P-M+1}+\cdots+h_1
\end{bmatrix}$$

$$\boldsymbol{G}_\mathrm{P} = \begin{bmatrix}
h_2 & \cdots & h_{N-P+1} & h_{N-P+2} & \cdots & h_N \\
\vdots & \ddots & \vdots & \vdots & \ddots & 0 \\
h_P & \cdots & h_{N-1} & h_N & \ddots & \vdots \\
h_{P+1} & \cdots & h_N & 0 & \cdots & 0
\end{bmatrix}$$

将式(5-153)写成向量形式为

$$e(k \mid k) = \boldsymbol{y}_\mathrm{s}(k) - \overline{y}(k \mid k) - \boldsymbol{f}[y(k) - \overline{y}(k \mid k)] \tag{5-156}$$

其中

$$e(k \mid k) = \begin{bmatrix} e(k+1 \mid k) & e(k+2 \mid k) & \cdots & e(k+P \mid k) \end{bmatrix}^\mathrm{T}$$

$$\boldsymbol{y}_\mathrm{s}(k) = \begin{bmatrix} y_\mathrm{s}(k+1) & y_\mathrm{s}(k+2) & \cdots & y_\mathrm{s}(k+P) \end{bmatrix}^\mathrm{T}$$

$$\boldsymbol{f} = \begin{bmatrix} f_1 & f_2 & \cdots & f_P \end{bmatrix}^\mathrm{T}$$

再将式(5-155)代入式(5-156)，并令

$$\boldsymbol{e}_0(k) = \boldsymbol{y}_\mathrm{s}(k) - \boldsymbol{G}_\mathrm{P}\boldsymbol{u}_\mathrm{P}(k) - \boldsymbol{f}[y(k) - \overline{y}(k \mid k)]$$

得到

$$e(k \mid k) = \boldsymbol{e}_0(k) - \boldsymbol{G}u(k \mid k) \tag{5-157}$$

选取性能指标函数为

$$J(k) = \sum_{j=1}^{P} w_j e^2(k+j \mid k) + \sum_{i=1}^{M} r_i u^2(k+i-1 \mid k) \tag{5-158}$$

其中，w_j 和 r_i 都是非负的标量。再将式(5-158)写成向量形式为

$$J(k) = \boldsymbol{e}^\mathrm{T}(k \mid k)\boldsymbol{W}e(k \mid k) + \boldsymbol{u}^\mathrm{T}(k \mid k)\boldsymbol{R}u(k \mid k) \tag{5-159}$$

其中

$$\boldsymbol{W} = \mathrm{diag}\{w_1, w_2, \cdots, w_P\}, \boldsymbol{R} = \mathrm{diag}\{r_1, r_2, \cdots, r_M\}$$

将式(5-157)代入式(5-159)，使性能指标函数取最小值，得到预测控制律为

$$u(k \mid k) = (\boldsymbol{G}^\mathrm{T}\boldsymbol{W}\boldsymbol{G} + \boldsymbol{R})^{-1}\boldsymbol{G}^\mathrm{T}\boldsymbol{W}\boldsymbol{e}_0(k) \tag{5-160}$$

在每个时刻 k，实施的控制量为

$$u(k) = \boldsymbol{d}^\mathrm{T}(\boldsymbol{G}^\mathrm{T}\boldsymbol{W}\boldsymbol{G} + \boldsymbol{R})^{-1}\boldsymbol{G}^\mathrm{T}\boldsymbol{W}\boldsymbol{e}_0(k) \tag{5-161}$$

其中，$d = [1 \quad 0 \quad \cdots \quad 0]^{\mathrm{T}}$。

模型算法控制的实施步骤如下：

(1) 获得 $\{h_1, h_2, \cdots, h_N\}$；计算 $d^{\mathrm{T}}(G^{\mathrm{T}}WG + R)^{-1}G^{\mathrm{T}}W$；选择 f；获得 $u(-N)$，$u(-N+1)$，$\cdots$，$u(-1)$。

(2) 在每个时刻 $k \geqslant 0$，

1) 测量输出 $y(k)$；

2) 确定 $\boldsymbol{y}_s(k)$；

3) 计算 $y(k) - \overline{y}(k \mid k)$，其中 $\overline{y}(k \mid k) = \sum\limits_{l=1}^{N} h_l u(k-l)$；

4) 计算式(5-155)中的 $\boldsymbol{G}_P \boldsymbol{u}_P(k)$；

5) 用式(5-161)计算 $u(k)$；

6) 实施 $u(k)$。

5.7.2 动态矩阵控制

动态矩阵控制是以系统阶跃响应作为模型的预测控制算法，与模型算法控制有很多相同之处。但是，动态矩阵控制采用增量算法，因此在消除系统稳态余差方面非常有效。当然，与动态矩阵相比，模型算法控制也有其优点，即抗干扰能力可能高于动态矩阵控制。在实际应用中，要根据具体情况选择是采用动态矩阵控制还是采用模型算法控制。从目前的情况看，动态矩阵控制是流程工业中应用最多的预测控制算法。

假设系统处于稳态，在单位阶跃输入作用下，对于开环稳定的时不变单输入单输出系统输出响应为

$$\{0, s_1, s_2, \cdots, s_N, s_{N+1}, \cdots\}$$

这里再假设系统输出恰好在变化 N 步后达到稳态，则阶跃响应 $\{s_1, s_2, \cdots, s_N\}$ 构成系统的完整模型，据此系统输出可表示为

$$y(k) = \sum_{l=1}^{N} s_l \Delta u(k-l) + s_{N+1} u(k-N-1) \tag{5-162}$$

其中，$\Delta u(k-l) = u(k-l) - u(k-l-1)$。当 $s_N = s_{N-1}$ 时，式(5-162)等价于

$$y(k) = \sum_{l=1}^{N-1} s_l \Delta u(k-l) + s_N u(k-N) \tag{5-163}$$

在时刻 k，利用式(5-162)，可得到未来 P 个时刻的模型输出预测值为

$$\begin{cases} \overline{y}(k+1 \mid k) = y_0(k+1 \mid k-1) + s_1 \Delta u(k) \\ \qquad\qquad\qquad\qquad\qquad\qquad\qquad\qquad \vdots \\ \overline{y}(k+M \mid k) = y_0(k+M \mid k-1) + s_M \Delta u(k) + s_{M-1} \Delta u(k+1 \mid k) + \cdots \\ \qquad\qquad\qquad + s_1 \Delta u(k+M-1 \mid k) \\ \overline{y}(k+M+1 \mid k) = y_0(k+M+1 \mid k-1) + s_{M+1} \Delta u(k) + s_M \Delta u(k+1 \mid k) + \cdots \\ \qquad\qquad\qquad + s_2 \Delta u(k+M-1 \mid k) \\ \qquad\qquad\qquad\qquad\qquad\qquad\qquad\qquad \vdots \\ \overline{y}(k+P \mid k) = y_0(k+P \mid k-1) + s_P \Delta u(k) + s_{P-1} \Delta u(k+1 \mid k) + \cdots \\ \qquad\qquad\qquad + s_{P-M+1} \Delta u(k+M-1 \mid k) \end{cases}$$

其中

$$y_0(k+i \mid k-1) = \sum_{j=i+1}^{N} s_j \Delta u(k+i-j) + s_{N+1} u(k+i-N-1)$$

$$= \sum_{j=1}^{N-i} s_{i+j} \Delta u(k-j) + s_{N+1} u(k+i-N-1)$$

$$= s_{i+1} u(k-1) + \sum_{j=2}^{N-i} (s_{i+j} - s_{i+j-1}) u(k-j) \quad i \in \{1,2,\cdots,P\} \tag{5-164}$$

另记

$$\bar{\varepsilon}(k) = y(k) - y_0(k \mid k-1) \tag{5-165}$$

其中

$$y_0(k \mid k-1) = s_1 u(k-1) + \sum_{j=2}^{N} (s_j - s_{j-1}) u(k-j) \tag{5-166}$$

用式(5-165)校正输出预测值，得

$$y_0(k+i \mid k) = y_0(k+i \mid k-1) + f_i \bar{\varepsilon}(k) \tag{5-167}$$

$$y(k+i \mid k) = \bar{y}(k+i \mid k) + f_i \bar{\varepsilon}(k) \tag{5-168}$$

结合式(5-164)、式(5-167)和式(5-168)，可将校正后的输出预测值写成向量形式为

$$\boldsymbol{y}(k \mid k) = \boldsymbol{y}_0(k \mid k) + \boldsymbol{A} \Delta \boldsymbol{u}(k \mid k) \tag{5-169}$$

其中

$$\boldsymbol{y}(k \mid k) = [y(k+1 \mid k) \quad y(k+2 \mid k) \quad \cdots \quad y(k+P \mid k)]^{\mathrm{T}}$$

$$\boldsymbol{y}_0(k \mid k) = [y_0(k+1 \mid k) \quad y_0(k+2 \mid k) \quad \cdots \quad y_0(k+P \mid k)]^{\mathrm{T}}$$

$$\Delta \boldsymbol{u}(k \mid k) = [\Delta u(k \mid k) \quad \Delta u(k+1 \mid k) \quad \cdots \quad \Delta u(k+M-1 \mid k)]^{\mathrm{T}}$$

$$\boldsymbol{A} = \begin{bmatrix} s_1 & 0 & \cdots & 0 \\ s_2 & s_1 & \cdots & 0 \\ \vdots & \vdots & \ddots & \vdots \\ s_M & s_{M-1} & \cdots & s_1 \\ \vdots & \vdots & \ddots & \vdots \\ s_P & s_{P-1} & \cdots & s_{P-M+1} \end{bmatrix}$$

定义跟踪误差为

$$e(k+i \mid k) = y_s(k+i) - y(k+i \mid k)$$

并将其写成向量形式为

$$\boldsymbol{e}(k \mid k) = \boldsymbol{y}_s(k) - \boldsymbol{y}(k \mid k) \tag{5-170}$$

其中

$$\boldsymbol{e}(k \mid k) = [e(k+1 \mid k) e(k+2 \mid k) \cdots e(k+P \mid k)]^{\mathrm{T}}$$

$$\boldsymbol{y}_s(k) = [y_s(k+1) y_s(k+2) \cdots y_s(k+P)]^{\mathrm{T}}$$

选取性能指标函数为

$$J(k) = \sum_{i=1}^{P} w_i e^2(k+i \mid k) + \sum_{j=1}^{M} r_j \Delta u^2(k+j-1 \mid k) \tag{5-171}$$

其中，w_i 和 r_j 都是非负的标量。再将式(5-171)写成向量形式为

$$J(k) = \boldsymbol{e}^{\mathrm{T}}(k \mid k) \boldsymbol{W} \boldsymbol{e}(k \mid k) + \Delta \boldsymbol{u}^{\mathrm{T}}(k \mid k) \boldsymbol{R} \Delta \boldsymbol{u}(k \mid k) \tag{5-172}$$

其中

$$\boldsymbol{W} = \mathrm{diag}\{w_1, w_2, \cdots, w_P\}, \boldsymbol{R} = \mathrm{diag}\{r_1, r_2, \cdots, r_M\}$$

将式(5-169)、式(5-170)代入式(5-172)，使性能指标函数取最小值，得到预测控制律为

$$\Delta \boldsymbol{u}(k \mid k) = (\boldsymbol{A}^{\mathrm{T}} \boldsymbol{W} \boldsymbol{A} + \boldsymbol{R})^{-1} \boldsymbol{A}^{\mathrm{T}} \boldsymbol{W} \boldsymbol{e}_0(k) \tag{5-173}$$

其中

$$e_0(k) = y_s(k) - y_0(k \mid k)$$

在每个时刻 k，实施的控制量为

$$\Delta u(k) = d^T (A^T W A + R)^{-1} A^T W e_0(k) \tag{5-174}$$

式中，$d = [1 \quad 0 \quad \cdots \quad 0]^T$。

动态矩阵控制的实施步骤如下：

(1) 获得 $\{s_1, s_2, \cdots, s_N\}$；计算 $d^T (A^T W A + R)^{-1} A^T W$；选择 $f = [f_1 \quad f_2 \quad \cdots \quad f_P]^T$；获得 $u(-N), u(-N+1), \cdots, u(-1)$。

(2) 在每个时刻 $k \geqslant 0$：

1) 测量输出 $y(k)$；

2) 确定 $y_s(k)$（可以采用模型算法控制的做法）；

3) 用式(5-165)、式(5-166)计算 $\bar{\varepsilon}(k)$；

4) 计算式(5-169)中的 $y_0(k \mid k)$；

5) 用式(5-174)计算 $\Delta u(k)$，然后实施 $\Delta u(k)$。

5.7.3　广义预测控制

广义预测控制(GPC)是随着自适应控制研究而发展起来的一种新型预测控制算法。它具有自适应控制和预测控制的双重优点，比自适应控制具有更强的鲁棒性和实用性，故其研究一直是控制理论界和工业控制界的热点。

1. 预测模型与模型辨识

GPC 采用容易在线辨识的 CARIMA 模型来描述具有随机干扰非平稳噪声的受控对象。单变量系统的 CARIMA 模型表示如下：

$$A(z^{-1})y(k) = B(z^{-1})u(k-1) + C(z^{-1})\xi(k)/\Delta \tag{5-175}$$

其中

$$A(z^{-1}) = 1 + a_1 z^{-1} + a_2 z^{-2} + \cdots + a_{n_a} z^{-n_a}$$
$$B(z^{-1}) = b_0 + b_1 z^{-1} + b_2 z^{-2} + \cdots + b_{n_b} z^{-n_b}$$
$$C(z^{-1}) = 1 + c_1 z^{-1} + c_2 z^{-2} + \cdots + c_{n_c} z^{-n_c}$$

式中，y、u 分别为系统输出和输入，ξ 为均值为零、方差为 σ^2 的白噪声，$\Delta = 1 - z^{-1}$ 为差分算子。

CARIMA 预测模型通常采用实用有效的最小二乘方法在线辨识得到。为了能更好地克服"数据饱和"现象，也可解决被控系统稳定时参数估计的误差协方差阵由于信息量减少按指数增加的问题，这里给出一种改进的时变遗忘因子递推最小二乘方法。

将式(5-175)改写为

$$\Delta y(k) = -A_1(z^{-1})\Delta y(k) + B(z^{-1})\Delta u(k-1) + C_1(z^{-1})\xi(k) + \xi(k) \tag{5-176}$$

其中，$A_1(z^{-1}) = A(z^{-1}) - 1, C_1(z^{-1}) = C(z^{-1}) - 1$。把模型参数与数据参数分别用向量形式记为

$$\theta = [a_1 \quad \cdots \quad a_{n_a} \quad b_0 \quad \cdots \quad b_{n_b} \quad c_1 \quad \cdots \quad c_{n_c}]^T$$

$$\varphi(k) = [-\Delta y(k-1) \quad \cdots \quad -\Delta y(k-n_a) \, \Delta u(k-1) \quad \cdots \quad \Delta u(k-n_b-1)$$
$$\xi(k-1) \quad \cdots \quad \xi(k-n_c)]^T$$

则可将式(5-176)写成最小二乘格式

$$\Delta y(k) = \varphi(k)^T \theta + \xi(k) \tag{5-177}$$

初始条件通常取为：$\hat{\theta}(-1) = \mathbf{0}$（$\mathbf{0}$ 为零向量），$P(-1) = \tau^2 I$（τ 为一个充分大的正数，I 为单

位阵）。改进的时变遗忘因子递推最小二乘算法为

$$\hat{\boldsymbol{\theta}}(k) = \hat{\boldsymbol{\theta}}(k-1) + \boldsymbol{K}(k)\left[\Delta y(k) - \boldsymbol{\varphi}(k)^{\mathrm{T}}\hat{\boldsymbol{\theta}}(k-1)\right] \tag{5-178}$$

$$\boldsymbol{K}(k) = \boldsymbol{P}(k-1)\boldsymbol{\varphi}(k)\left[\boldsymbol{\varphi}(k)^{\mathrm{T}}\boldsymbol{P}(k-1)\boldsymbol{\varphi}(k) + \mu(k)\right]^{-1} \tag{5-179}$$

$$\mu(k) = 1 - \frac{1}{\sigma^2 L}\left[1 - \frac{\boldsymbol{\varphi}(k)^{\mathrm{T}}\boldsymbol{P}(k-1)\boldsymbol{\varphi}(k)}{\mu(k-1) + \boldsymbol{\varphi}(k)^{\mathrm{T}}\boldsymbol{P}(k-1)\boldsymbol{\varphi}(k)}\right] \tag{5-180}$$

引进

$$\boldsymbol{\Psi}(k) = \left[\boldsymbol{I} - \boldsymbol{K}(k)\boldsymbol{\varphi}(k)^{\mathrm{T}}\right]\boldsymbol{P}(k-1) \tag{5-181}$$

如果 trace$\left[\boldsymbol{\Psi}(k)\right]/\mu(k) \leqslant \omega(\omega > \tau^2)$，则 $\boldsymbol{P}(k) = \boldsymbol{\Psi}(k)/\mu(k)$；否则 $\boldsymbol{P}(k) = \boldsymbol{\Psi}(k)$。

式中，σ^2 为量测噪声方差；L 为数据长度；trace$\left[\boldsymbol{\Psi}(k)\right]$ 是矩阵 $\boldsymbol{\Psi}(k)$ 的迹；$\boldsymbol{P}(k)$ 为误差协方差矩阵；$\mu(k)$ 为时变遗忘因子，一般选取 $0.9 \leqslant \mu(k) \leqslant 1$。

2. 滚动优化求取控制律

在 GPC 模型式(5-175)基础上，为了导出系统第 j 步的预测输出值 $y(k+j \mid k)$，引入如下 Diophantine 方程

$$1 = E_j(z^{-1})A(z^{-1})\Delta + z^{-j}F_j(z^{-1}) \tag{5-182}$$

$$E_j(z^{-1})B(z^{-1}) = G_j(z^{-1}) + z^{-j}H_j(z^{-1}) \tag{5-183}$$

式中，$E_j(z^{-1})$、$F_j(z^{-1})$、$G_j(z^{-1})$、$H_j(z^{-1})$ 是由 $A(z^{-1})$、$B(z^{-1})$ 和预测长度 j 唯一确定的多项式，表示为

$$E_j(z^{-1}) = e_0 + e_1 z^{-1} + \cdots + e_{j-1} z^{-(j-1)}$$

$$F_j(z^{-1}) = f_{j,0} + f_{j,1} z^{-1} + \cdots + f_{j,n_a} z^{-n_a}$$

$$G_j(z^{-1}) = g_0 + g_1 z^{-1} + \cdots + g_{j-1} z^{-(j-1)}$$

$$H_j(z^{-1}) = h_{j,0} + h_{j,1} z^{-1} + \cdots + h_{j,n_b-1} z^{-(n_b-1)}$$

令 P 为预测时域，M 为控制时域，由式(5-175)、式(5-182)和式(5-183)可推导出第 j 步预测输出

$$y(k+j \mid k) = G_j(z^{-1})\Delta u(k+j-1) + F_j(z^{-1})y(k) + H_j(z^{-1})\Delta u(k-1) +$$
$$E_j(z^{-1})\xi(k+j) \quad (1 \leqslant j \leqslant P) \tag{5-184}$$

将式(5-184)写成如下向量形式

$$\boldsymbol{Y} = \boldsymbol{G}\boldsymbol{U} + \boldsymbol{F}y(k) + \boldsymbol{H}\Delta u(k-1) + \boldsymbol{E} \tag{5-185}$$

其中

$$\boldsymbol{G} = \begin{bmatrix} g_0 & & & \\ g_1 & g_0 & & \\ \vdots & \vdots & \ddots & \\ g_{M-1} & g_{M-2} & \cdots & g_0 \\ \vdots & \vdots & \vdots & \vdots \\ g_{P-1} & g_{P-2} & \cdots & g_{P-M} \end{bmatrix}$$

$$\boldsymbol{Y} = \left[y(k+1 \mid k) \quad y(k+2 \mid k) \quad \cdots \quad y(k+P \mid k)\right]^{\mathrm{T}}$$

$$\boldsymbol{U} = \left[\Delta u(k) \quad \Delta u(k+1) \quad \cdots \quad \Delta u(k+M-1)\right]^{\mathrm{T}}$$

$$\boldsymbol{F} = \left[F_1(z^{-1}) \quad F_2(z^{-1}) \quad \cdots \quad F_P(z^{-1})\right]^{\mathrm{T}}$$

$$\boldsymbol{H} = \left[H_1(z^{-1}) \quad H_2(z^{-1}) \quad \cdots \quad H_P(z^{-1})\right]^{\mathrm{T}}$$

$$\boldsymbol{E} = \left[E_1(z^{-1})\xi(k+1) \quad E_2(z^{-1})\xi(k+2) \quad \cdots \quad E_P(z^{-1})\xi(k+P)\right]^{\mathrm{T}}$$

选取优化性能指标函数为

$$\min J(k) = E\left\{ \sum_{j=1}^{P} \left[y(k+j\mid k) - y_s(k+j) \right]^2 + r\sum_{i=1}^{M} \left[\Delta u(k+i-1) \right]^2 \right\} \quad (5\text{-}186)$$

其中，$E\{\cdot\}$表示取数学期望值；$y_s(k+j)$为对象输出的期望值；r为控制增量加权系数。

通常为使控制过程平稳，可以采取柔化输出的方式，即不要求对象输出立刻达到设定值，而是要求其沿着某一参考轨迹逐渐逼近设定值。在大多数情况下，输出参考轨迹选取为如下一阶平滑指数曲线的形式

$$y_s(k+j) = \alpha^j y(k) + (1-\alpha^j)y_{ss}(1 \leqslant j \leqslant P) \quad (5\text{-}187)$$

式中，$\alpha\in[0,1)$为柔化因子，y_{ss}为设定值。

将式(5-186)性能指标函数写成向量形式

$$\min J = E\{ [(\boldsymbol{Y}-\boldsymbol{Y}_s)^\mathrm{T}(\boldsymbol{Y}-\boldsymbol{Y}_s)] + r\boldsymbol{U}^\mathrm{T}\boldsymbol{U} \} \quad (5\text{-}188)$$

其中，$\boldsymbol{Y}_s = [y_s(k+1)\quad y_s(k+2)\quad \cdots\quad y_s(k+P)]^\mathrm{T}$为期望输出矩阵。

最后，将式(5-185)代入式(5-188)，使指标函数取最小值，则有

$$2\boldsymbol{G}^\mathrm{T}(\boldsymbol{Y}-\boldsymbol{Y}_s)+2r\boldsymbol{U}=\boldsymbol{0}$$

整理得到

$$\boldsymbol{G}^\mathrm{T}[\boldsymbol{G}\boldsymbol{U} + \boldsymbol{F}y(k) + \boldsymbol{H}\Delta u(k-1) - \boldsymbol{Y}_s] + r\boldsymbol{U} = \boldsymbol{0}$$

将 $\boldsymbol{U}$ 同类项移到等式左边得

$$(r\boldsymbol{I}+\boldsymbol{G}^\mathrm{T}\boldsymbol{G})\boldsymbol{U} = \boldsymbol{G}^\mathrm{T}[\boldsymbol{Y}_s - \boldsymbol{F}y(k) - \boldsymbol{H}\Delta u(k-1)]$$

GPC 控制律为

$$\boldsymbol{U} = (r\boldsymbol{I}+\boldsymbol{G}^\mathrm{T}\boldsymbol{G})^{-1}\boldsymbol{G}^\mathrm{T}[\boldsymbol{Y}_s - \boldsymbol{F}y(k) - \boldsymbol{H}\Delta u(k-1)] \quad (5\text{-}189)$$

同时，即时控制量可由式(5-190)求得

$$u(k) = u(k-1) + \boldsymbol{d}^\mathrm{T}[\boldsymbol{Y}_s - \boldsymbol{F}y(k) - \boldsymbol{H}\Delta u(k-1)] \quad (5\text{-}190)$$

其中，$\boldsymbol{d}^\mathrm{T}$为矩阵$(r\boldsymbol{I}+\boldsymbol{G}^\mathrm{T}\boldsymbol{G})^{-1}\boldsymbol{G}^\mathrm{T}$的第一行。

GPC 在线控制的实施可按照以下步骤：

(1) 根据受控对象的最新输入、输出数据，利用改进型时变遗忘因子递推最小二乘法算式(5-178)~式(5-181)辨识模型参数，得到 $A(z^{-1})$ 和 $B(z^{-1})$。

(2) 根据 $A(z^{-1})$、$B(z^{-1})$，按照式(5-182)、式(5-183)计算 $E_j(z^{-1})$、$F_j(z^{-1})$、$G_j(z^{-1})$、$H_j(z^{-1})$。

(3) 重新计算出 $\boldsymbol{d}^\mathrm{T}$，最后按式(5-190)计算得到 $u(k)$，并将其作用于实际受控对象。

GPC 采用差分方程形式的 CARIMA 模型作为预测模型。该模型不但可以描述非平稳扰动，保证系统控制输出的稳态跟踪误差为零，还自然地将积分作用引入预测控制律中，消除了阶跃扰动引起的偏差。CARIMA 模型能够描述稳定、不稳定、积分等各种类型的受控过程，而且通过引入扰动和噪声模型，实现对可测扰动、不可测扰动与测量噪声的显式考虑。由于 CARIMA 模型参数少，相比其他算法更加容易实现模型辨识及自适应控制，同时在线反复辨识模型为反馈校正提供了一种新的实现方式，代替了用当前时刻的预测测量误差修正未来输出预测值的方式。GPC 的优化目标函数采用二次型函数，不但能够很容易地引入各种约束，解决有约束系统的控制问题，而且在不考虑约束的条件下可以得到控制律的解析解。GPC 已经成功应用于许多工业过程，特别是针对参数与时滞不确定的对象显示出了良好的控制性能和鲁棒性。

由式(5-189)可知，在求取预测控制律之前必须先对矩阵 $r\boldsymbol{I}+\boldsymbol{G}^\mathrm{T}\boldsymbol{G}$ 进行非常复杂的求逆运算。此外，随着受控对象阶次和控制系统预测时域的增加，式(5-182)与式(5-183)中 $E_j(z^{-1})$、$F_j(z^{-1})$、$G_j(z^{-1})$ 和 $H_j(z^{-1})$ 的阶次也随之增加，致使求解 Diophantine 方程变得困难，而且当预测时域或模型系数 $A(z^{-1})$、$B(z^{-1})$ 变化时，还需在线重新求解 Diophantine 方程，这无疑又增

加了计算量。当受控对象参数未知或时变时，需采用式(5-178)～式(5-181)的最小二乘方法在线反复辨识模型参数，然后再利用辨识出来的参数重新求解 Diophantine 方程和计算控制律。这其中涉及模型参数辨识、Diophantine 方程求解以及矩阵求逆运算三大反复性的计算环节，故需要相当长的在线计算时间，造成控制器计算负担较大，不利于 GPC 的工业应用，特别是限制了其在实时性要求较高系统中的应用。因此，改进 GPC 算法的快速性，缩短在线计算时间是 GPC 研究领域长期解决的重点，更是广泛拓展 GPC 应用的根本。

5.7.4 预测控制算法参数设计

上述三种预测控制算法均涉及控制器参数(预测时域 P、控制时域 M、误差加权矩阵 W 和控制加权矩阵 R)的选取问题。从算法的推导过程可知，设计者不可能通过解析方法唯一确定上述参数以满足设计要求，它们与控制的快速性、稳定性、鲁棒性、抗干扰性等并没有直接的解析关系可作为设计的定量依据。因此，对于一般的受控对象，常采用试凑与仿真相结合的方法，对控制器参数进行整定。下面以动态矩阵控制为例，简述上述参数的选择原则和整定方法。

1. 预测时域

预测时域 P 表示对 k 时刻起未来多少步的系统输出逼近其期望值。在实际应用中，为了使动态优化真正有意义，预测时域 P 必须超过对象阶跃响应的时滞部分或由非最小相位特性引起的反向部分，并覆盖对象动态响应的主要部分。大量仿真结果均表明，预测时域 P 的大小对控制系统的稳定性与快速性有较大影响。若 P 取得较大，系统稳定性好，但动态响应速度变慢；相反，若 P 取得较小，则控制系统快速性好，但其稳定性与鲁棒性变差。因而，应该在上述两者之间综合考虑选取 P 值，使控制系统既能获得所期望的稳定性和鲁棒性，又能满足快速性的实际要求。

2. 控制时域

控制时域 M 在优化性能指标中表示为优化控制变量的个数。由于 P 个预测输出最多只受到 P 个控制增量的影响，因此应使 $M \leqslant P$。一般情况下，若 M 选择较小，难以保证系统输出跟踪给定值的准确性，即跟踪性能较差；相反，若 M 选择较大，能够提高系统的控制能力，从而改善跟踪性能，但也相应提高了控制的灵敏度，使系统的稳定性和鲁棒性变差。因此，选择 M 和选择 P 一样，必须兼顾控制的快速性和稳定性，综合考虑两者之后方可确定。对于开环稳定、非最小相位等简单的受控系统，一般取 M 等于 1 即可；对于复杂对象，增大 M 值直到控制和输出响应变化较小时，此时的 M 是最合适的。

3. 误差加权矩阵

误差加权矩阵 W 反映了对不同时刻系统输出逼近期望值的重视程度。通常的选取方法如下

$$w_i = \begin{cases} 0(i < \tau) \\ 1(i \geqslant \tau) \end{cases} \tag{5-191}$$

式中，τ 为系统时滞。

4. 控制加权矩阵

控制加权矩阵 R 的作用是对 $\Delta u(k)$ 的剧烈变化加以适度的限制，但 R 的加入并不意味着改善控制系统的稳定性。仿真研究表明，r_j 对控制系统的稳定性和快速性都有影响。r_j 值越小，系统动态响应速度越快，但控制增量变化的剧烈程度增加，系统容易发生振荡；反之，r_j 值越大，控制系统稳定性越好，但动态响应速度却比较缓慢。实际上，即使是很小的 r_j 值，对控制增量也有十分明显的抑制作用。

为增强参数整定的规律性，现将适用于一般受控对象的控制器参数整定方法归纳如下：

（1）根据对象的类型和动态特性确定采样周期 T，获得相应的阶跃响应系数 s_l。模型系数应尽可能平滑变化，以消除测量噪声和干扰的影响，否则将严重影响控制系统的稳定性和动态性能。在必要情况下，甚至可放弃模型与实际响应的完全匹配而构造一个光滑的响应模型。模型时域 N 一般应在 20～50 之间选取。

（2）取预测时域 P 覆盖阶跃响应的主要动态部分，这意味着在预测时域中阶跃响应的主要动态已有完全的表现，而不是要把 P 取到阶跃响应的动态变化全部结束。P 的取值可按 1、2、4、8、…的序列挑选。初选 P 后，按式（5-191）选取误差加权矩阵 $\boldsymbol{W}$。

（3）初选 r_j 均为零，并按如下方法选取控制时域：对于动态简单的对象，M 取 1～2；对于动态复杂的对象，M 取 4～8。

（4）仿真检验控制系统的动态响应，若不稳定或动态过于缓慢，可适当调整 P 直至满意为止。

（5）若对应于上述满意控制的控制量变化幅度偏大，可略微加大 r_j 值。

（6）在上述基础上，根据控制要求的侧重点，选择反馈校正系数矩阵 $\boldsymbol{f}$，并通过仿真选择柔化因子 α，使之兼顾鲁棒性和抗干扰性的要求。

模型算法控制在一般的性能指标下会出现余差，是由于它以 $u(k)$ 作为控制量，本质上导致了比例性质的控制。而动态矩阵控制与此不同，它以 $\Delta u(k)$ 直接作为控制量，在控制中包含了数字积分环节，因而即使在模型失配的情况下，也能导致无余差的控制，这是动态矩阵控制的显著优越之处。

5.8 智能控制算法

模糊控制和神经网络控制均可视为智能控制领域内的一个分支，有各自的基本特性和应用范围。它们在对信息的加工处理过程中均表现出很强的容错能力。但是，作为模糊信息处理的核心，模糊规则的自动提取及模糊变量基本状态隶属函数的自动生成问题，却一直是困扰着模糊信息处理技术进一步推广的两大问题。以非线性大规模并行处理为主要特征的神经网络技术近年来取得了引人注目的进展，神经网络作为智能信息处理工具，在学习和自动模式识别方面具有极强的优势。

5.8.1 模糊控制

模糊控制是以模糊集合论、模糊语言变量及模糊逻辑推理为基础的计算机智能控制，其概念是由美国加利福尼亚大学著名教授 L. A. Zadeh 首先提出的，经过 20 多年的发展，在模糊控制理论和应用研究方面均取得重大成功。

图 5-22 所示的模糊控制系统和闭环反馈控制系统相似，唯一不同之处在于控制装置由模糊控制器来实现。

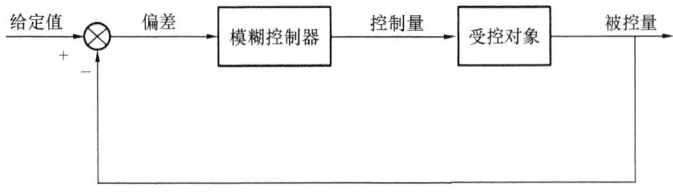

图 5-22　模糊控制系统

1. 模糊控制器的组成

模糊控制器（Fuzzy Controller）通常由下列几个部分组成（见图 5-23）。

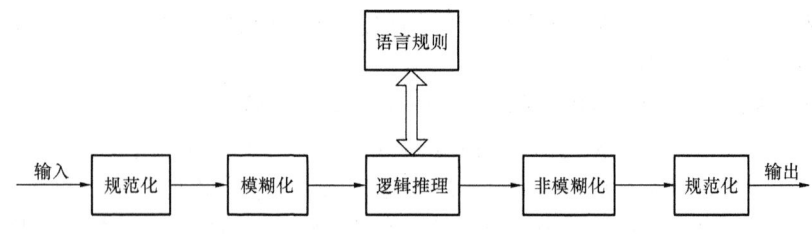

图 5-23　模糊控制器

（1）输入、输出量的规范化。

（2）输入量的模糊化。

（3）语言控制规则。

（4）模糊逻辑推理。

（5）输出量的非模糊化。

输入、输出量的规范化是指将规范化的控制器输入、输出限制在规定的范围内，以便于控制器的设计和实现。模糊化的过程就是将输入值转化为模糊量。语言规则和模糊推理是控制器的核心。根据模糊输入量和语言控制规则，模糊逻辑推理决定输出量的一个分布函数。非模糊化的过程将输出量的分布函数转换为规范化的输出量。最后，控制器将规范化的输出量转换为实际的输出值（即控制量）去控制系统。

由于模糊控制器的控制规则是根据人的手动控制规则提出的，所以模糊控制器的输入变量可以有三个，即误差、误差的变化及误差变化的变化。根据模糊控制器输入变量的个数可分为一维、二维和三维模糊控制器，如图 5-24 所示。

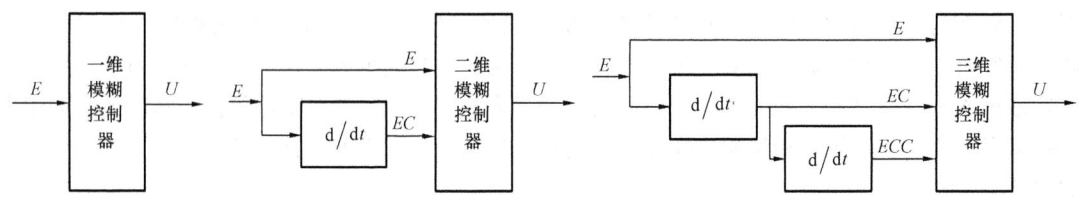

图 5-24　模糊控制器

一般情况下，一维模糊控制器用于一阶受控对象，由于这种控制器的输入变量只选误差一个，它的动态控制性能不佳。从理论上讲，模糊控制系统所选用的模糊控制器维数越高，系统的控制精度也就越高，但是维数太高，模糊控制规律就过于复杂，难以实现。因此，在设计模糊控制系统时，多采用二维控制器。

2. 模糊变量的语言值分档及量化因子的确定

模糊控制器的论域一般取为 $E=\{-6, -5, -4, -3, -2, -1, 0, 1, 2, 3, 4, 5, 6\}$，对应的模糊语言变量语言值为 {NB（负大），NM（负中），NS（负小），ZO（零），PS（正小），PM（正中），PB（正大）}。

设某偏差 e 的物理论域为 $e=[-e_{max}, e_{max}]$，将其转换为整数论域，则量化因子为

$$k_e = 6 / e_{max} \tag{5-192}$$

则有

$$E_i = k_e e_i \tag{5-193}$$

k_e 越大，系统超调量越大，过渡时间越长；k_e 越小，则系统变化越慢，稳态精度越低。

3. 模糊子集隶属函数的确定

连续的隶属函数描述比较准确，而离散化的量化等级简洁直观。隶属函数的形状在达到控制要求方面并无大的差别，但隶属函数的幅宽大小对性能影响较大。一般选用三角形、梯形隶属函数，因为它们的形状仅与斜率有关，数学表达和运算较简单，所占内存空间小，在输入值变化时，比正态分布或钟形分布隶属函数有更大的灵敏性，当存在一个偏差时，就能很快反应，产生一个相应的调整量输出。因此适用于有隶属函数在线调整的自适应模糊控制。

高斯型隶属函数较合理，其数学表达式如下：

$$\mu_A(x) = \exp\left[-\left(\frac{x-a}{b}\right)^2\right](b>0) \tag{5-194}$$

若 b 大，则 $\mu_A(x)$ 曲线宽；若 b 小，则 $\mu_A(x)$ 曲线窄。高斯型隶属函数连续且处处可求导，适合自适应、自学习模糊控制隶属函数的修正。

4. 语言值隶属函数对模糊控制性能的影响

(1) 隶属函数的幅宽大小对控制性能的影响。

若 $\mu_A(x)$ 曲线形状陡峭，则称为高分辨率的隶属函数；$\mu_B(x)$ 曲线形状平缓，则称为低分辨率的隶属函数。当 E 在 $\mu_A(x)$ 上变化时，引起的输出变化较剧烈，控制的灵敏度高。相反，当 E 在 $\mu_B(x)$ 上变化时，引起的输出变化较缓慢，系统的稳定性好。

在选择隶属函数时，一般在偏差较小或接近0的附近，采用具有高分辨率隶属函数的模糊子集；而在偏差较大的区域，采用分辨率较低的隶属函数的模糊子集，以使系统具有较强的鲁棒性。一般宽度 $w=4$ 时，控制效果较好。当 $w<2$ 时，部分区间无规则相适应，收敛性差。若 w 过大，重叠规则增加，规则间相互影响加大，响应变慢。

(2) 隶属函数元素个数对控制性能的影响。

在确定某一语言变量模糊子集的个数时，应使论域中的任何一个元素对这些模糊子集隶属度的最大值都不能太小，否则会在这些点附近出现不灵敏区的"空档"，以至于造成失控，使模糊控制系统性能变差。为此，应使模糊变量整数论域所包含的元素个数为模糊语言值分档数的2～3倍，且相邻模糊子集之间要存在交集。

(3) 各模糊子集隶属度之间相互关系对控制性能的影响。

可以用模糊语言变量所取的所有语言值模糊子集中任何两个模糊子集的交集的最大隶属度中的最大值 β 来描述这一影响。β 值小，控制灵敏度高；β 值大，模糊控制器对于受控对象参数变化适应性强，即鲁棒性好。一般取 $\beta=[0.4,0.7]$，β 太大将使两个变量难以区分。实际工作中，不应有三个隶属函数相交的状态。

(4) 隶属函数的位置分布对控制性能的影响。

原则上，设计一个模糊控制器应先从简单开始。语言值隶属函数挡数可取小些，如3挡，在进一步优化时，再根据情况考虑增加。另外，隶属函数在整个论域平均分布，控制效果并不好，作为优化第一步，将三角形模糊子集"零"集固定在"工作点"上，其他模糊子集向"零"集靠拢，一个模糊控制器的非线性性能与隶属函数总体的位置分布有密切关系。

(5) 选择模糊控制规则应注意的问题。

在对模糊控制器的语言变量值分挡时，如分挡过细，则由于人们没有足够的控制规则知识，会产生规则数量太多而规则质量下降的问题。但规则太少也是不利的，会出现"未定义值"的盲区，控制效果很差。可适当增加控制规则数。

模糊控制的效果除与控制规则条数多少及正确的规则形式有关外，还和每条规则的置信度

（权数）有关。当一条规则不受限制地适用时，其置信度为 1；仅在一定的过程状态下适用时，权数因子取小于 1 的正数。置信度一般凭经验给出或经过仿真试验确定，神经网络技术则是建立规则和确定置信度的最佳方法。语言值挡数多少不是评价控制品质的唯一标准，即使规则数量不多，只要质量好，仍能达到理想的控制效果。

上述的模糊逻辑控制存在着局限性，各个前提参数模糊子空间的划分，隶属函数主要依赖于人的经验，有很大主观性，而且计算量大，不适合实时控制。

5.8.2 神经网络控制

基于神经网络的控制称为神经网络控制（Neural Network Control）。神经网络的研究已有较长的历史，最早的研究是 20 世纪 40 年代心理学家 Mcculloch 和数学家 Pitts 合作提出的兴奋与抑制型神经元模型和 Hebb 提出的神经元连接强度的修改规则，他们的研究结果至今仍是许多神经网络模型研究的基础。进入 20 世纪 80 年代后，Rumelhart 与 Mcclelland 以及 Hopfield 等人在神经网络领域取得了突破性进展，使得这方面的研究和应用进入全盛时期。

1. 神经网络的特征和性质

神经网络作为一种新技术之所以引起人们巨大的兴趣，并越来越多地应用于控制领域，是因为与传统的控制技术相比，它具有以下重要的特征和性质：

（1）非线性。神经网络在解决非线性控制问题方面很有希望。这源于神经网络在理论上可以趋近任何非线性函数，神经网络比其他方法建模更经济。

（2）平行分布处理。神经网络具有高度平行的结构，这使它本身可平行实现。由于分布和平行实现，因而比常规方法有更大程度的容错能力。神经网络的基本单元结构简单，并行连接会有很快的处理速度。

（3）硬件实现。这与分布平行处理的特征密切相关，也就是说它不仅可以平行实现，而且许多制造厂家已经用专用的 VLSI 硬件来制作神经网络。这样，速度进一步提高，而且网络能实现的规模也明显增大。

（4）学习和自适应性。利用系统过去的数据记录，可对网络进行训练。受适当训练的网络有能力泛化，也即当输入出现训练中未提供的数据时，网络也有能力进行辨识。神经网络也可以在线训练。

（5）数据融合。网络可以同时对定性和定量的数据进行操作。在这方面，网络正好是传统工程系统（定量数据）和人工智能领域（符号数据）信息处理技术之间的桥梁。

（6）多变量系统。神经网络自然地处理多输入信号，并具有许多输出，它们非常适用于多变量系统。

很明显，复杂系统的建模问题，具有以上所需的特征。因此，用神经网络对复杂系统建模是很有前途的。

从控制理论观点看，神经网络处理非线性的能力是最有意义的。非线性系统的多样性与复杂性，使得至今还没有建立起系统的和通用的非线性控制系统设计理论。因此，神经网络将在非线性系统建模及非线性控制器的综合方面起到重要作用。

2. 神经网络直接控制的基本思想

传统的基于模型的控制方式，是根据受控对象的数学模型以及对控制系统性能指标的要求来设计控制器，并对控制规律加以数学解析描述。模糊控制是基于专家经验和领域知识总结出若干条模糊控制规则，构成描述具有不确定性复杂对象的模糊关系，通过受控系统输出误差及误差变化和模糊关系的推理合成获得控制量，从而对系统进行控制。这两种控制方式都具有显式表达知识的特点，而神经网络不善于显式表达知识，但它具有很强的逼近非线性函数的能力，即非线性映射能力。把神经网络用于控制正是利用它的这个独特优点。

当用神经网络来替代图 5-22 中的模糊控制器时，就构成了一般的神经网络控制，如图 5-25 所示。为了完成同样的控制任务，我们来分析一下神经网络是如何工作的。

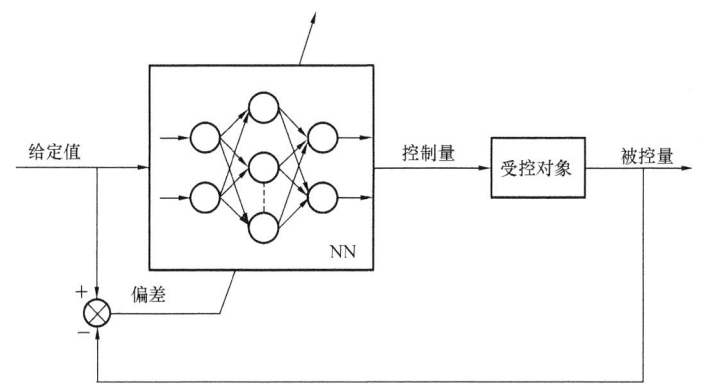

图 5-25　神经网络控制系统

设受控对象的输入 u 和系统输出 y 之间满足如下非线性函数关系

$$y = g(u) \tag{5-195}$$

控制的目的是确定最佳的控制量输入 u，使系统的实际输出 y 等于期望的输出 y_d。在该系统中，可把神经网络的功能看作输入输出的某种映射，或称函数变换，并设它的函数关系为

$$u = f(y_d) \tag{5-196}$$

为了满足系统输出 y 等于期望的输出 y_d，将式（5-196）代入式（5-195），可得

$$y = g[f(y_d)] \tag{5-197}$$

显然，当 $f(\cdot) = g^{-1}(\cdot)$ 时，满足 $y = y_d$ 的要求。

由于要采用神经网络控制的受控对象一般是复杂的且多数具有不确定性，因此，非线性函数 $g(\cdot)$ 是难以建立的，可以利用神经网络具有逼近非线性函数的能力来模拟 $g^{-1}(\cdot)$，尽管 $g(\cdot)$ 的形式未知，但通过系统的实际输出 y 与期望输出 y_d 之间的误差来调整神经网络中的连接权重，即让神经网络学习，直至误差 e 逼近 0，即

$$e = y_d - y \rightarrow 0 \tag{5-198}$$

这就是神经网络模拟 $g^{-1}(\cdot)$ 的过程，它实际上是对受控对象的一种求逆过程，由神经网络的学习算法实现这一求逆过程，就是神经网络实现直接控制的基本思想。

3. 神经网络的作用

由于神经网络具有许多优异特性，所以决定了它在控制系统中应用的多样性和灵活性。可以将神经网络在控制中的作用分为以下几种：

（1）在基于精确模型的各种控制结构中充当对象的模型。

（2）在反馈控制系统中直接充当控制器的作用。

（3）在传统控制系统中起优化计算作用。

（4）在与其他智能控制方法和优化算法（如模糊控制、专家控制及遗传算法等）相融合中，为其提供非参数化对象模型、优化参数、推理模型及故障诊断等。

 习题与思考题

1. 阐述控制算法的连续化设计步骤和离散化设计步骤。

2. 简述史密斯预估控制算法的原理。

3. 已知模拟 PID 的算式为

$$u(t) = K_P \left[e(t) + \frac{1}{T_I} \int_0^t e(t) \mathrm{d}t + T_D \frac{\mathrm{d}e(t)}{\mathrm{d}t} \right]$$

试推导它的差分增量算式。

4. 增量式 PID 算法与位置式 PID 算法相比具有哪些优点？

5. 简述变速积分 PID 算法与积分分离 PID 算法的不同点。

6. 微分先行 PID 算法具有什么优点？

7. PID 参数 K_P、T_I、T_D 对系统的动态特性和稳态特性有何影响，简述试凑法进行 PID 参数整定的步骤。

8. 什么是预测控制的三要素？动态矩阵控制与模型算法控制有哪些相同点和不同点？

9. 简述动态矩阵控制算法的实施步骤。

10. 试阐述动态矩阵控制算法控制器参数整定的方法。

第6章 计算机控制系统设计与实例

前面讲述了计算机控制系统各部分的工作原理、硬件和软件技术以及控制算法，因而具备了设计计算机控制系统的条件。计算机控制系统的设计，既是一个理论问题，又是一个工程问题。同时，计算机参与控制的生产过程多种多样，控制要求各不相同，因此控制系统的设计方法和步骤不是千篇一律的。本章从设计一般的计算机控制系统出发并结合应用实例，讨论计算机控制系统工程设计的原则、步骤和实现方法。

6.1 控制系统设计原则与步骤

6.1.1 控制系统设计原则

尽管计算机控制系统的对象各不相同，其设计方案和具体技术指标也千变万化，但在系统的设计过程中应该遵守共同的设计原则：可靠性高，操作性好，实时性强，通用性好，经济效益高。

1. 可靠性高

对于过程控制计算机而言，其工作环境比较恶劣，周围的各种干扰随时威胁着它的正常运行，而它所担当的控制重任又不允许它不正常运行。一旦故障发生，轻者会造成整个控制系统紊乱，生产过程的混乱甚至瘫痪，重者会造成人员和设备的事故。因此，在计算机控制系统的整个设计过程中，务必把安全可靠放在首位。

首先，考虑选用高性能的工控机担任工程控制任务，以保证系统在恶劣的工业环境下仍能长时间正常运行。

其次，在设计控制方案时考虑各种安全保护措施，使系统具有异常报警、事故预测、故障诊断与处理、安全联锁、不间断电源等功能。

再次，采用双机系统，即用两台计算机作为系统的核心控制器，由于两台计算机同时发生故障的概率很小，从而大大提高了系统的可靠性。双机系统中两台计算机的工作方式有以下两种。

（1）备份工作方式。在这种方式中，一台作为主机投入系统运行，另一台作为备用机，虽然也同样处于运行状态，但是它是脱离系统的，只是作为系统的热备份机。当主机出现故障时，通过专门的程序和切换装置，自动地把备份机切入系统，以保持系统正常运行。被替换下来的主机经修复后，就变成系统的备份机，这样可使系统不因主机故障而影响系统正常工作。

（2）主从工作方式。这种方式是两台计算机同时投入系统运行。在正常情况下，这两台计算机分别执行不同任务。如一台计算机可以承担系统的主要控制工作，而另一台可以执行诸如数据处理等一般性的工作。当其中一台发生故障时，故障机能自动地脱离系统，另一台计算机就自动地承担起系统的所有任务，以保证系统的正常工作。

2. 操作性好

计算机控制系统操作性好表现在两方面，一是使用方便，二是维修容易。

使用方便体现在人机界面友好，操作简单，便于掌握。因此，在设计整个系统的硬件和软件时，都应处处为用户想到这一点。例如，在考虑操作先进性的同时要兼顾操作工以往的操作习惯，使操作工易于掌握；考虑配备何种系统和环境，能降低操作人员对某些专业知识的要求；对于硬件方面，系统的控制开关不能太多、太复杂，操作顺序要尽量简单，控制台要便于操作人员工作，尽量采用图示与中文操作提示，显示器的颜色要和谐，对重要参数要设置一些保护性措施，增加操作的鲁棒性等。

维修容易是指易于查找故障、排除故障，实际应用中要从软件与硬件两个方面进行考虑。硬件上宜采用标准的功能模板式结构，便于及时查找并更换故障模板。功能模板上还应安装工作状态指示灯和监测点，便于检修人员检查与维修。另外，在软件上应配备检测与诊断程序，用于查找故障。

3. 实时性强

实时性是计算机控制系统最主要的特点之一，它表现在对内部和外部事件能及时地响应，并在规定的时限内做出相应的处理，不丢失信息，不延误操作。控制系统处理的事件一般分为两类：一类是定时事件，例如数据的定时采样、运算处理、输出控制量到受控对象等；另一类是随机事件，例如出现事故后的报警、安全联锁、打印请求等。对于定时事件，由系统内部设置的时钟保证定时处理。对于随机事件，系统应设置中断，根据故障的轻重缓急预先分配中断级别，一旦事件发生，根据中断优先级别进行处理，保证优先处理紧急故障。

4. 通用性好

计算机控制的对象千变万化，计算机控制系统的研制与开发需要一定的投资和周期。尽管受控对象多种多样，但从控制功能角度进行分析归类，仍然可以找到许多共性。比如，计算机控制系统的输入输出信号统一为 0～10mA（DC）或 4～20mA（DC）；控制算法有单回路 PID，前馈、串级、纯滞后补偿等多回路 PID，预测控制，模糊控制，最优控制等。因此，在系统设计时应尽量考虑能适应这些共性，尽可能采用标准化设计，采用积木式的模块化结构，按照控制要求灵活地构成系统。这就要求系统的通用性要好，而且在必要时能灵活地进行扩充。

计算机控制系统的通用灵活体现在两方面：一是硬件模板设计采用标准总线结构，像采用STD 总线、AT 总线、MULTIBUS 总线等，配置各种通用的功能模板，以便在扩充功能时，只要增加一些相应的功能模板就能实现；二是软件模块或控制算法采用标准模块结构，用户使用时不需要二次开发，只需按照要求选择各种功能模块，灵活地进行控制系统组态即可。系统的各项设计指标留有一定余量，也是可扩充的首要条件。例如，计算机的工作速度如果在设计时不留有一定余量，那么要想再进行系统扩充是完全不可能的；其他如电源功率、内存容量、输入输出通道、中断等也应留有一定的余量。

5. 经济效益高

计算机控制系统除了满足生产工艺所必需的技术质量要求以外，也应该带来良好的经济效益。经济效益主要体现在两个方面：一方面是在满足设计要求的情况下，系统的性能价格比要尽可能的高；另一方面是投入产出比要尽可能的低，回收周期要尽可能的短。此外，还要从提高产品质量与产量，降低能耗，减少污染、改善劳动条件等经济、社会效益各方面进行综合评估，有可能是一个多目标优化问题。目前科学技术发展十分迅速，各种新的技术和产品不断出现，这就要求所设计的系统能跟上形势的发展，要有市场竞争意识，在尽量缩短设计研制周期的同时，要有一定的预见性。

6.1.2　控制系统设计步骤

计算机控制系统设计步骤一般可分为以下三个阶段：确定任务阶段、工程设计阶段、系统调试与运行阶段。下面对这三个阶段作必要论述。

1. 确定任务阶段

随着市场经济的规范化，企业中的计算机控制系统设计与工程实施过程中往往存在着甲方乙方关系。所谓甲方，指的是任务的委托方，有时是用户本身，有的是上级主管部门，还有可能是中介单位；乙方则是系统工程项目的承接方。作为市场经济中的工程技术人员，应该对整个工程项目与控制任务的确定有所了解。确定任务阶段一般按下面的流程进行。

（1）甲方提出任务委托书。通常，甲方在委托乙方承接工程项目之前须提出任务委托书，其中一定要提供明确的系统技术性能指标要求，还要包括经费、计划进度、合作方式等内容。

（2）乙方研究任务委托书。乙方接到任务委托书后逐条进行研究，对含义不清、认识上有分歧的地方，需要补充或删节的地方逐条标出，并拟订需要进一步讨论与修改的问题。

（3）甲乙双方对任务委托书进行确认性修改。在乙方对任务委托书进行了认真地研究之后，双方应就委托书的内容进行协商性的讨论、修改与确认，并明确双方的任务和技术工作界面。

（4）乙方初步进行系统总体方案设计。由于任务与经费尚未落实，这时的总体方案设计是粗线条的。如果条件允许，可多做几个方案进行比较。方案中应突出技术难点及解决办法、经费概算和工期。

（5）乙方进行方案可行性论证。方案可行性论证的目的在于估计承接该项任务的把握性，并为签订合同后的设计工作打下基础。论证的主要内容包括技术可行性、经费可行性和进度可行性。如果论证结果可行，接着就应该做好签订合同前的准备工作；如果论证结果不可行，则应与甲方进一步协商任务委托书的有关内容或对条款进行修改。若不能修改，则合同不能签订。

（6）签订合同书或协议书。合同书（或协议书）是甲乙双方达成一致意见的结果，也是以后双方合作的唯一依据和凭证。书中应包含如下内容：经过双方修改和认可的甲方"任务委托书"的全部内容，双方的任务划分与各自承担的责任，合作方式，付款方式，进度和计划安排，验收方式及条件，成果归属，以及违约的解决办法。

2. 工程设计阶段

系统工程设计阶段主要包括组建项目研制小组、受控对象调研、系统总体方案设计、硬件和软件的细化设计与调试、系统组装五项工作内容。

（1）组建项目研制小组。

在签订了合同或协议后，系统的研制进入设计阶段。为了完成系统设计，应首先把项目组成员确定下来。项目组应由懂得计算机硬件、软件和有控制经验的技术人员组成，还要明确分工并具有良好的协作关系。

（2）受控对象调研。

在进行控制系统设计之前，设计人员首先应该对受控生产过程进行深入的调查和研究，从而熟悉工艺流程和生产环境，只有这样才能提出切实可行的系统设计方案，进而设计出一个性能优良的计算机控制系统。

（3）系统总体方案设计。

系统总体方案包括硬件总体方案和软件总体方案，这两部分的设计是有机联系的。因而，在设计时要经过多次的协调和反复，最后才能形成合理的统一在一起的总体设计方案。总体方案要形成硬件和软件的方块图，并建立说明文档。

1）硬件总体方案设计。

依据合同的设计要求和受控对象的调研结果，开展系统的硬件总体方案设计。硬件总体方案设计的方法是"黑箱"设计法（方块图法），即只需明确各方块之间的信号输入/输出关系和功能要求，而不需要知道"黑箱"内部的具体结构。硬件总体方案设计主要包括以下几方面内容。

①控制流程图的制定。

控制流程图是硬件总体方案设计的核心，也是最先要完成的内容。控制流程图大致包括如下几方面：选择被调参数和调节参数组成控制系统；确定所有的测量点及安装位置；建立声、光信号系统；建立联锁保护系统。其中，在第一方面内容中，包括确定系统的结构和类型，即根据系统要求，确定采用开环控制结构还是闭环控制结构，选择操作指导、直接数字、监督、分级等何种计算机控制系统类型。

在控制流程图的制定中，必须要注意以下几点：其一，控制系统的设计应与工艺专业人员共同研究进行，自控设计人员必须学习必要的工艺知识；其二，生产过程中影响生产的参数很多，但并非所有的参数都要进行调节，除一些主要的参数外，一些次要的辅助参数用仪表加以测量，以作为经营管理生产之用；其三，在控制方案的确定过程中，要认真考虑其可靠性。选取的方案应该是生产中应用的成熟技术，或是技术上可行的、经过一定时间的生产实践考验且已通过有关权威机构鉴定的新技术。

②仪表的选型与设备材料汇总表的制定。

仪表选型的任务就是根据经营管理和控制监测对信息的要求确定所用的仪表。要做好仪表的选型工作，必须对工况条件、工艺参数大小、被测对象的特性、仪表性能、安装条件和环境条件等因素进行细致的分析研究，对经济性要仔细比较。只有在这个基础上，才能根据用户要求选出合适的仪表。仪表选型具体包括以下几方面主要内容：

其一，选择系统的总线。系统采用总线结构，具有很多优点。采用总线，可以简化硬件设计，用户可根据需要直接选用符合总线标准的功能模板，而不必考虑模板插件之间的匹配问题，使系统硬件设计大大简化；系统可扩展性好，仅需将按总线标准研制的新的功能模板插在总线槽中即可；系统更新性好，一旦出现新的微处理器、存储器芯片和接口电路，只要将这些新的芯片按总线标准研制成各类插件，即可取代原来的模板而升级更新系统。

总线分为内部总线和外部总线。常用的工业控制机内部总线有两种，即 PC 总线和 STD 总线。根据需要选择其中一种，一般常选用 PC 总线进行系统的设计。外部总线是计算机与计算机之间、计算机与智能仪器或智能外设之间进行通信的总线，它包括并行通信总线（如 IEEE-488）和串行通信总线（如 RS-232C、RS-422 和 RS-485）。具体选择哪一种，要根据通信的速率、距离、系统拓扑结构、通信协议等要求来综合分析，才能确定。但需要说明的是，RS-422 和 RS-485 总线在工业控制机的主机中没有现成的接口装置，必须另外选择相应信号接口板或协议转换模块。

其二，选择控制器。计算机控制系统中控制器应优先选用工业控制机。工业控制机具有系列化、模块化、标准化和开放化结构，有利于系统设计者在系统设计时根据要求任意选择，像搭积木般地组建系统。这种方式可提高研制和开发速度，提高系统的技术水平和性能，增加可靠性。当然，也可以采用通用的可编程序控制器（PLC）或智能调节器来构成计算机控制系统的前端机（或称下位机）。

其三，选择输入/输出通道模板。一个典型的计算机控制系统，除了工业控制机的主机以外，还必须有各种输入/输出通道模板，其中包括数字量 I/O（即 DI/DO）、模拟量 I/O（AI/AO）等模板。系统中的输入/输出模板，可按需要进行组合，不管哪种类型的系统，其模板的选择与组合均由生产过程的输入参数和输出控制通道的种类和数量来确定。

其四，选择现场设备。现场设备主要包括变送器和执行机构。

变送器是将被测变量（如温度、压力、物位、流量等）转换为可远传的统一标准信号（如 0～10mA、4～20mA 等），且输出信号与被测变量有一定连续关系的仪表。在控制系统中其输出信号被送至工业控制机进行处理，实现数据采集。DDZ-Ⅲ型变送器输出的是 4～20mA 信号，供电电源为 24V（DC）且采用两线制，DDZ-Ⅲ型比 DDZ-Ⅱ型变送器性能好，使用方便。DDZ-S 系列变送器是在总结 DDZ-Ⅱ和 DDZ-Ⅲ型变送器的基础上，吸取了国外同类变送器的先进技术，采用模拟技术与数字技术相结合，从而开发出的新一代变送器。变送器种类较多，设计人员可根据被测参数的种类、量程、被测对象的介质类型和环境来选择变送器的具体型号。

执行机构是控制系统中必不可少的组成部分，它的作用是接受计算机发出的控制信号，并把它转换为调节机构的动作，使生产过程按预定的要求正常运行。常用的执行机构有气动与电动两种类型。气动执行机构的特点是结构简单、价格低、防火防爆；电动执行机构的特点是体积小、种类多、使用方便。在计算机控制系统中，将 0～10mA 或 4～20mA 电信号经电气转换器转换成标准的 0.02～0.1MPa 气压信号之后，即可与气动执行机构（气动调节阀）配套使用。电动执行机构（电动调节阀）直接接受来自工业控制机的输出信号 4～20mA 或 0～10mA，实现控制作用。在控制系统设计中，选用哪种类型的执行机构，要根据系统的要求来确定。

其五，制定仪表、设备、材料汇总表。它是进行概算及提出订货的依据，要根据以上仪表选型内容列出主要元部件（热电偶、热电阻、调节阀等）以及表盘、保温箱、电缆、补偿导线、管缆、光缆、特种金属管材、合金钢等设备材料的名称、规格、型号和数量。

③其他方面的考虑。

硬件总体方案中还应考虑人机联系方式、系统的机柜或机箱的结构设计、报警与联锁保护系统的设计、供气系统的设计、供电系统的设计、各种导管导线的选择与敷设、抗干扰等方面的问题。

2）软件总体方案设计。

软件总体方案设计和硬件总体方案设计一样，也是采用结构化的"黑箱"设计法。先画出较高一级的方框图，然后再将大的方框分解成小的方框，直到能表达清楚功能为止。

通常，工业控制机中通过安装监控组态软件（例如，组态王 KingView、力控 Forcecontrol 等），将工业控制所需的各种功能以模块形式提供给用户。其中包括控制算法模块、运算模块、计数/计时模块、逻辑运算模块、输入模块、输出模块、打印模块、CRT 显示模块等。系统设计者根据控制要求，选择所需的模块就能在最短的周期内，开发出目标系统软件，有效减少了软件设计工作量。

当然，并非所有的工业控制机都能给系统设计带来上述的方便，有些工业控制机只能提供硬件设计的方便，而控制软件需自行运用可视化编程工具（如 Visual Basic、Visual C++、Delphi 等）进行开发。自行开发控制软件时，应先画出程序总体流程图和各功能模块流程图，再选择程序设计语言和开发环境，然后编制程序。程序编制应先模块后整体，具体内容包括以下几个方面：

①数据类型和数据结构规划。将各执行模块要用到的参数和输出的结果列出来，然后为每一参数规划一个数据类型和数据结构。数据类型可分为逻辑型和数值型，但通常将逻辑型数据归到软件标志中去考虑。数值型可分为定点数和浮点数。定点数有直观、编程简单、运算速度快的优点，其缺点是表示的数值动态范围小，容易溢出。浮点数则相反，数值动态范围大、相对精度稳定、不易溢出，但编程复杂，运算速度低。如果某参数是一系列有序数据的集合，则不只存在数

据类型问题，还有一个数据存放格式问题，即数据结构问题。

②资源分配。完成数据类型和数据结构的规划后，便可开始分配系统的资源了。系统资源包括 ROM、RAM、定时器/计数器、中断源、I/O 地址等。ROM 资源用来存放程序和表格。定时器/计数器、中断源、I/O 地址在任务分析时已经分配好了。因此，资源分配的主要工作是 RAM 资源的分配。RAM 资源规划好后，应列出一张 RAM 资源的详细分配清单，作为编程依据。

③实时控制软件设计。控制软件的程序块包括数据采集及数据处理程序、控制算法程序、控制量输出程序、数据管理程序和数据通信程序等。其中，数据采集程序主要包括多路信号的采样、输入变换、存储等。数据处理程序主要包括数字滤波程序、线性化处理和非线性补偿程序、标度变换程序、越限报警程序等；控制算法程序用于实现控制规律的计算，产生控制量。常用控制算法包括数字 PID 控制算法、Smith 补偿控制算法、最少拍控制算法、串级控制算法、前馈控制算法、解耦控制算法、模糊控制算法、最优控制算法等；控制量输出程序实现对控制量的上下限和变化率处理、控制量的变换及输出，进而驱动执行机构或各种电气开关；数据管理程序用于生产管理，主要包括画面显示、变化趋势分析、报警记录、统计报表打印输出等；数据通信程序主要完成计算机与计算机之间、计算机与智能设备之间的信息传递和交换，此功能主要应用于分散型控制系统、分级计算机控制系统、工业网络等系统中。

3）系统总体方案设计。

将上面的硬件总体方案和软件总体方案合在一起构成系统的总体方案。方案的论证和评审是对系统设计方案的最终把关和裁定。评审通过的方案是进行具体设计和工程实施的依据，需建立总体方案正式文档。系统总体方案文档文件的内容包括：

①系统的功能、技术指标、原理性方框图及设计说明书。

②控制策略和控制算法，例如 PID 控制、Smith 补偿控制、最少拍控制、串级控制、前馈控制、解耦控制、模糊控制、最优控制等。

③工艺控制流程图、自控设备表、电气设备表和综合材料表，软件功能、结构及框图。

④方案比较和选择。

⑤保证性能指标要求的技术措施。

⑥抗干扰和可靠性设计。

⑦机柜或机箱的结构设计。

⑧经费和进度计划的安排。

(4) 硬件和软件的细化设计与调试。

此步骤只能在总体方案评审后进行，如果进行的太早会造成资源的浪费和返工。对于硬件细化设计来说，就是设计出系统的电气原理图，再按照电气原理图着手元件选购和线路设计工作。通常，除了微型计算机、单片机外，系统硬件还可能有接口电路和输入输出通道的扩充，简单的组合逻辑或时序逻辑电路、供电电源、光隔离、电平转换、驱动放大电路等。对于软件细化设计来说，就是将一个个功能模块编写成一条条程序。实际上，软硬件的调试工作与设计工作是同时进行的，即边设计、边调试、边修改，往往要经过几个反复过程才能完成。

(5) 系统组装。

硬件和软件分别通过调试之后，就可以进行系统的组装了。系统组装是系统离线仿真和调试阶段的前提和必要条件。

3. 系统调试与运行阶段

系统的调试与运行分为离线仿真与调试阶段和在线调试与运行阶段。其中，离线仿真与调试阶段是基础，目的在于检查硬件和软件的整体性能，为现场投运作准备；现场投运是对全系统的实际检验。系统调试的内容很丰富，碰到的问题是千变万化的，解决的方法也是多种多样的，并没有统一的模式。

（1）离线仿真和调试阶段。

离线仿真和调试是指在实验室或非工业现场进行的仿真和调试。系统仿真是一次全系统软硬件的统调试验，即应用相似原理和类比关系来研究事物，也就是用模型来代替实际生产过程（即受控对象）进行实验和研究。在离线仿真和调试之后，还要进行长时间的运行考验（称为考机），目的是在连续不停机运行中暴露问题和解决问题。

（2）在线调试和运行阶段。

系统离线仿真和调试后，便可进行在线调试和运行。所谓在线调试和运行就是将系统和生产过程联接在一起，进行现场调试和运行。不论上述离线仿真和调试工作多么认真、仔细，在线调试和运行仍可能出现问题。因此，要求设计人员与用户必须密切配合，对问题进行认真分析并加以解决。在线调试之前，先要做好所有设备和管线的检查工作，制定一系列调试计划、实施方案、安全措施、分工合作细则等。在线调试和运行过程应遵循从小到大，从易到难，从手动到自动，从简单回路到复杂回路逐步过渡的原则。系统正常运行后，再仔细试运行一段时间，如果不出现其他问题，即可组织验收。验收是系统项目最终完成的标志，应由甲方主持乙方参加，双方协同办理。

6.2　实例 1——储水罐液位计算机控制系统设计

储水罐工艺系统是工业生产过程控制中典型的受控对象，因此研究其液位控制系统设计方法具有较强的实际应用价值。本节以储水罐工艺系统作为受控对象，详细阐述其液位计算机控制系统的设计过程和方法。首先，按照 6.1 节中所述控制系统设计的第一步骤确定控制任务为：实现储水罐液位参数的精确控制，以及现场数据的监视和管理。然后，即可进行如下工程设计和系统调试与运行两个阶段的具体设计。

6.2.1　控制系统工程设计

为了完成控制系统设计任务，本项目组成员确定为 3 人。其中，系统设计人员 1 名，硬件设计人员 1 名和软件设计人员 1 名。系统设计人员负责控制系统总体方案设计工作，并主持完成系统调试与运行工作；硬件设计人员负责硬件的细化设计和调试工作，以及协助系统设计人员完成硬件总体方案设计和系统调试与运行工作；软件设计人员负责软件的细化设计（即软件开发）和调试工作，以及配合系统设计人员完成软件总体方案设计和系统调试与运行工作。

1. 储水罐工艺系统调研

储水罐工艺系统的流程图如图 6-1 所示。通常情况下，水槽内会存有一定容积的自来水，然后通过离心式水泵将水槽内自来水加压输送至储水罐内部。在储水罐进口和出口管路上分别安装一个手动阀门，用于控制自来水进出储水罐。因此，在启动水泵之前，必须先手动打开储水罐进口阀门，这样自来水才能流入储水罐；若同时打开储水罐出口阀门，自来水便可流回水槽，形成动态循环水系统。

2. 控制系统总体方案设计

在熟悉储水罐工艺流程的基础上，为了有效实现对储水罐液位精确控制，以及现场数据监视和管理的控制任务，这里确定选取储水罐液位作为受控变量，储水罐进水管路流量作为操纵变量，以计算机作为控制器、变频器作为执行器，控制规律采用具有抗积分饱和功能的 PID 算法，设计储水罐液位直接数字控制系统（DDC系统），其控制流程图如图6-2所示。

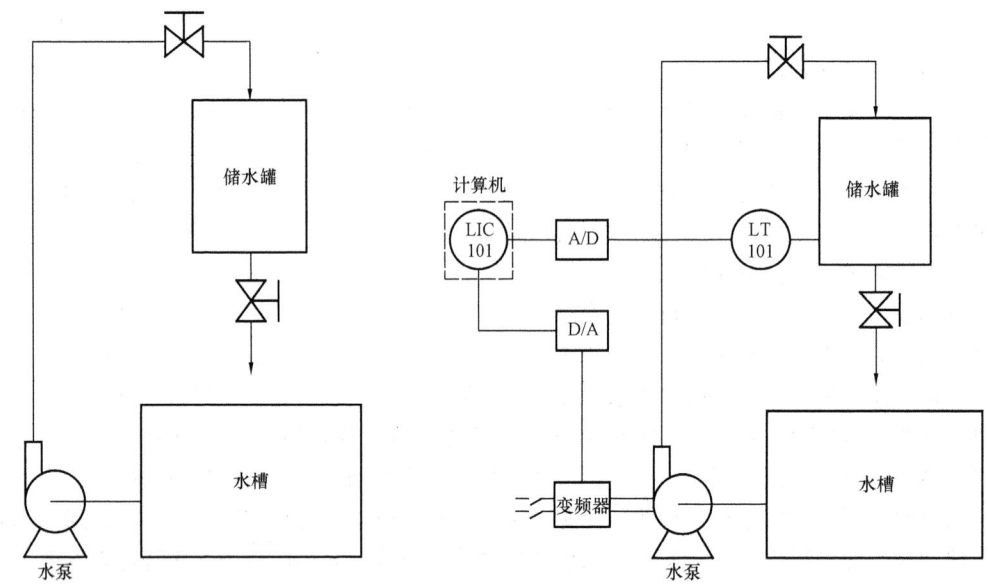

图6-1　储水罐工艺系统流程图　　　　图6-2　储水罐工艺系统控制流程图

在本系统中，控制器LIC101放置在控制室内部，环境比较稳定，故采用个人计算机（PC机）；A/D与D/A转换器分别选用能通过RS-485总线与计算机进行通信的亚当模块ADAM4017和ADAM4024实现；考虑现场环境、被测介质性质以及安装条件，液位变送器LT101采用测量范围为0～10kPa的压阻式压力变送器，将检测出来的储水罐液位信号转化为4～20mA标准电信号；变频器选用西门子G110变频器，用于接收计算机发送经ADAM4024转换后的0～10V控制信号，并完成变频调速（频率范围为0～50Hz），进而驱动水泵改变管路中的水流量，达到调节储水罐液位的目的。主要设备汇总表如表6-1所示。

表6-1　　　　　　　　　　　　主要设备汇总表

设备名称	设备型号	设备数量	功能说明
计算机	联想扬天 M6600D（G645/4GB/1TB）	1台	商用台式机
A/D转换器	研华 ADAM4017	1块	
D/A转换器	研华 ADAM4024	1块	
液位变送器	本安防爆压力变送器 PT500	1台	测量范围为0～10kPa
变频器	西门子 SINAMICS G110 6SL3211-0AB13-7BA1	1台	模拟控制方式

关于软件方面，本系统需要开发计算机监控程序，具体包括数据采集、监视与管理程序和控制算法程序两部分。其中，数据采集、监视与管理程序采用国内应用最广泛的组态王6.55组态软件进行编写；控制算法程序是先利用VB6.0中的ActiveX技术编写具有抗积分饱和功能的PID算法控件，再通过组态王6.55调用PID算法控件得以实现。

3. 硬件与软件的细化设计

（1）系统硬件接线。

本系统硬件均采用现有设备和模块，因此不涉及模块开发与电路图设计工作，仅需设计出整套系统的硬件接线图（见图6-3）。

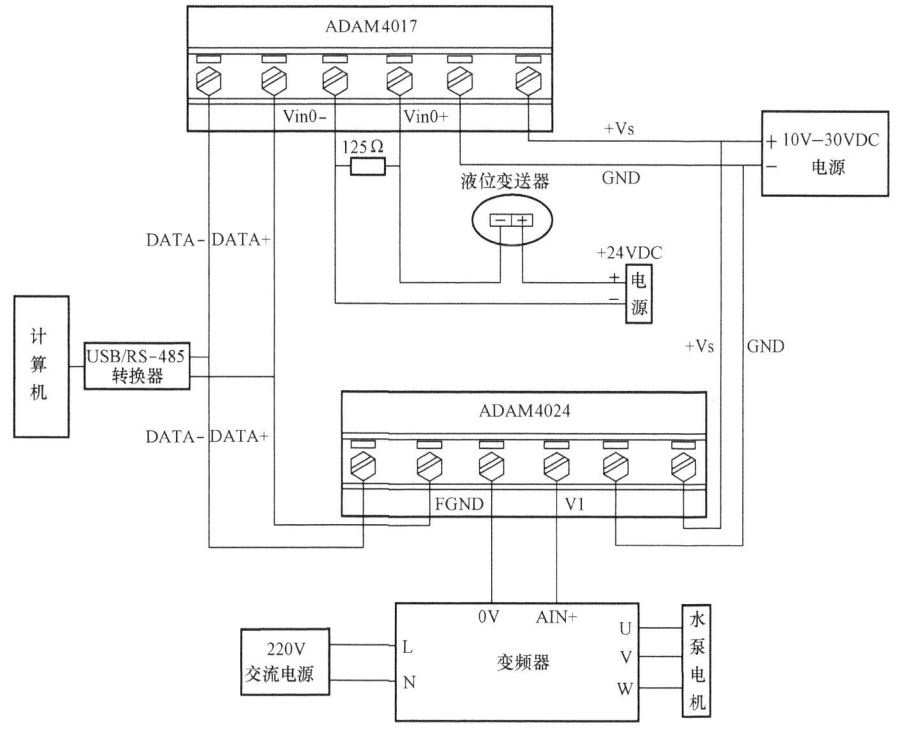

图 6-3　系统硬件接线图

（2）PID 算法控件编制。

组态软件具有强大的数据采集与监视功能，但控制功能相对较弱，其自身所提供的 PID 控件仅能实现单一类型的 PID 算法，时常不能满足设计人员和现场控制的要求。ActiveX 控件是基于 COM 标准能够被外部自动调用的 OLE 对象，与计算机编程语言无关。因此，利用 VC＋＋、VB 等编程软件开发所需类型 PID 算法的 ActiveX 控件，再通过组态软件调用 PID 算法控件，便可极大地丰富组态软件的控制功能，同时实现程序模块化，增强了代码的重用性。

本系统利用 VB6.0 软件编写具有抗积分饱和功能的 PID 算法控件（见图 6-4），实现对储水罐液位的精确控制。编写步骤归纳如下：

1）建立控件工程：在 VB6.0 的编程环境下，新建一个名称为"Controller"的 ActiveX 控件工程，并将默认生成的 UserControl 对象命名为"PID"。

2）设计控件外观：在 UserControl 对象上添加 Frame 控件、Label 控件、Picture 控件、Line 控件、Shape 控件、Text 控件、Command 控件与 Timer 控件，设计如图 6-4 所示的 PID 算法控件界面，用于完成过程变量 PV、控制给定 SV 与 PID 运算输出 OP 的数值显示和百分比动态填充显示，PID 运算的循环调用，控制参数的设定与显示，以及手/自动控制状态的切换。

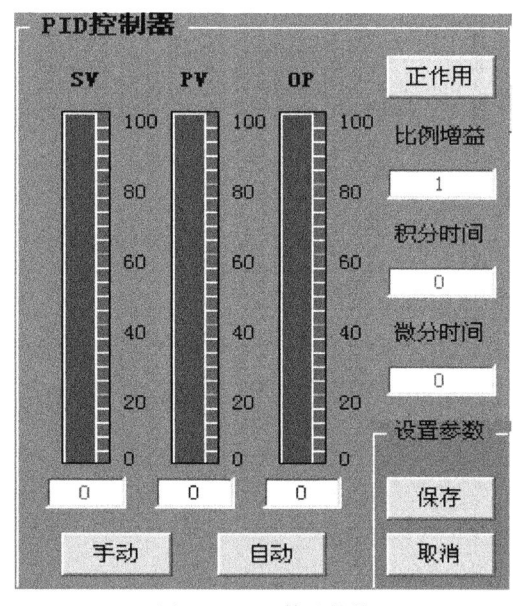

图 6-4　PID 算法控件

3）定义控件属性：在"ActiveX 控件接口向导"引导下，定义属性 SV、PV、OP、Mode、Effect、KP、TI、TD、OPH、OPL、InH、InL、CtrlPeriod、CtrlLimitH 与 CtrlLimitL 分别表示给定值、过程变量值、控制输出值、控制状态、作用形式、比例增益、积分时间、微分时间、控制输出上限值、控制输出下限值、输入上限值、输入下限值、控制周期、控制输出限幅上限值与控制输出限幅下限值。

4）编写控件过程：编写过程 UserControl_Resize（）和相应的过程 Picture_Resize（）实现 PID 控件整体的比例缩放；编写相应的过程 Command_Click（）分别实现过程变量 PV、控制给定 SV 与 PID 运算输出 OP 的数值显示，手/自动控制状态与正反作用形式的切换，以及控制参数的设定与显示；编写过程 Timer1_Timer（）实现过程变量 PV、控制给定 SV 与 PID 运算输出 OP 的百分比动态填充显示；编写过程 Timer2_Timer（）实现具有抗积分饱和功能的 PID 算法。其中，过程 Timer2_Timer（）的代码如下：

```
Private Sub Timer2_Timer ()
Dim KI As Double
Dim Out As Double
Dim Outs As Double
Dim Sign As Double
If TI = 0 Then
KI = 0
Else
KI = 1 / TI
End If
If Effect = False Then
Sign = 1
ElseIf Effect = True Then
Sign = -1
End If
E = 100 * (PV - InL) / (InH - InL) - 100 * (SV - InL) / (InH - InL)
Pi = PiStart + KP * CtrlPeriod * E * KI / 1000
If Pi > 50 Then
Pi = 50
ElseIf Pi < -50 Then
Pi = -50
End If
Out = Sign * (KP * E + Pi + KP * TD * (E - EStart) * 1000 / CtrlPeriod) + 50
If Out < 0 Then
Out = 0
ElseIf Out > 100 Then
Out = 100
End If
Outs = (OPH - OPL) * Out / 100 + OPL
```

```
If Outs < CtrlLimitL Then

OP = CtrlLimitL

ElseIf Outs > CtrlLimitH Then

OP = CtrlLimitH

Else

OP = Outs

End If

Text3. Text = Str $ (OP)

EStart = E

PiStart = Pi

End Sub
```

5）通过"打包和展开向导"，将 ActiveX 控件工程编译成 Controller. ocx 控件文件发布。

6）在 Windows 命令行下运行"regsvr32 Controller. ocx"，将 Controller. ocx 控件注册到系统中去。

（3）数据采集、监控与管理软件开发。

组态王是工业过程控制中应用最为广泛的一种通用组态软件，它具有图形功能完备、界面一致友好、易学易用等特点。本系统采用组态王 Kingview6. 55 开发储水罐液位采集、监控与管理软件（见图 6-5），其具体开发过程如下。

1）启动组态王管理器，建立名称为"储水罐液位采集、监控与管理系统"的工程。然后，进入工程浏览器，创建名称为"储水罐液位监控"的程序画面。

2）设置串口参数：双击工程浏览器左侧大纲项"设备 \ COM1"，设置通信参数：波特率为9600，数据位为 8，奇偶校验为无，停止位为 1。

3）定义 I/O 设备：选择工程浏览器左侧大纲项"设备 \ COM1"，在工程浏览器右侧用鼠标双击"新建"图标，运行"设备配置向导"，选择"智能模块 \ 亚当 4000 系列 \ adam4017 \ COM"，设备逻辑名称设置为"adam4017"，设备地址设置为 1.1，设备串口为"COM1"，其他参数保持默认，设备 ADAM4017 定义完成；选择工程浏览器左侧大纲项"设备 \ COM1"，在工程浏览器右侧用鼠标双击"新建"图标，运行"设备配置向导"，选择"智能模块 \ 亚当 4000 系列 \ adam4024 \ COM"，设备逻辑名称设置为"adam4024"，设备地址设置为 2.1，设备串口为"COM1"，其他参数保持默认，设备 ADAM4024 定义完成。

4）构建数据库：选择工程浏览器左侧大纲项"数据库 \ 数据词典"，在工程浏览器右侧用鼠标双击"新建"图标，弹出"定义变量"对话框，创建名称为"液位给定"的内存实型变量，以及名称分别为"储水罐液位"和"变频器频率"的 I/O 实型变量（按照表 6-2），并将变量"液位给定"和"储水罐液位"的记录形式设置为定时记录（间隔 1s）。

表 6-2　　　　　　　　　　　　组态王变量与亚当模块信号通道连接情况

组态王变量		亚当模块信号通道		
I/O 变量名称	变量范围	通道地址	现场参数	信号类型
储水罐液位	0～100	ADAM4017- AI0	储水罐液位	4～20mA
变频器频率	0～50	ADAM4024- AO0	变频器频率	0～10V

5）制作画面：参照图 6-2 所示的储水罐液位控制系统，在"储水罐液位监控"画面上绘制组态界面；在工具箱中单击"插入通用控件"一项，然后选择对话框内的"Controller. PID"控件加入到画

面中；在工具箱中单击"历史趋势曲线"一项，将"历史趋势曲线"控件加入画面中。

6）建立动画连接：在"Controller. PID"控件上双击，设置动画连接属性，要求"SV"属性连接变量"液位给定"，"PV"属性连接变量"储水罐液位"，"OP"属性连接变量"变频器频率"；在"Controller. PID"控件上右击选择"控件属性"，设置参数"输入变量范围"（InL 设置为 0，InH 设置为 100）和"输出变量范围"（OPL 设置为 0，OPH 设置为 50），其他参数保持默认值；利用"历史趋势曲线"控件绘制"储水罐液位"和"液位给定"两个变量的历史曲线图。在画面上适当位置建立文本，显示储水罐液位值，以及显示与写入变频器频率值；完成储水罐液位的按比例填充显示。

硬件与软件调试成功后，便可按照系统硬件接线图 6-3 完成系统组装。

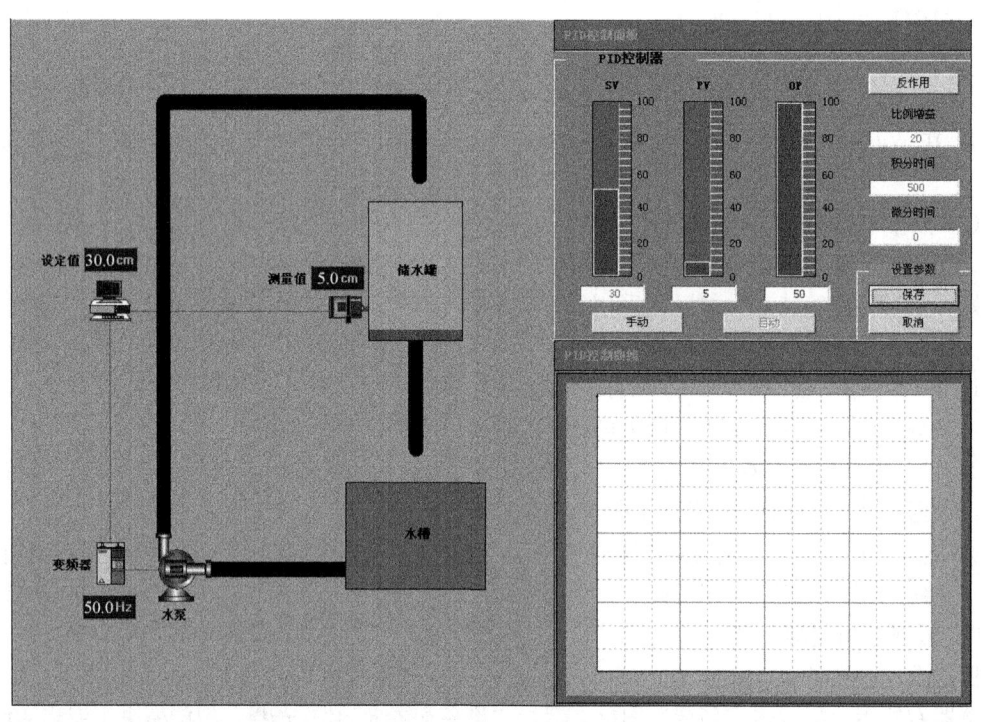

图 6-5　储水罐液位采集、监控与管理软件

6.2.2　控制系统调试与运行

1. 离线仿真和调试

在实验室内，仿照现场制作一个储水罐，将设计好的控制系统应用于储水罐，然后进行如下离线调试操作。

（1）接通计算机电源并启动计算机，运行储水罐液位采集、监控与管理软件，打开画面"储水罐液位监控"。

（2）单击 PID 算法控件中的"启动 PID 控制器"按钮，运行 PID 控制程序；单击"正作用"按钮将控制器设为反作用。

（3）接通变频器电源。

（4）手动控制操作：PID 控制器启动后，默认为手动控制状态，假设液位控制目标为 20cm，通过人为反复修改变频器频率（方法：在"OP"标签下面的输出文本框中输入变频器频率值，然后单击"保存"按钮保存设置）达到控制目标。

（5）自动控制操作：

1）在"SV"标签下面的液位给定值（可设范围 0～60cm）文本框中输入 30，然后单击"保存"按钮保存设置。

2）设置一组 P 调节参数，即"比例增益"设为大于零的任意值、"积分时间"设为 0、"微分时间"设为 0，然后先单击"保存"按钮保存设置，再单击"自动"按钮进行自动控制，通过历史趋势曲线分析自动控制效果。

3）设置一组 PI 调节参数，即"比例增益"设为大于零的数值（根据第②步的控制结果做出调整）、"积分时间"设为大于零的任意值、"微分时间"设为 0，然后单击"保存"按钮保存设置，通过历史趋势曲线分析自动控制效果。

4）根据第③步的控制结果，调整"比例增益"和"积分时间"的值，观察与分析控制效果。

5）多次重复第④步，找到一组最佳的"比例增益"与"积分时间"参数值，使储水罐液位以控制任务中所要求的精度趋近于给定值（见图 6-6）。

6）最佳参数找到后，保持参数不变，改变给定值，观察控制效果。

（6）通过上述调试之后，控制系统需进行长时间的运行考验（即考机）。

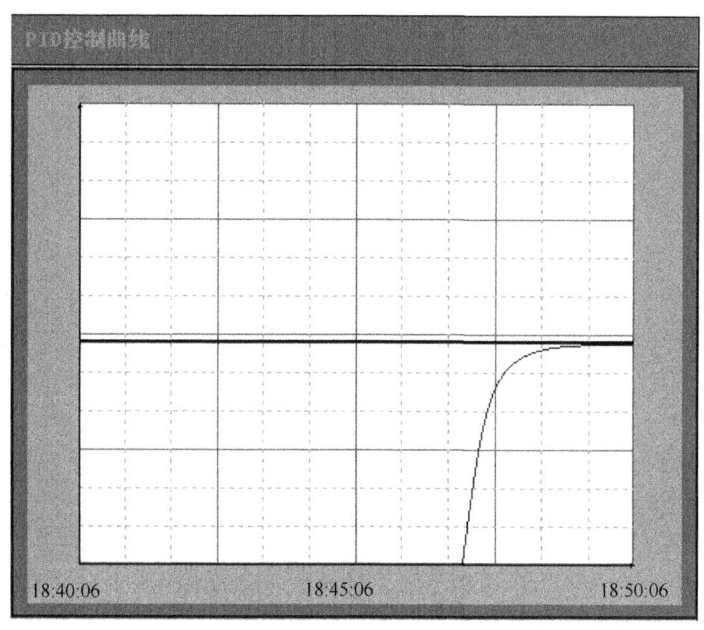

图 6-6　储水罐液位 PID 控制曲线

2. 在线调试和运行

在线调试是控制系统投入运行之前的最后检验过程，同时也为控制系统成功投运提供保证。在线调试与运行的操作步骤如下：

（1）对计算机、液位变送器、变频器与水泵等设备，以及各种导管导线进行检查。

（2）进行控制系统现场安装与正确检查。

（3）按照控制系统离线调试的步骤进行在线调试。

（4）进行系统投运和控制器参数整定。投运时先切入手动，待系统运行接近于给定值时再切入自动。

实际应用表明，本节所设计的储水罐液位计算机控制系统运行稳定、功能完善、可靠性高，能够实现对储水罐液位的精确控制以及相关数据的实时监视与定时记录，运用 ActiveX 技术编写 PID 算法控件的方法能够弥补组态软件自带 PID 控件的应用局限性。因此该系统在工业过程控制领域具有较高的应用推广价值。

6.3 实例 2——××炼油厂污水 pH 值计算机控制系统设计

炼油厂污水 pH 值控制是炼油厂污水处理的重要环节，污水的酸碱中和过程是一个非线性、大时滞的变化过程，本节以××炼油厂污水 pH 值作为受控对象，详细阐述其计算机控制系统的设计过程和方法。本系统针对炼油厂污水 pH 值控制的工艺流程，根据炼油厂的控制要求，开发了一套性能稳定、安全可靠、经济高效的污水 pH 值无人值守全自动监控系统。

6.3.1 炼油厂污水 pH 值控制工艺流程

炼油厂用水需先使用离子交换柱软化，用钠离子置换出钙、镁离子，达到用水软化的目的，再利用钠离子置换钙、镁离子的过程中会产生大量的酸性废水，每根交换柱的再生过程会产生 $200\sim260m^3$ 的再生废液，该软化水系统拥有 10 套离子交换柱，各交换柱只能依次再生，不同交换柱的再生不可同时进行。炼油厂污水 pH 值控制系统的工艺流程如图 6-7 所示。

因为炼油厂污水总体呈酸性（pH 值一般在 2～6 之间），所以炼油厂污水 pH 值控制的实质是向酸液中加入烧碱进行中和。只要有一个污水池的液位高于"低"液位，系统就会启动并持续进行加碱中和处理，直到把所有污水处理完，两池液位都低于"低低"液位。处理时，系统依据两个污水池的水位，启动两个污水池的各 1 台（或者其中的 1 台）提升泵，从两池提升污水进行相互混合，加碱中和合格的直接排放、不合格回流到 1 号池（主处理池）。

两个污水处理池通过排污口互相连通。当污水主处理池液位升高到连通孔时，污水会通过联通孔自动流到 2 号池（辅助处理池）中，该池污水会由该污水池的提升泵打入处理管线，与主处理池循环污水以及自来水混合，然后流回主处理池或排放，如此构成循环。

加碱处理过程分为一级加碱、二级加碱和三级加碱三种方式。一级加碱加入的是烧碱原液（浓度为 40％～42％），二级加碱加入 1/100 的烧碱原液，三级加碱加入的为 1/10 000 的烧碱原液。三种方式不会同时运行，多数时间为二级加碱和三级加碱，我们把一级加碱称为粗调，二级和三级加碱称为细调，即细调为常态、粗调为暂态。

系统依据处理管线末端酸度计的测量结果判断处理后污水是否合格，若合格，则开启排放阀、关闭回流阀进行排水；若不合格则打开回流阀、关闭排放阀，使污水回流主处理池继续处理。如此循环直到污水全部处理完，两个处理池的液位都低于"低低"液位，污水提升泵停止运行，等待下一个再生周期的到来。再生完成后，在细调加碱处理过程中，如果测得的 pH 值呈碱性，则开启盐酸阀门向主处理池中投入盐酸进行中和，此时报警。

6.3.2 控制系统总体方案设计

在熟悉炼油厂污水 pH 值控制的工艺流程和相关背景资料后，开始对系统进行总体设计和方案的选定，为了顺利有序完成对控制系统的设计任务，本项目组成员为 5 人。其中，系统设计人员 1 名，硬件设计人员 2 名和软件设计人员 2 名。系统设计人员负责控制系统总体方案设计工作，并主持完成系统调试与运行工作；硬件设计人员负责硬件的细化设计和调试工作，以及协助系统设计人员完成硬件总体方案设计和系统调试与运行工作；软件设计人员负责软件的细化设计

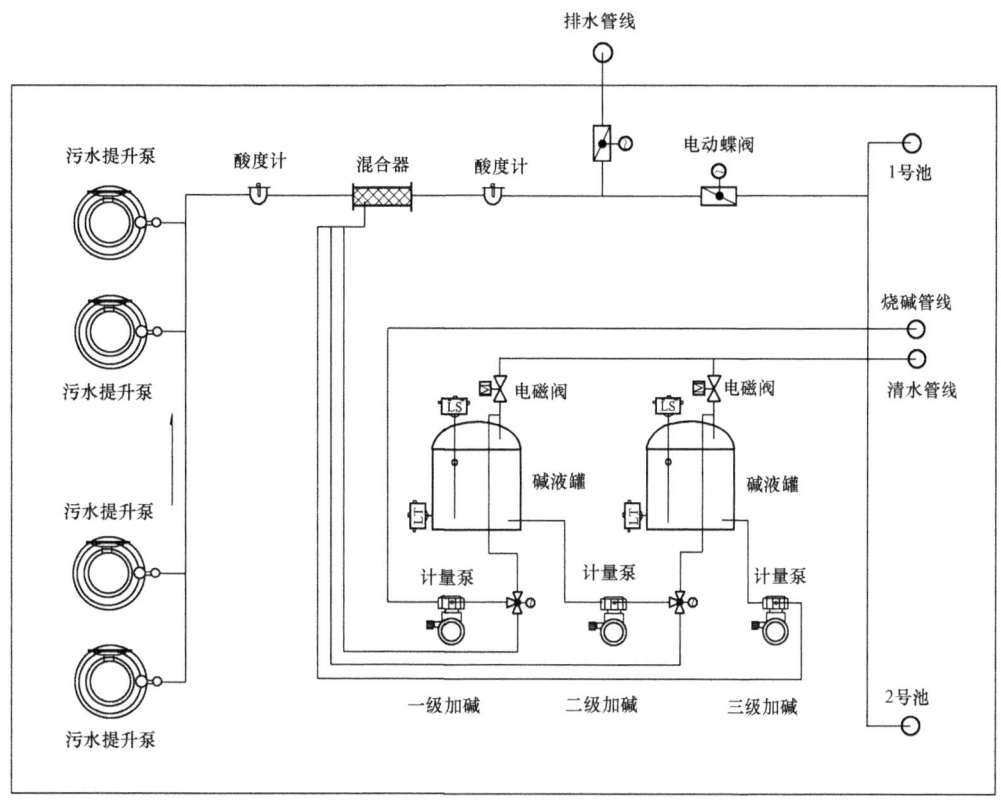

图例

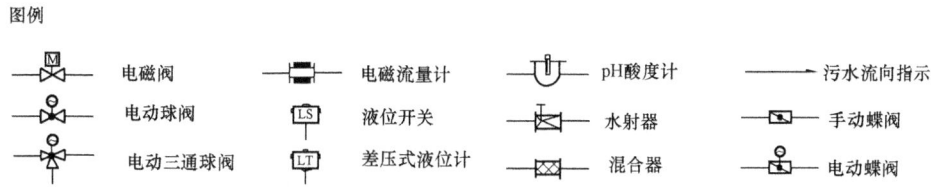

图 6-7　××炼油厂污水 pH 值控制系统工艺流程图

（即软件开发）和调试工作，以及配合系统设计人员完成软件总体方案设计和系统调试与运行工作。

污水 pH 值控制系统开发项目的开发流程如图 6-8 所示，本系统主要设计工作包括以下主要内容：

（1）控制算法的选定，由于污水的酸碱中和过程是一个非线性、大时滞的变化过程，难以建立精确地数学模型。根据酸碱中和过程的特点，本系统采用三段式 PID 控制算法，达到精确控制的目的。

（2）本系统是工控机与 PLC 为常规控制系统、电器控制为后备控制系统的冗余控制系统，安全稳定、经济实用，具有在中小型炼油厂普遍推广的意义。当系统的 PLC 与工控机组成的常规控制系统出现问题时，电器控制系统可以作为后备系统完成控制任务。

（3）PLC 控制器采用的是 S7-200 系列的 CPU226 型 CPU，能适应恶劣的工业现场环境。

（4）在系统的软件开发方面，采用西门子的 STEP7 开发了下位机程序，采用组态王软件开发了上位机组态，即使上位机出现问题，PLC 仍能独立完成对生产过程的控制，大大提高系统的可靠性。

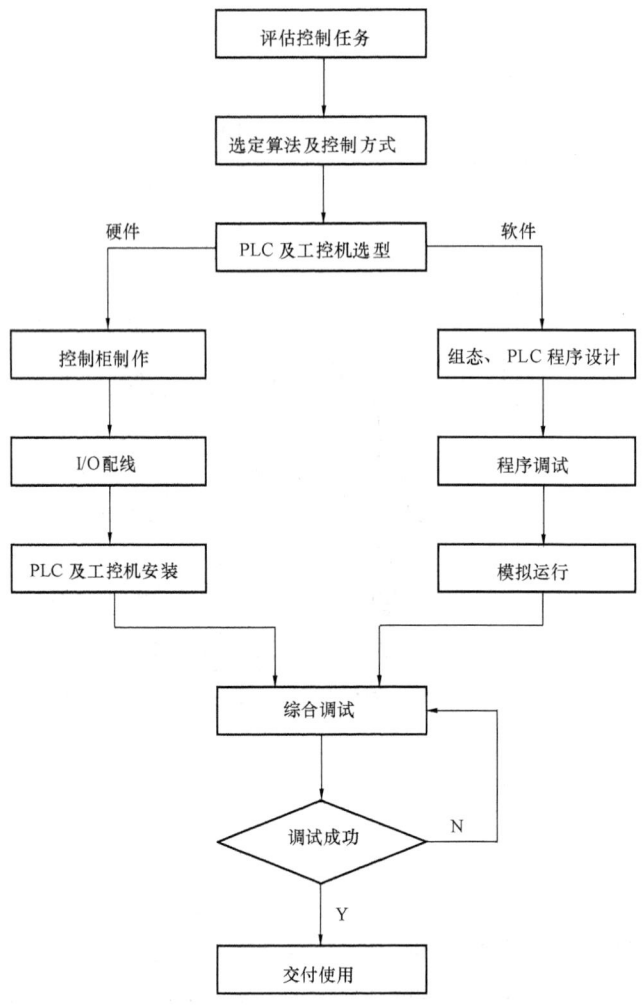

图 6-8　炼油厂污水 pH 值控制项目的开发流程图

（5）系统具有强大的数据处理、分析和存储的能力，不仅能记录不同操作员的操作信息，还能显示和打印历史数据的报表，并支持 Excel 表格输出。

（6）本系统实现了无人值守的全自动控制，并采用 PLC＋工控机的控制方案，为今后整个炼油厂升级为 DCS 控制系统做好了准备，可以直接通过 TCP—IP 协议接入 DCS 控制系统。

6.3.3　自动控制系统的硬件设计

在充分了解炼油厂的实际情况后，根据炼油厂的控制要求，我们采取了以 PLC＋工控机为常规控制系统、电气控制为应急控制系统的冗余结构，实现了无人值守自动的控制，提高了控制系统的可靠性，由 PLC＋工控机构成的常规控制系统的硬件结构如图 6-9 所示。

1. 电器控制系统的设计

电气控制系统所用的控制电器结构简单、价格便宜，能够满足生产设备一般生产的需求，因此目前仍得到广泛的利用。本系统中电气控制系统是系统的后备系统，是当系统主控设备出现问题时的后备系统，肩负着保障系统安全运行的重要使命。电器控制是炼油厂污水 pH 值控制系统中后备的控制系统，在整个炼油厂污水 pH 值控制系统中拥有最高的优先级，是 PLC 和工控机

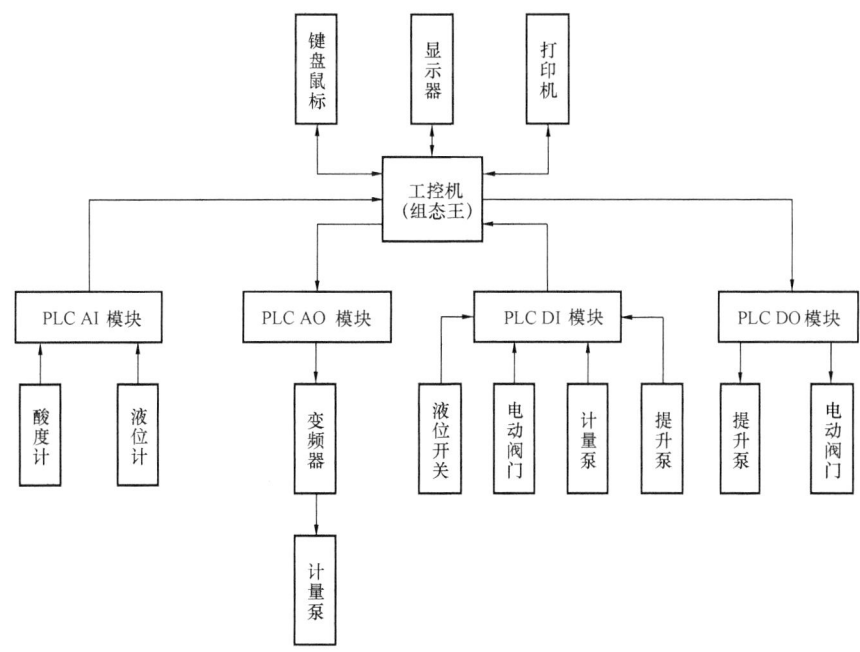

图 6-9 硬件系统结构图

组成的全自动控制系统的应急系统，肩负着保证连续生产可靠性的重要使命，根据炼油厂污水处理的工艺要求，设计电器控制系统。电器控制系统主要由主回路和控制回路组成，主回路主要负责4台污水提升泵以及三套由变频器控制的计量泵的启停，且具有过载保护的功能，炼油厂污水控制系统电器控制主回路如图 6-10 所示。

根据炼油厂污水处理的工艺流程，设计电器控制回路原理图，电器控制系统的基本回路由以下几部分组成：

（1）电源供电回路。供电回路的电源为 AC 380V。

（2）保护回路。保护（辅助）回路的作用对电器设备和线路进行过载、短路和失压等各种保护，由熔断器和热继电器等保护组件组成。

（3）自动与手动回路。自动环节常规应用时有效，手动环节在安装、调试及紧急事故时有效，在控制线路中还需要通过转换开关实现自动与手动方式的转换。

（4）制动停车回路。切断电路的供电电源，并采取某些制动措施，使电动机迅速停车的控制环节，如能耗制动、电源反接制动、倒拉反接制动和再生发电制动等。

（5）自锁及互锁回路。设计包括三台计量泵启停控制，具有自锁和互锁的功能，以及常规控制程序的控制转换功能。

炼油厂污水 pH 值控制电气控制系统控制回路图详见附录 A。

2. 炼油厂污水 pH 值控制系统电气控制柜设计

电气控制柜总体配置设计任务是根据电气原理图的工作原理与控制要求，首先要将控制系统划分为几个部分（部件），然后根据电气控制柜的复杂程度，把每一个部件都划分成若干组件，最后根据电气原理图整理出各部分的进线线号及出线线号，调整连接方式。

电气控制柜的装配图与接线图是进行分部设计以及协调各部分组成为一个完整系统的依据。总体设计的原则是整个电气控制系统集中、紧凑，在空间允许条件下，把发热元件，噪声大、振动大的电气部件，尽量远离其他元件或者干脆隔离起来；对于多工位的大型设备，必须要考虑两

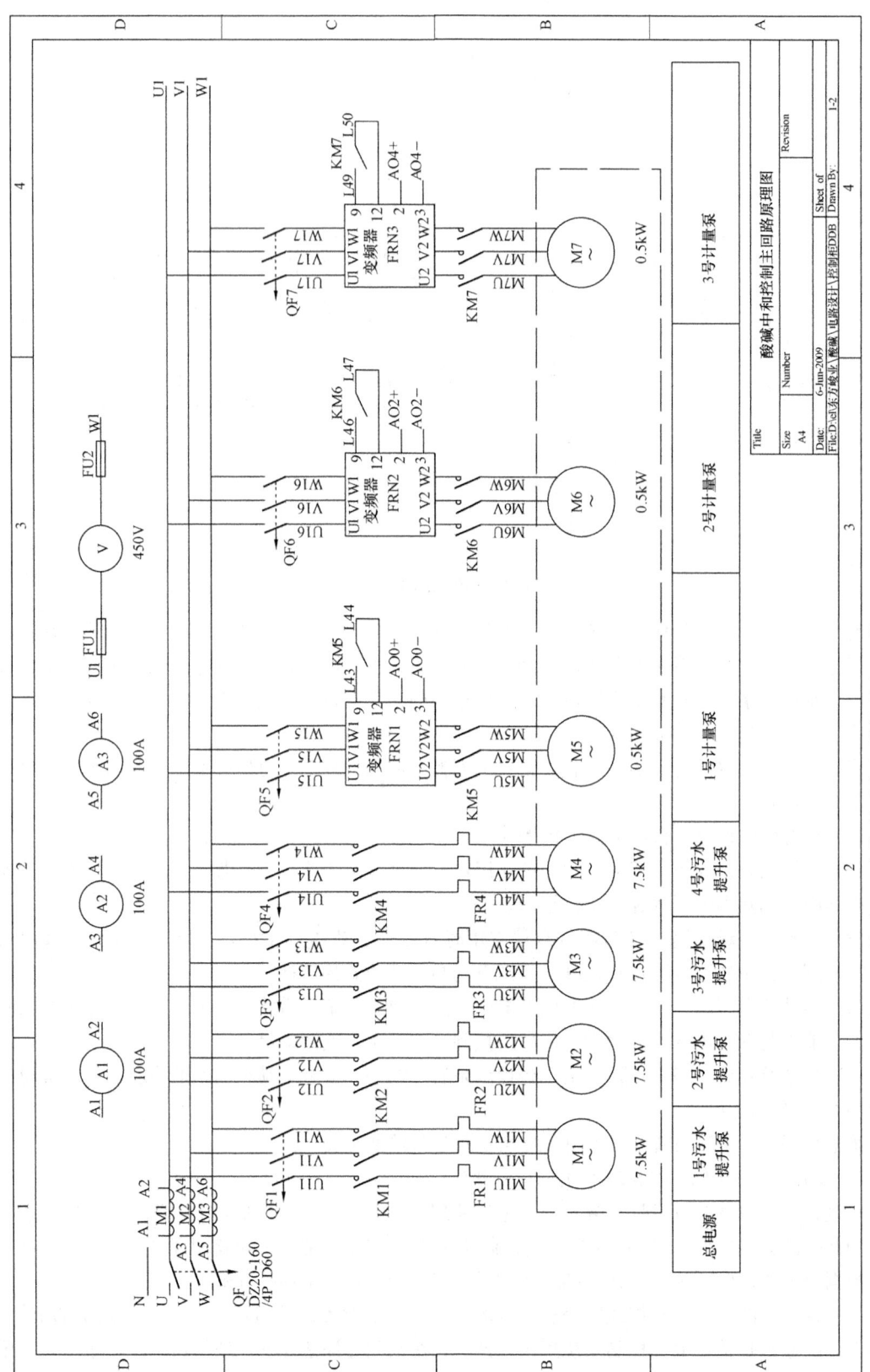

图 6-10　炼油厂污水控制系统电器控制主回路原理图

地操作，以保证控制的方便性；控制柜的总电源开关和紧急停止控制开关应该安放在方便明显的位置，以方便操作。

总体设计是否合理不仅关系到电气控制系统的制造及装配质量，更将影响到电气控制系统的性能及可靠性，对操作、调试、维护等工作也有重要影响。

首先应估算出电气控制柜的尺寸，画出电气控制柜箱体的外形草图，再从对称、美观以及使用方便等角度考虑调整各尺寸。电气控制柜外表确定以后，再绘制箱体总装图及各门、控制面板、安装支架及底板等零件图，注明加工要求，视需要选择适当的门锁。

炼油厂污水处理控制系统主要包括三个组成部分，分别是电器控制部分、PLC 部分和变频器部分，根据电气控制柜设计原则，将系统的三个部分安装在在一个控制柜上，即炼油厂污水 pH 值控制系统电气控制柜，控制柜设备的变频器及 PLC 模块表如表 6-3 所示，控制柜电器设备材料表如表 6-4 所示。

表 6-3　　　　　　　　　　　　控制柜变频器及 PLC 模块表

序号	模块名称	功能参数	数量	单位
1	CPU	CPU 226	1	台
2	输入模块-AC8DI	EM221	2	台
3	输出模块-DC8DO	EM222	1	台
4	模拟量模块-4AI/1AO	EM235	2	台
5	模拟量模块-2AO	EM232	2	台
6	变频器		3	台

表 6-4　　　　　　　　　　　　控制柜电器设备材料表

序号	设备名称和图中标号	功能参数	数量	单位
1	空气开关 QF	4P D60	1	台
2	空气开关 QF1～QF4	3P D16	4	台
3	空气开关 QF5～QF7	3P 5A	3	台
4	空气开关 QF8～QF10	1P 6A	3	台
5	交流接触器 KM1～KM7	AC-3 18A	7	台
6	接触器式继电器 KM8～KM11	4 常开 4 常闭	4	台
7	热继电器 FR1～FR4	16A	4	台
8	时间继电器 KT	AC220V	1	台
9	组合开关	AC220V	1	台
10	指示灯 DS9～DS10	AC220V	2	台
11	继电器 KA1～KA18		18	台
12	交流电流表	100/5 100A	3	台
13	电流互感器	100/5	1	台
14	交流电压表	450V	1	台
15	浪涌保护器		1	台
16	接线端子		140	组
17	零排			
18	地排			
19	导线			
20	线槽			

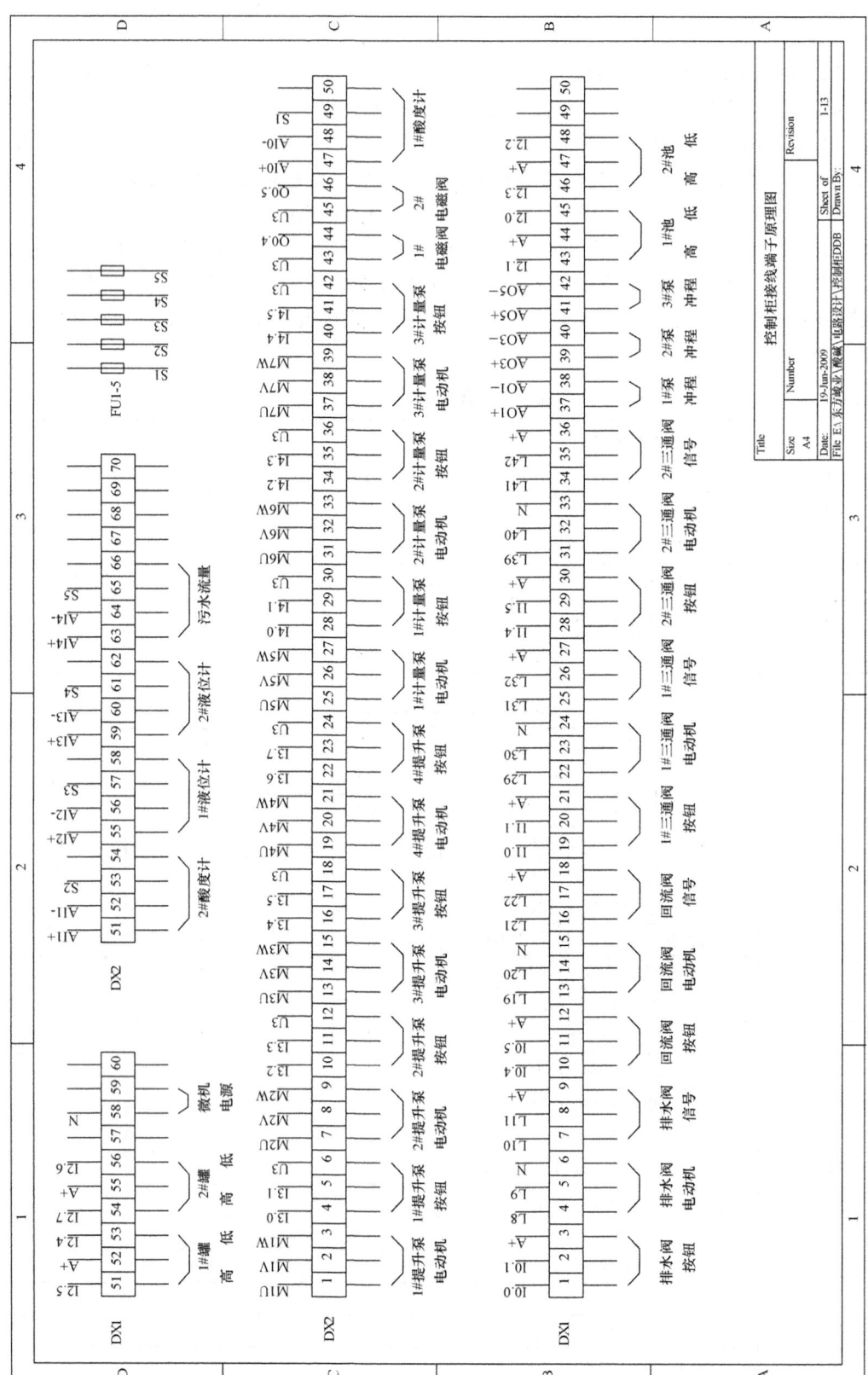

图 6-11 控制柜接线端子图

炼油厂污水 pH 值控制系统电气控制柜，控制柜接线端子图如图 6-11 所示，连接原理图和 PLC 连接原理图详见附录 A。

炼油厂污水 pH 值控制系统电气控制柜实物效果图如图 6-12 所示。

图 6-12   控制柜实物效果图

6.3.4   炼油厂污水 pH 值控制系统软件设计

炼油厂污水 pH 值控制系统的软件设计主要包括两部分，一是 PLC 的程序设计，二是上位机组态软件设计。

1. 炼油厂污水 pH 值控制系统 PLC 的程序设计

PLC 是一种数字运算操作系统，专为工业环境下应用而设计。它采用了 PLC 的存储器，用来在其内部存储执行逻辑运算、顺序控制、定时、计数和算术运算等操作的指令，并通过数字式或模拟式的输入和输出，控制各种类型机械的生产过程。PLC 的软件编程，采用的是西门子 STEP7 V4.0 开发平台，根据系统的工艺流程和控制要求，得到 PLC 的程序流程图如图 6-13 所示。

炼油厂污水 pH 值控制系统 PLC 部分程序见附录 B。

2. 炼油厂污水 pH 值监控系统组态软件设计

组态王将任意与之通信的设备看做是它的下位机，组态王内集成大量设备的驱动程序，在系统组态运行期间，组态王就可以通过驱动程序驱动接口和下位机交换数据，包括采集数据和发送数据或指令。一个驱动就是一个所谓 COM 对象，这种方式使驱动和组态王构成了一个完整的系统，组态王采用的多线程、COM 组件等新技术，实现了实时多任务同时处理，这种处理方式既保证了运行系统的高效率，也使系统具有很强的扩展性。根据组态王的构架，系统组态的设计过程如下：

（1）建立系统组态 I/O 参数表，明确系统测控参数以备系统组态使用；系统组态 I/O 参数表如表 6-5 所示。

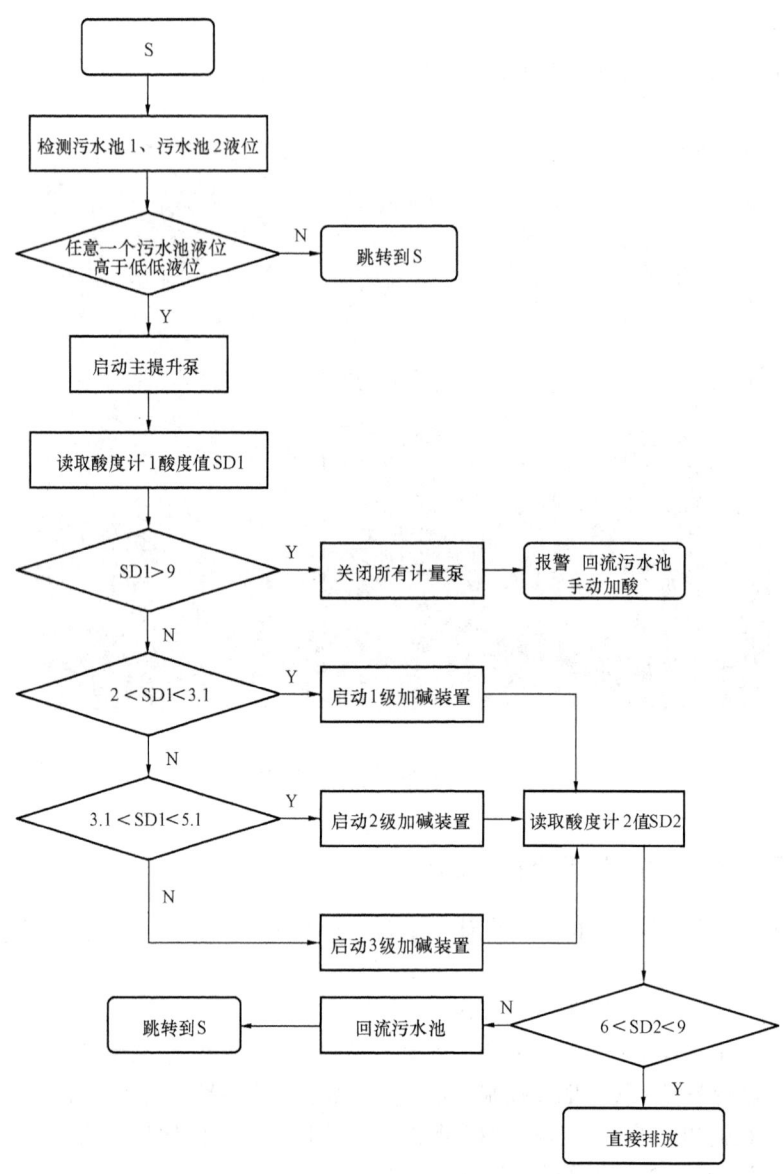

图 6-13　PLC程序设计流程图

表 6-5　　　　　　　　　　　　　　系统组态 I/O 参数表

序号	输出开关量	输出模拟量	输入开关量	输入模拟量
1	1#提升泵 Q0.0	1#计量泵频率设定 AO0	开排水阀 I0.0	1#酸度计 AIW0
2	2#提升泵 Q0.1	1#计量泵冲程设定 AO1	关排水阀 I0.1	2#酸度计 AIW2
3	3#提升泵 Q0.2	2#计量泵频率设定 AO2	排水阀开 I0.2	1#液位计 AIW4
4	4#提升泵 Q0.3	2#计量泵冲程设定 AO3	排水阀关 I0.3	2#液位计 AIW6
5	1#电磁阀 Q0.4	3#计量泵频率设定 AO4	排水阀关 I0.3	
6	2#电磁阀 Q0.5	3#计量泵冲程设定 AO5	开回流阀 I0.4	
7	1#提升泵 Q0.6		回流阀开 I0.6	

序号	输出开关量	输出模拟量	输入开关量	输入模拟量
8	2#提升泵 Q0.7		回流阀关 I0.7	
9	3#提升泵 Q1.0		1#三通阀到加碱 I1.0	
10	开排水阀 Q2.0		1#三通阀到配液 I1.1	
11	关排水阀 Q2.1		1#三通阀加碱开 I1.2	
12	开回流阀 Q2.2		1#三通阀配液开 I1.3	
13	关回流阀 Q2.3		2#三通阀到加碱 I1.4	
14	1#三通阀加碱 Q2.4		2#三通阀到配液 I1.5	
15	1#三通阀配液 Q2.5		2#三通阀加碱开 I1.6	
16	2#三通阀加碱 Q2.6		2#三通阀配液开 I1.7	
17	2#三通阀配液 Q2.7		1#池低位 I2.0	
18			2#池低位 I2.2	
19			2#池高位 I2.3	
20			1#罐低位 I2.4	
21			1#罐高位 I2.5	
22			2#罐低位 I2.6	
23			2#罐高位 I2.7	
24			起1#提升泵 I3.0	
25			停1#提升泵 I3.1	
26			起2#提升泵 I3.2	
27			停2#提升泵 I3.3	
28			起3#提升泵 I3.4	
29			停3#提升泵 I3.5	
30			起4#提升泵 I3.6	
31			停4#提升泵 I3.7	
32			起1#计量泵 I4.0	
33			停1#计量泵 I4.1	
34			起2#计量泵 I4.2	
35			停2#计量泵 I4.3	
36			起3#计量泵 I4.4	
37			停3#计量泵 I4.5	
38			常规控制 I4.6	

（2）下位机使用的是西门子生产的 S7-200 系列 PLC，采用的 PPI 通信协议。

（3）根据下位机的设置确定下位机的参数，包括设备基址、波特率等。

（4）根据 I/O 参数表定义数据词典，即建立实时数据库变量与 I/O 点的一一对应关系，并设置相关变量。

（5）制作监控主界面，并将操作界面中的图形对象与实时数据库变量建立动画连接关系，规定动画属性和幅度；监控系统主画面如图 6-14 所示。

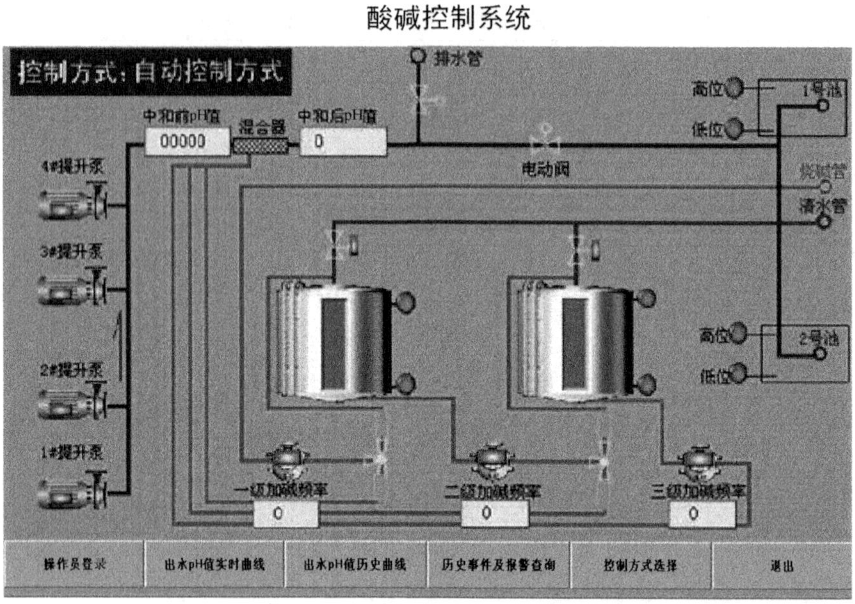

图 6-14 炼油厂污水 pH 值控制系统主控制图

（6）制作实时报警画面，当污水处理出水 pH 值大于 9 报警，自动弹出报警画面，并驱动声光报警设备以提醒操作员进行报警处理，报警处理按钮集成在实时报警画面内。

（7）制作出水 pH 值实时曲线。

（8）制作出水 pH 值历史数据报表，可以直接输出到 Excel 表格，并支持打印功能。

（9）操作员登录及操作安全权限设置。

（10）对上位软件进行最后完善，例如：加上开机自动打开监控画面，禁止操作员从监控画面退出运行状态等人性化设置。

（11）对组态内容进行分段和总体调试，视调试情况对软件进行相应修改。

6.3.5 炼油厂污水 pH 值控制系统运行调试

（1）炼油厂污水 pH 值控制系统软、硬件系统研制完毕后首先在实验室内分别调试。

（2）分别调试完毕后综合调试。

（3）在实验室内离线调试后到现场在线运行调试。

（4）调试进入试运行阶段，试运行阶段为 3 个月。

（5）目前该系统已正式运行于生产实践中。

本控制系统明显提高了炼油厂污水处理的自动化水平，试运行以来，经过处理后的污水 pH 值可以稳定控制在 6.5～7.5 之间，远远超出了国家规定的污水 pH 值的排放标准，出水质量稳定，大大减少了反应时间，既减轻了工人的劳动强度，又降低了污水处理的成本，完全达到了设计的要求。目前该控制系统硬件工作稳定，上位机软件设计合理、界面友好，实现了无人值守的全自动控制，大大提高了污水处理的水平。

习题与思考题

1. 计算机控制系统设计的原则有哪些？
2. 简述计算机控制系统设计的一般步骤。
3. 计算机控制系统硬件总体方案设计主要包含哪些方面的内容？
4. 简述计算机控制系统调试的过程。

附录 A　电器控制回路原理图

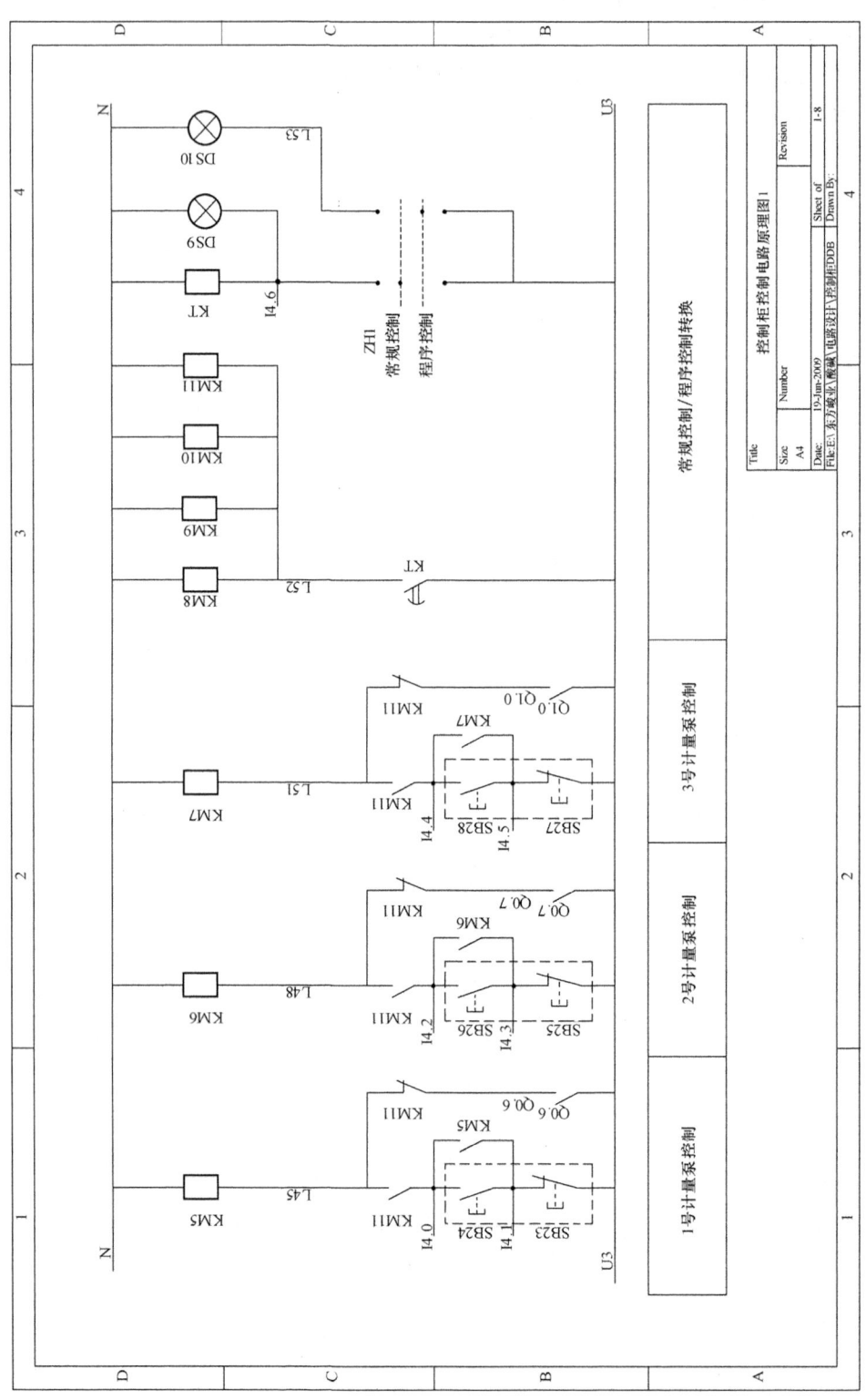

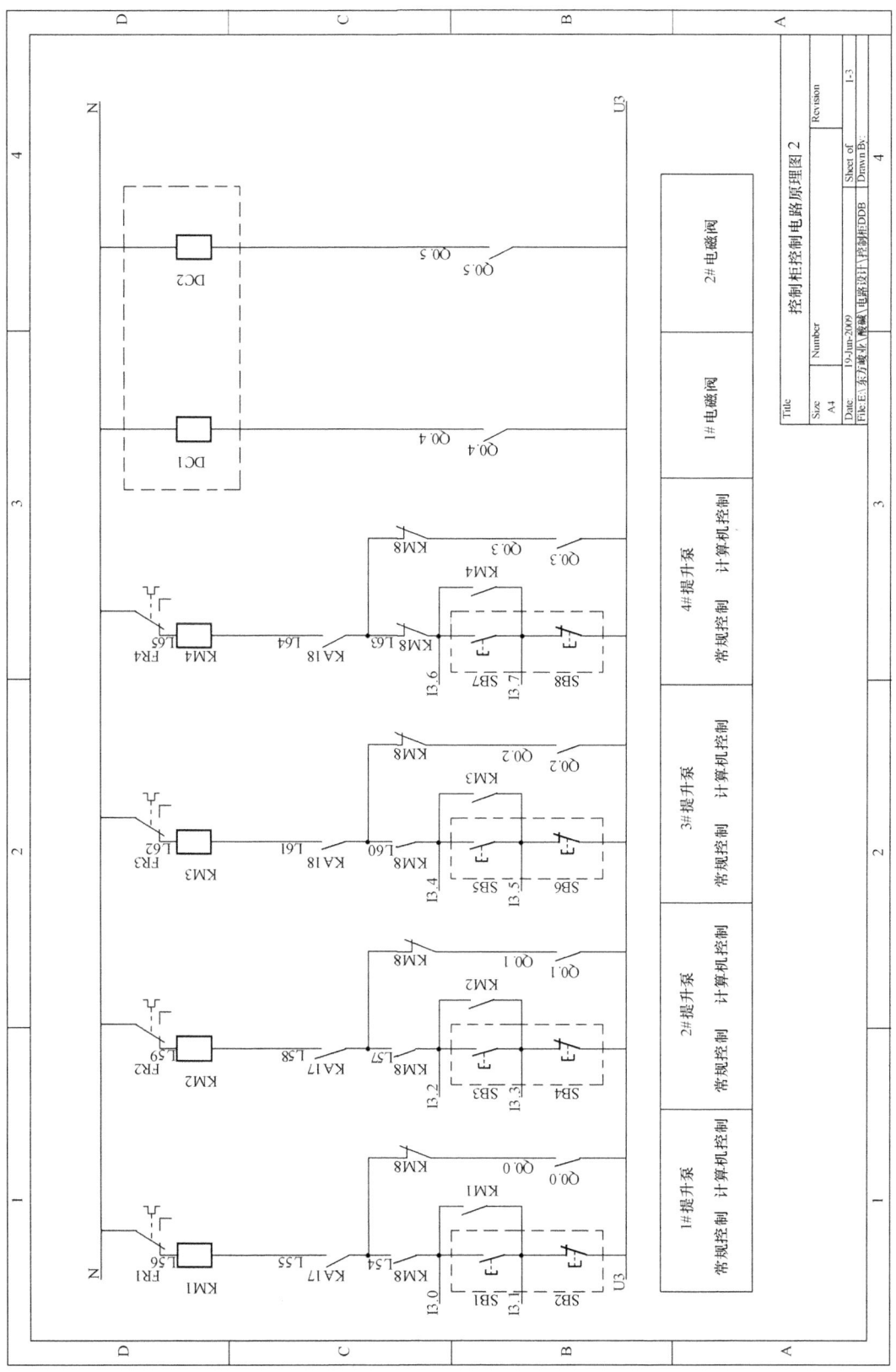

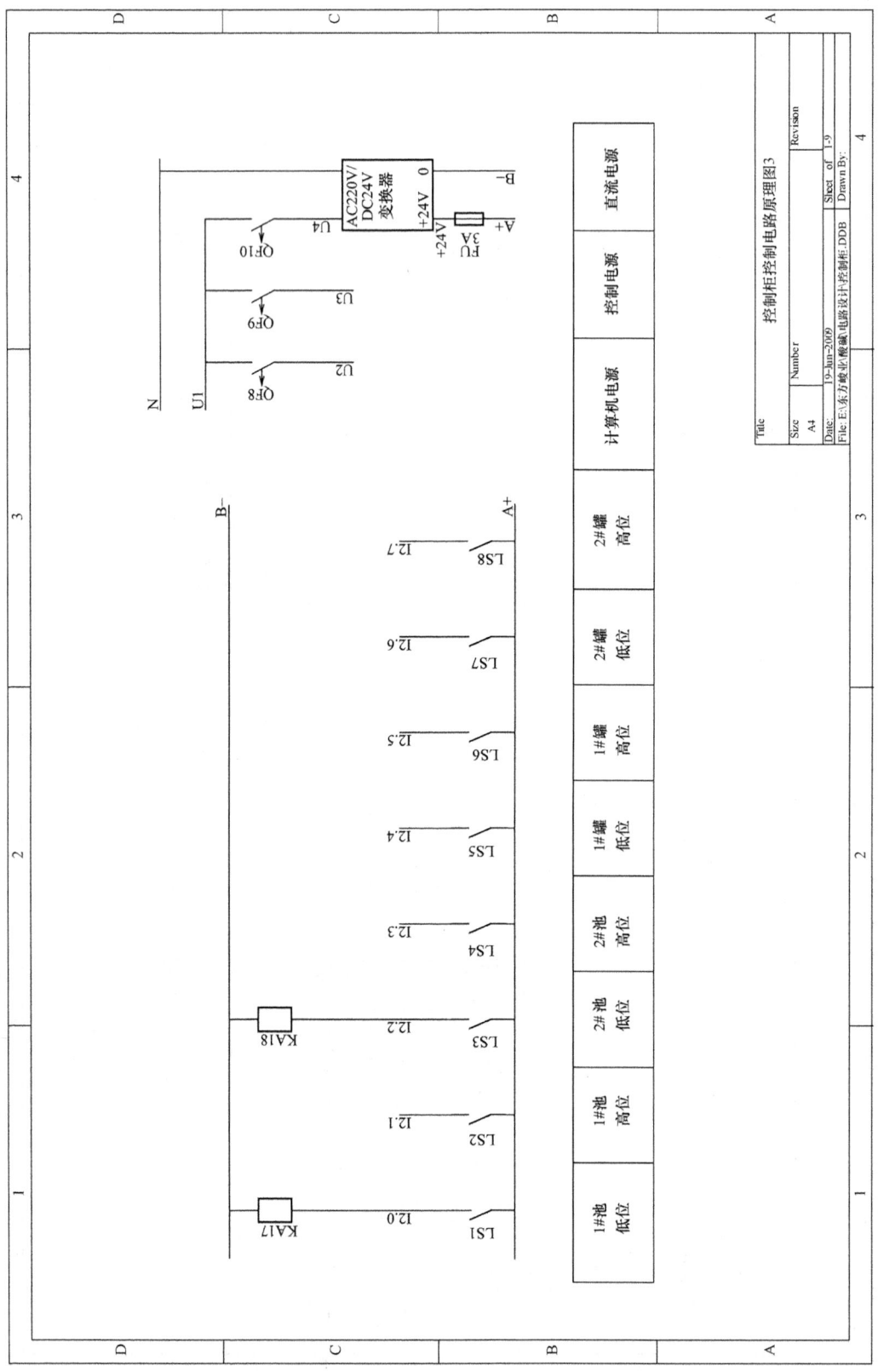

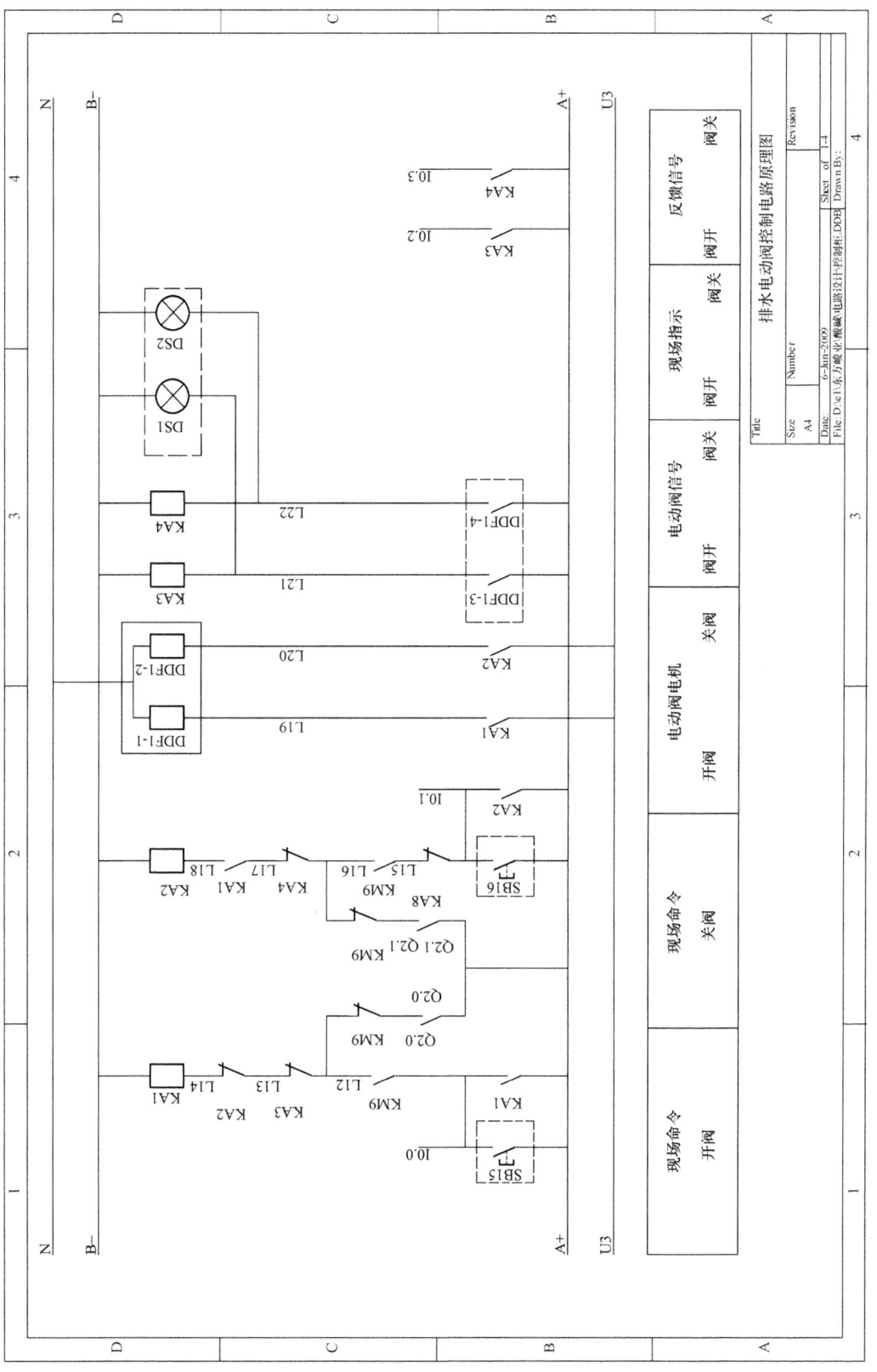

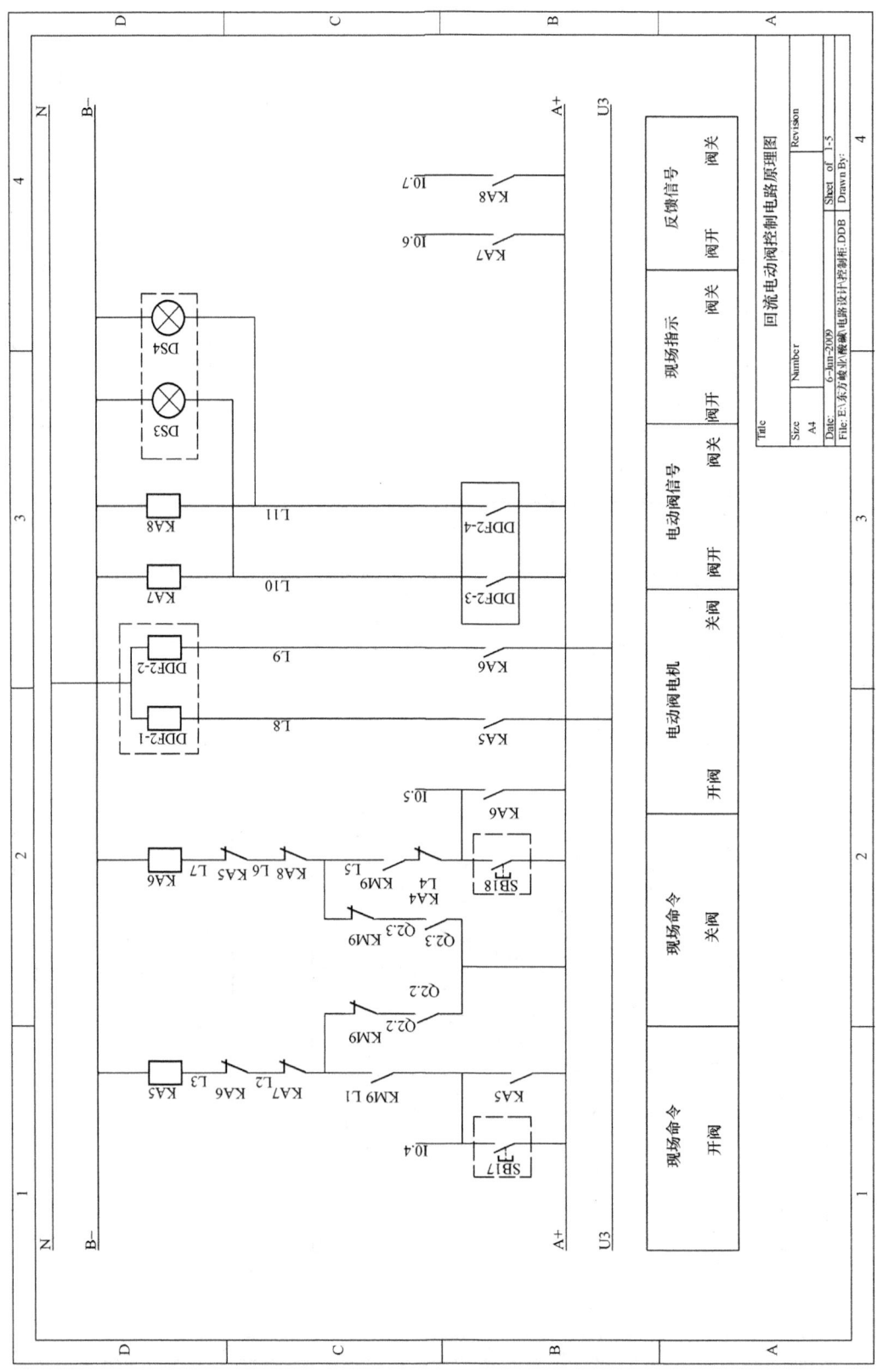

回流电动阀阀控制电路原理图

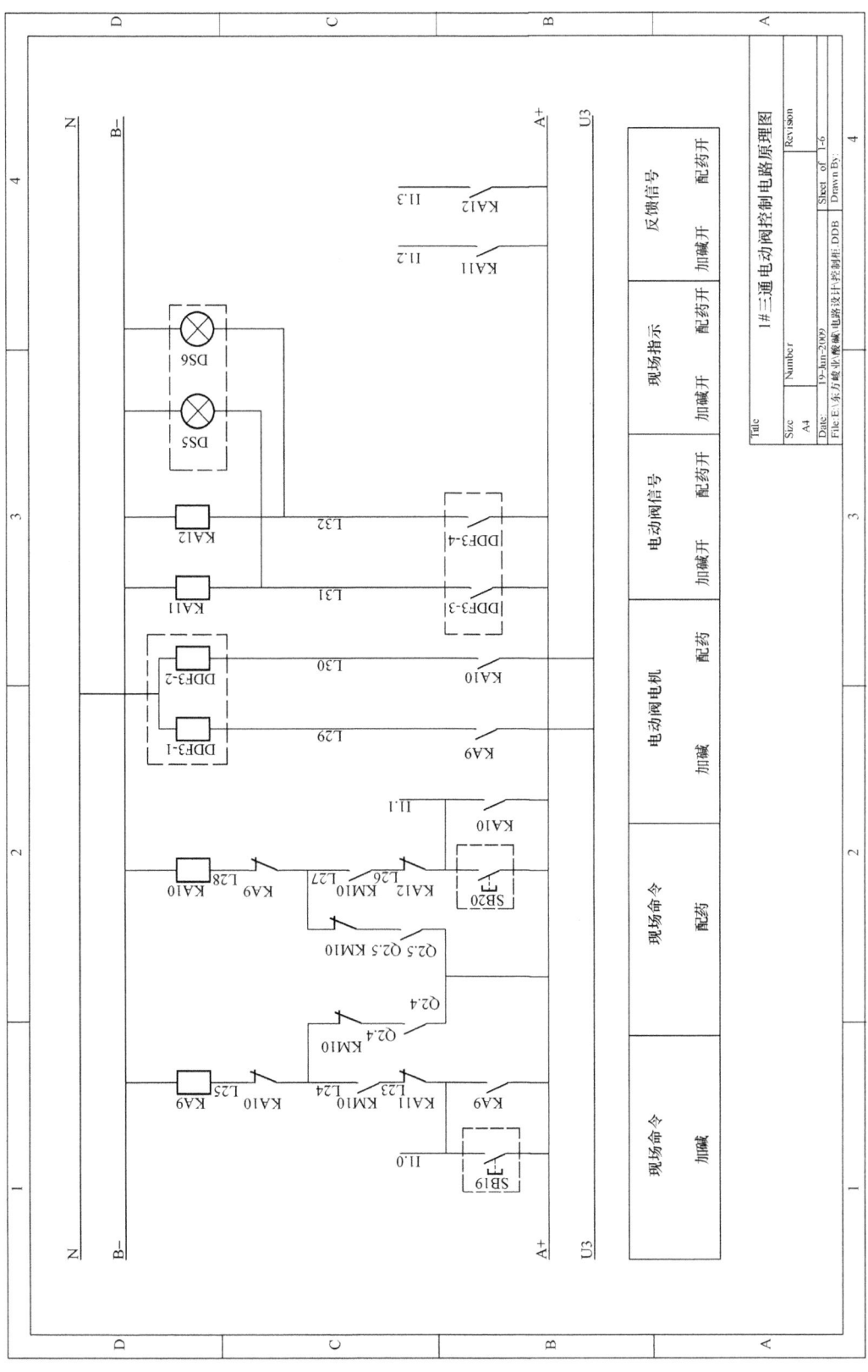

209

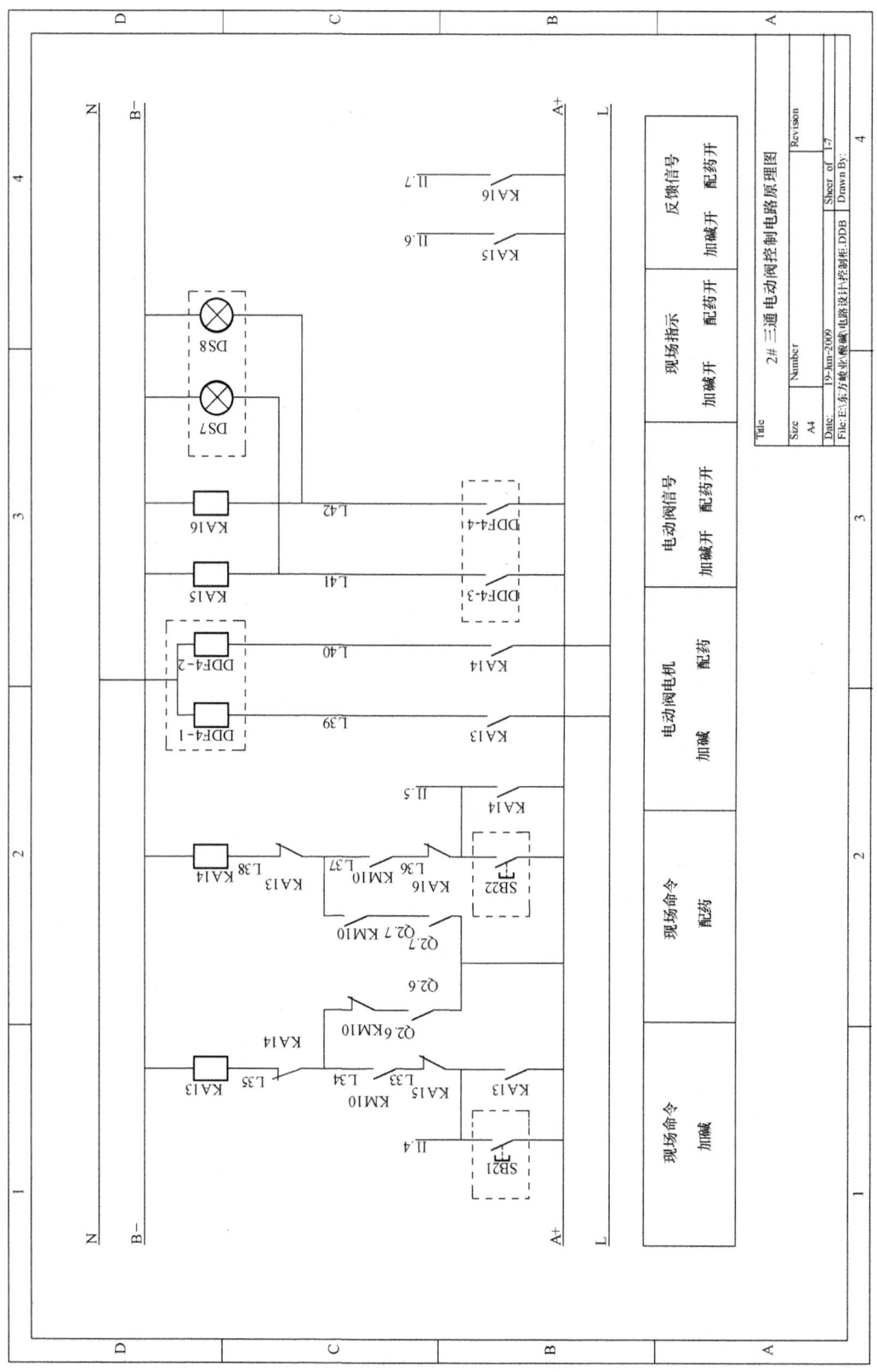

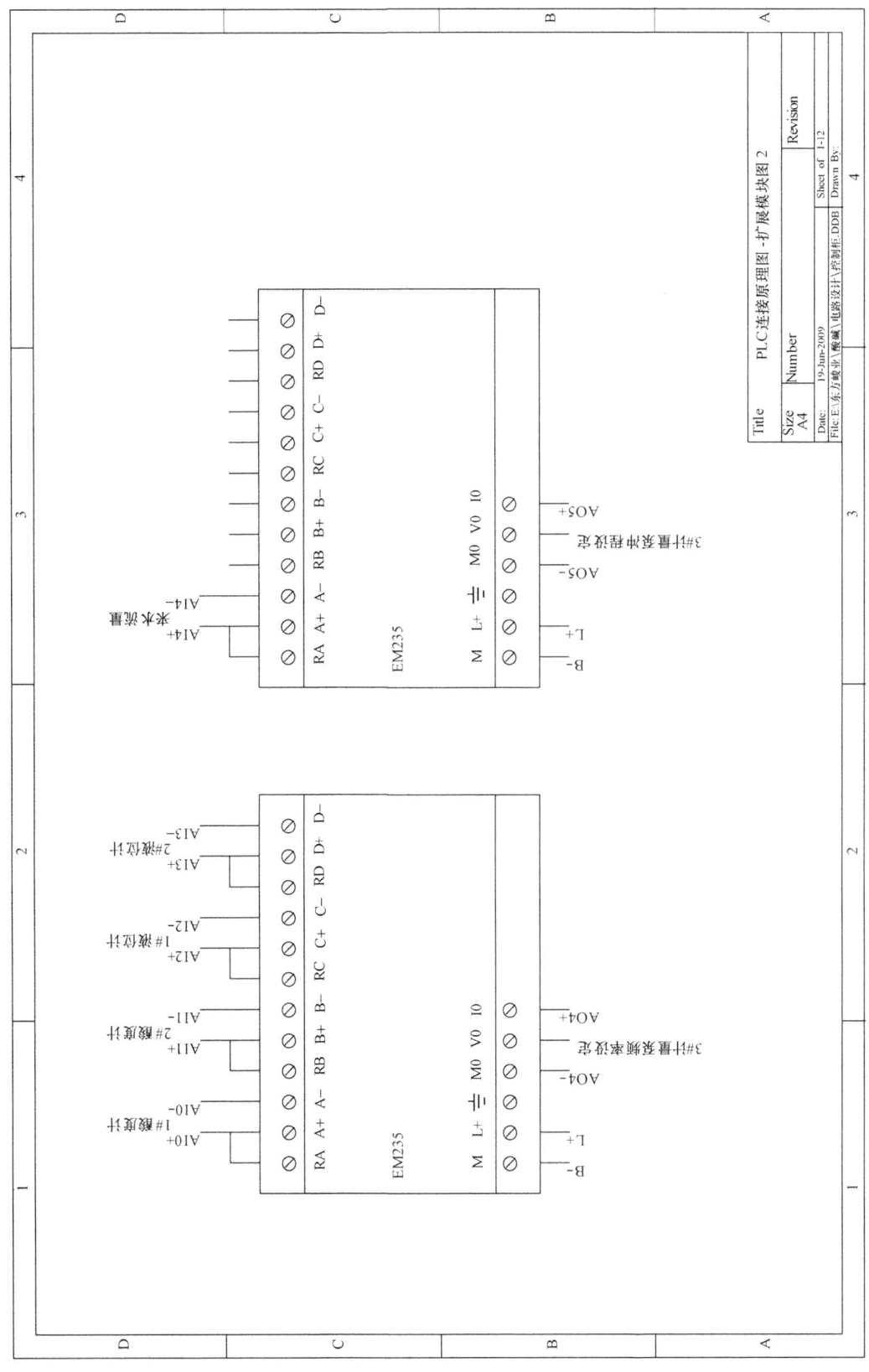

附录 B　PLC　程　序

程序注释　酸碱中和程序

网络1　　1#酸度信号采集

AIW0　1#酸度计；VW10　1#酸度信号；

```
      SM0.0                    MOV_W
   ───┤ ├──────────────────┤EN      ENO├──────┤
                             │           │
                      AIW0 ──┤IN      OUT├─ VW10
```

网络2　　2#酸度信号采集

AIW2 2#酸度计；VW12　　2#酸度信号；

```
      SM0.0                    MOV_W
   ───┤ ├──────────────────┤EN      ENO├──────┤
                             │           │
                      AIW2 ──┤IN      OUT├─ VW12
```

网络3　　　1,2#液位计采样

AIW4 1#液位计；VW14　1#罐液位；AIW6 2#液位计；VW16　2#罐液位；

```
      SM0.0            MOV_W                              MOV_W
   ───┤ ├───────────┤EN      ENO├─────────────────────┤EN      ENO├─ [3.A]
                     │           │                      │           │
              AIW4 ──┤IN      OUT├─ VW14         AIW6 ──┤IN      OUT├
```

```
                             MOV_W
     [3.A]────────────────┤EN      ENO├──────┤
                           │           │
     VW16          AIW6 ──┤IN      OUT├─ VW16
```

网络4　　　常规/计控转换

I4.6　常规；T43　计控；

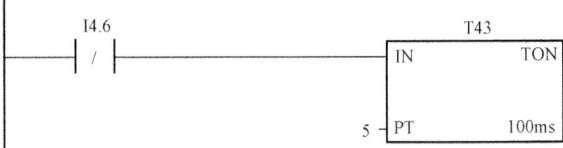

网络5　　　手动/自动切换1

M0.0　手/自 切换；T35　手动；

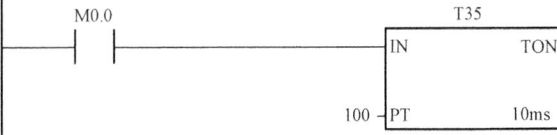

网络6　　　手动/自动切换2

M0.0　手/自 切换；T41　自动；

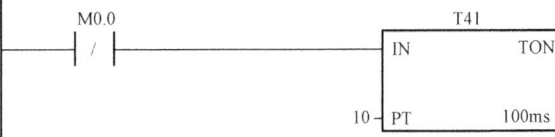

网络7　　　酸度达标定时

VW12　2#酸度信号；T37　酸度达标；VW44　上限值；VW46　下限值；M1.2　三级加碱；

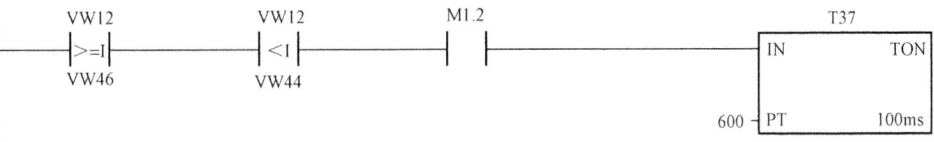

网络8　　　酸度超标定时

VW12　2#酸度信号；T38　酸度超标；VW44　上限值；VW46　下限值；

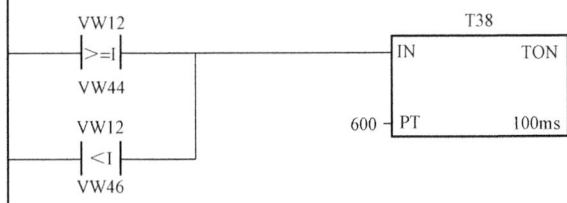

网络28　　1#三通阀配液控制

I1.1　1#配液令；M6.6　1#配液界令；M0.0　手/自　切换；M0.6　1#罐自配状态；M3.0　1#罐手配状态；
C1　1#配液定时；T41　自动；I1.3　1#三配开；T43　计控；Q2.4　1#三向加碱；Q2.5　1#三向配液；

网络29　　1#罐配液加碱定时

M0.6　1#罐自配状态；M3.0　1#罐手配状态；SM0.5　秒定时；Q0.6　1#计量泵；VW80　1#定时缓冲；
C1　1#配液定时；

网络32　　1#罐手动配液定时设定

I1.3　1#三配开；M3.0　1#罐手配状态；VW48　1#罐高位；VW14　1#罐液位；

VW62　1#配液加碱时间；VD34　中间寄存长字2；VW66　1#罐标差；VW80　1#定时缓冲；

网络33　　1#三通阀动作状态

I1.2　1#三加开；I1.3　1#三配开；M6.7　1#三动作；

网络46　3#计量泵控制

I4.4　3#计起动令；I4.5　3#计停止令；T35　手动；M1.2　三级加碱；M2.2　提升泵运行；M0.7　2#罐自配状态；
M3.1　2#罐手配状态；T41　自动；T43　计控；Q1.0　3#计量泵；M3.6　3#计界起令；M3.7　3#计界停令；

```
    I4.4          I4.5          T35          M3.7                    T43
  ──┤ ├──────────┤ ├──────────┤ ├──────────┤/├────────────────────┤ ├──┐
    M3.6                                                                │
  ──┤ ├──┘                                                         46.A │
    M1.2          M2.2          M0.7          M3.1         T41          │
  ──┤ ├──────────┤ ├──────────┤/├──────────┤/├──────────┤ ├───────────┘
```

```
           Q1.0
         ──( )──


    46.A
```

网络47　　计量泵加碱周期定时（10分钟）

SM0.5　秒定时；C3　加碱调整调期；

```
    SM0.5                                      ┌─────────┐
  ──┤ ├─────────────────────────────────CU    │   C3    │
                                               │     CTU │
    SM0.5         C3                            │         │
  ──┤/├──────────┤ ├─────────────────────R    │         │
                                               │         │
                                        600 ─PV│         │
                                               └─────────┘
```

网络48　　加碱控制1#酸度采样；

VW10　1#酸度计缓冲；VW98　1#酸度控制采样；

```
    C3          ┌──────────┐
  ──┤ ├────────│  MOV_W    │────────→
               │EN     ENO │
               │           │
      VW10 ───│IN     OUT │─── VW98
               └──────────┘
```

216

网络49   一级加碱PID设定
M1.0 一级加碱；VD104 PID设定值；pH=3.60；VW70   一级加碱设定；

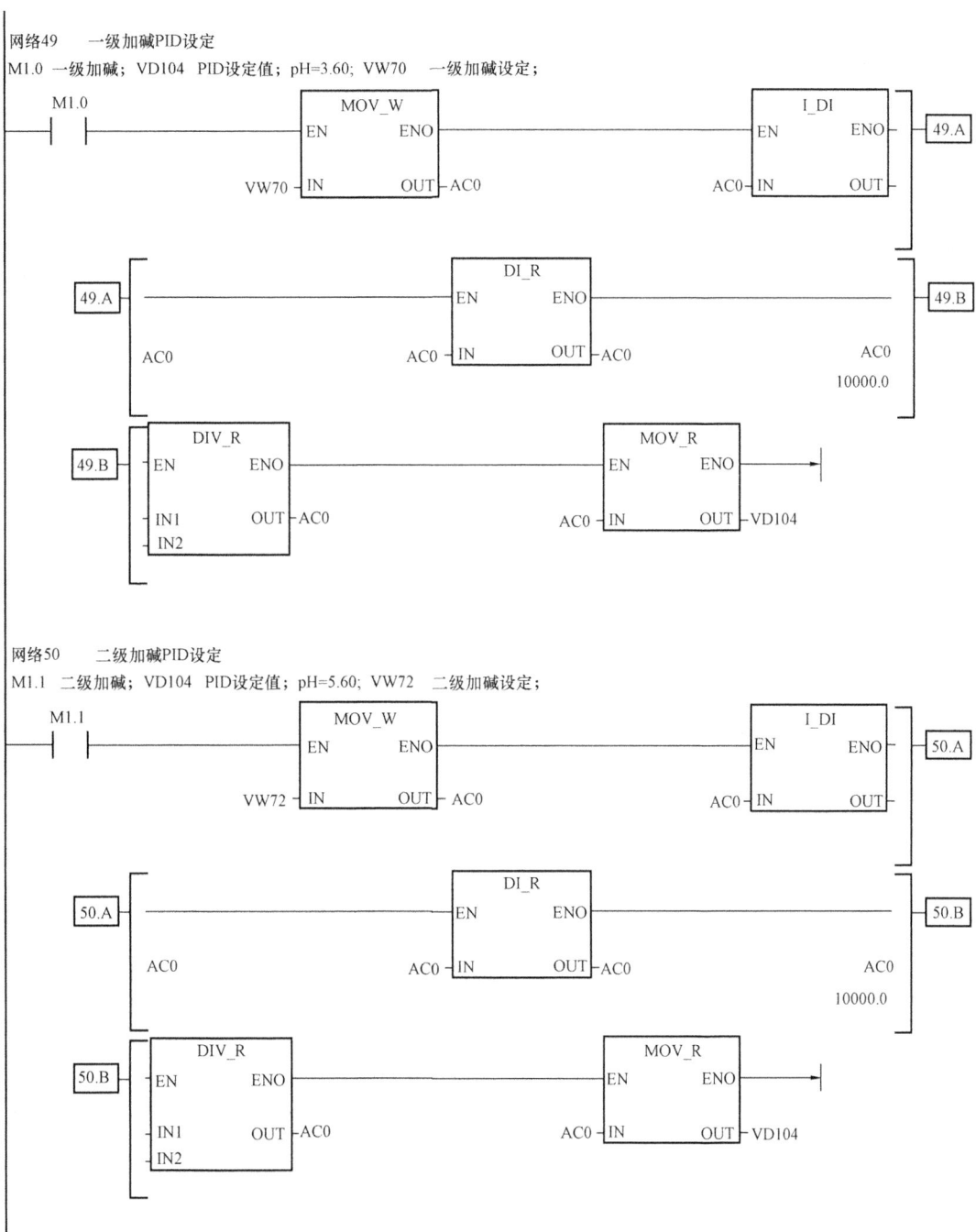

网络50   二级加碱PID设定
M1.1 二级加碱；VD104 PID设定值；pH=5.60；VW72   二级加碱设定；

网络52   PID系数设置

VD112 比例；VD116 采样时间；VD120 积分；VD124 微分；VW32 比例设定；VW38 积分时间设定；

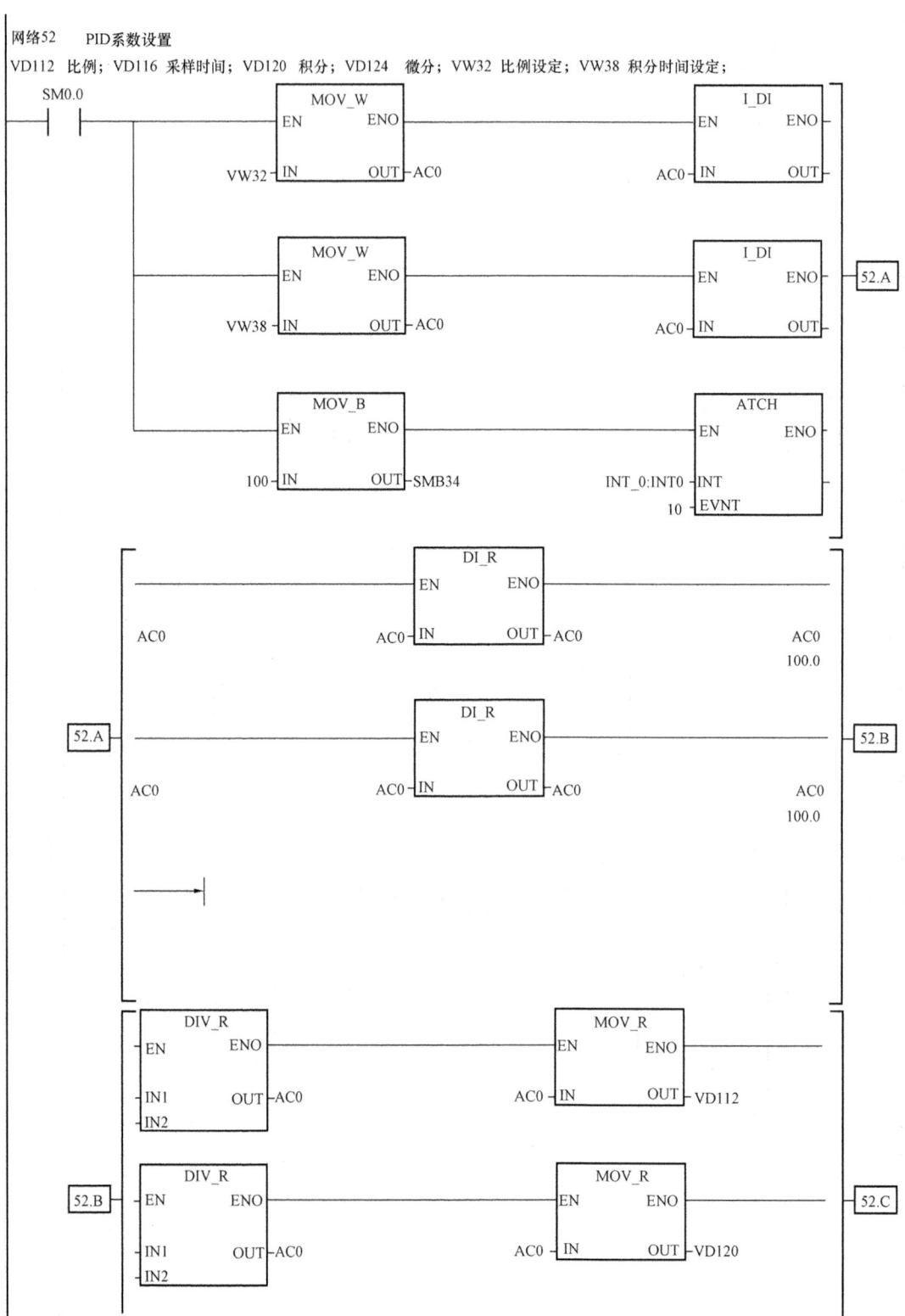

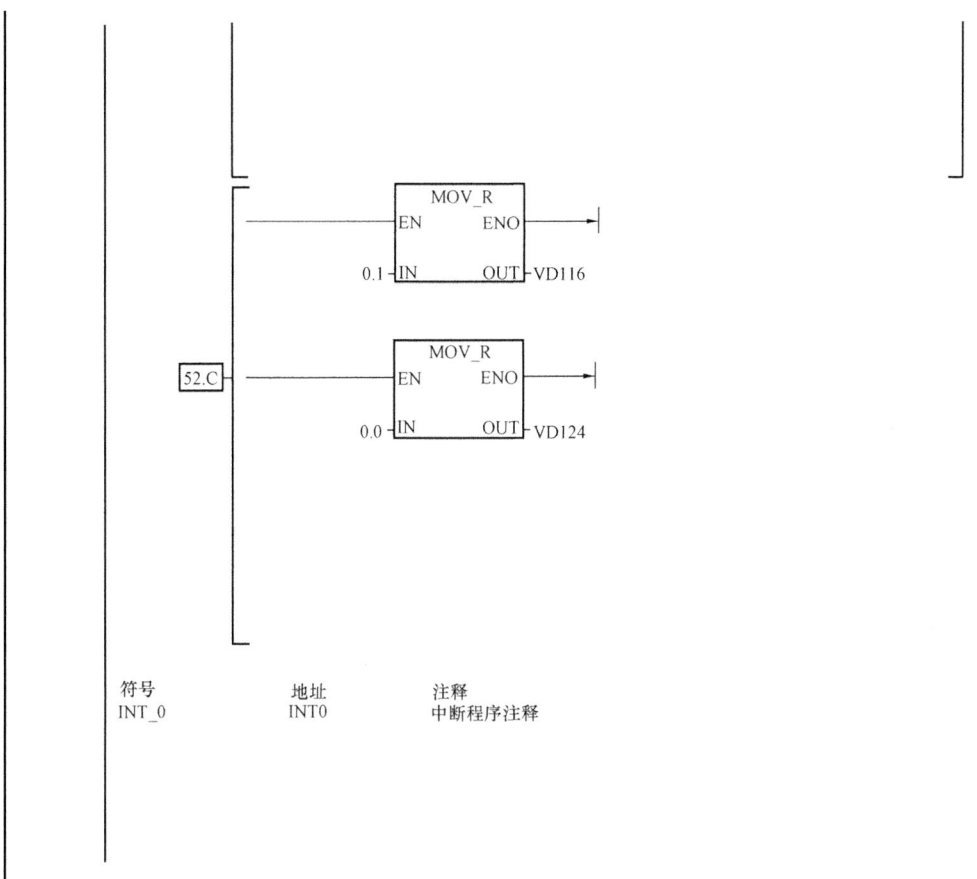

符号	地址	注释
INT_0	INT0	中断程序注释

网络54　PID计算

M1.0　一级加碱；M0.6 1#罐配液状态；M1.5 1#罐液位计配液；M1.1　二级加碱；M1.6 2#罐液位计配液状态；M0.7 2#罐开关配液状态；M1.2　三级加碱；

219

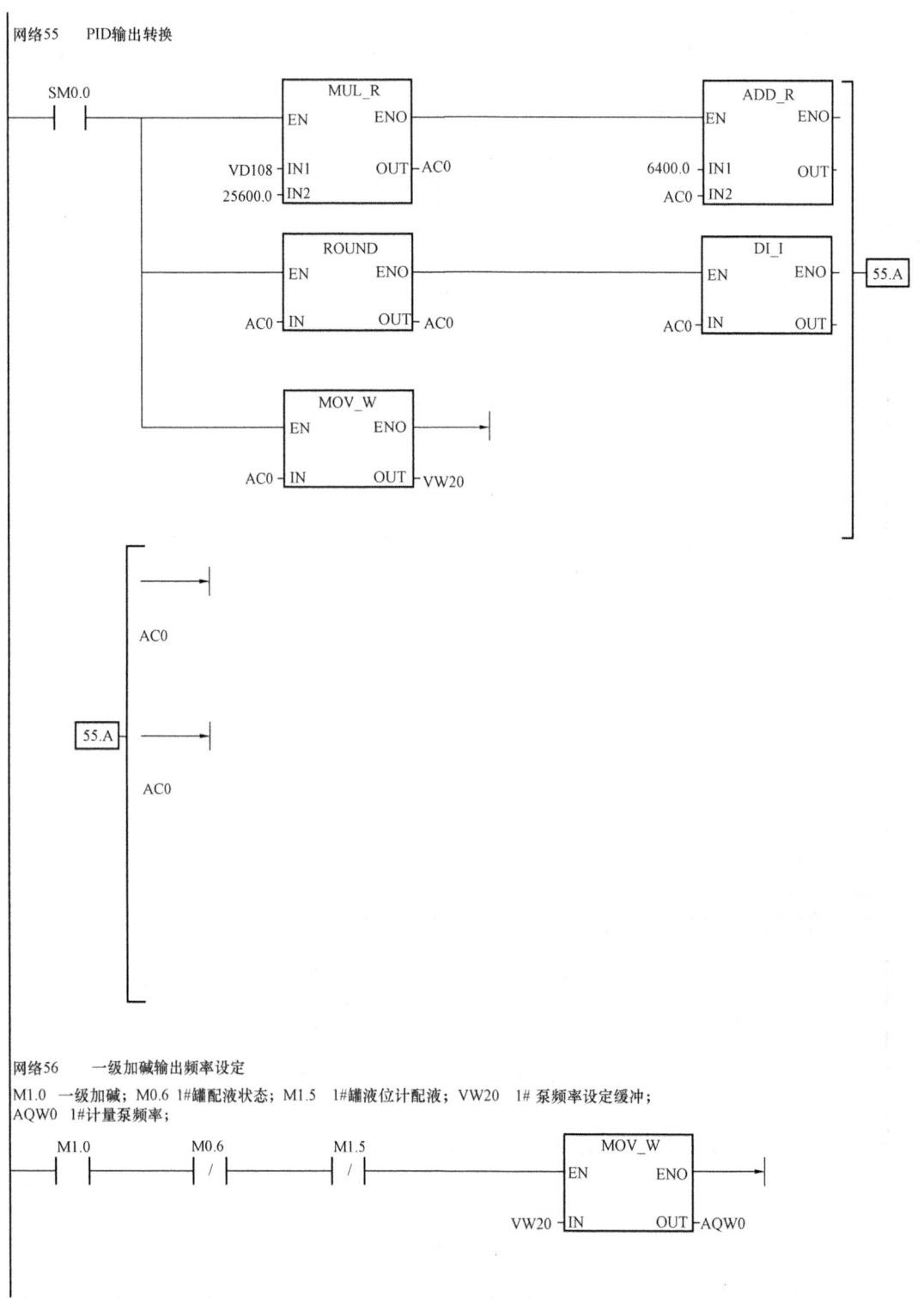

网络55   PID输出转换

网络56   一级加碱输出频率设定

M1.0 一级加碱；M0.6 1#罐配液状态；M1.5 1#罐液位计配液；VW20 1# 泵频率设定缓冲；
AQW0 1#计量泵频率；

网络57　　二级加碱输出频率设定

M1.1　二级加碱；M1.6　2#罐液位计配液状态；M0.7　2#罐开关配液状态；VW20　1#泵频率设定缓冲；
AQW4　2#计量泵频率；

网络58　　三级加碱输出频率设定

M1.2　三级加碱；VW20　1#泵频率设定缓冲；AQW8　3#计量泵频率；

网络59　　一级加碱状态

M2.0　一台提升泵运行；VW98　1#酸度控制采样；M2.1　两台提升泵运行；C3　加碱调整调期；M1.0　一级加碱

pH= 3.1:12355;pH= 3.4:12917;M1.1　二级加碱；M1.2　三级加碱；

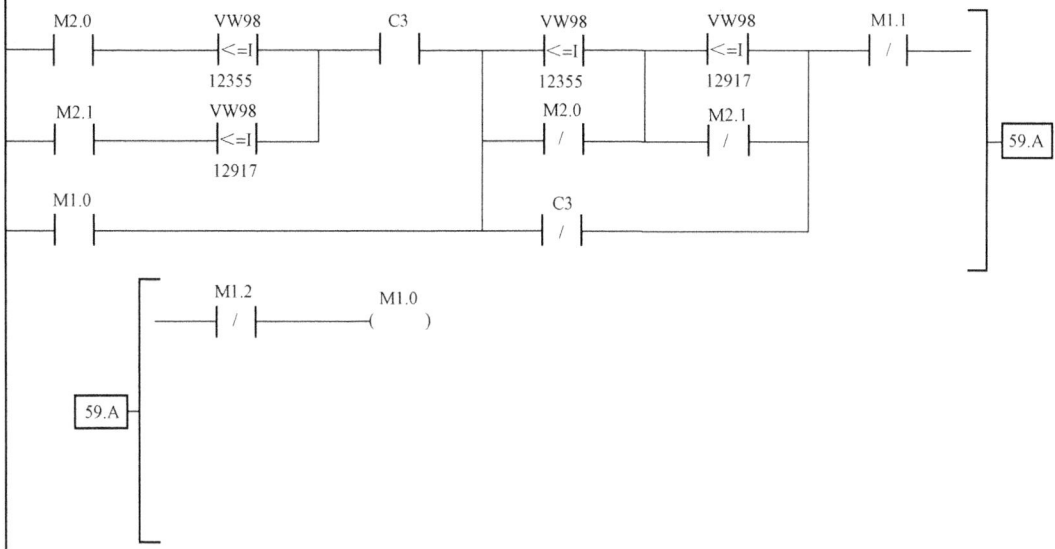

网络62　一级加碱冲程控制

AQW2：1#计量泵冲程；M1.0　一级加碱；M2.0　一台提升泵运行；M2.1　两台提升泵运行；

C3　加碱调整周期；VW98　1#酸度控制采样；pH=2.1:10483；pH=2.4:11045；

网络75　计控手动计量泵频率设定

T35 计控手动；VW90 1#计量泵频率手设；VW92 2#计量泵频率手设；VW94 3#计量泵频率手设；(F=0~50Hz)

AQW0 1#计量泵频率；AQW4 2#计量泵频率；AQW8 3# 计量泵频率；

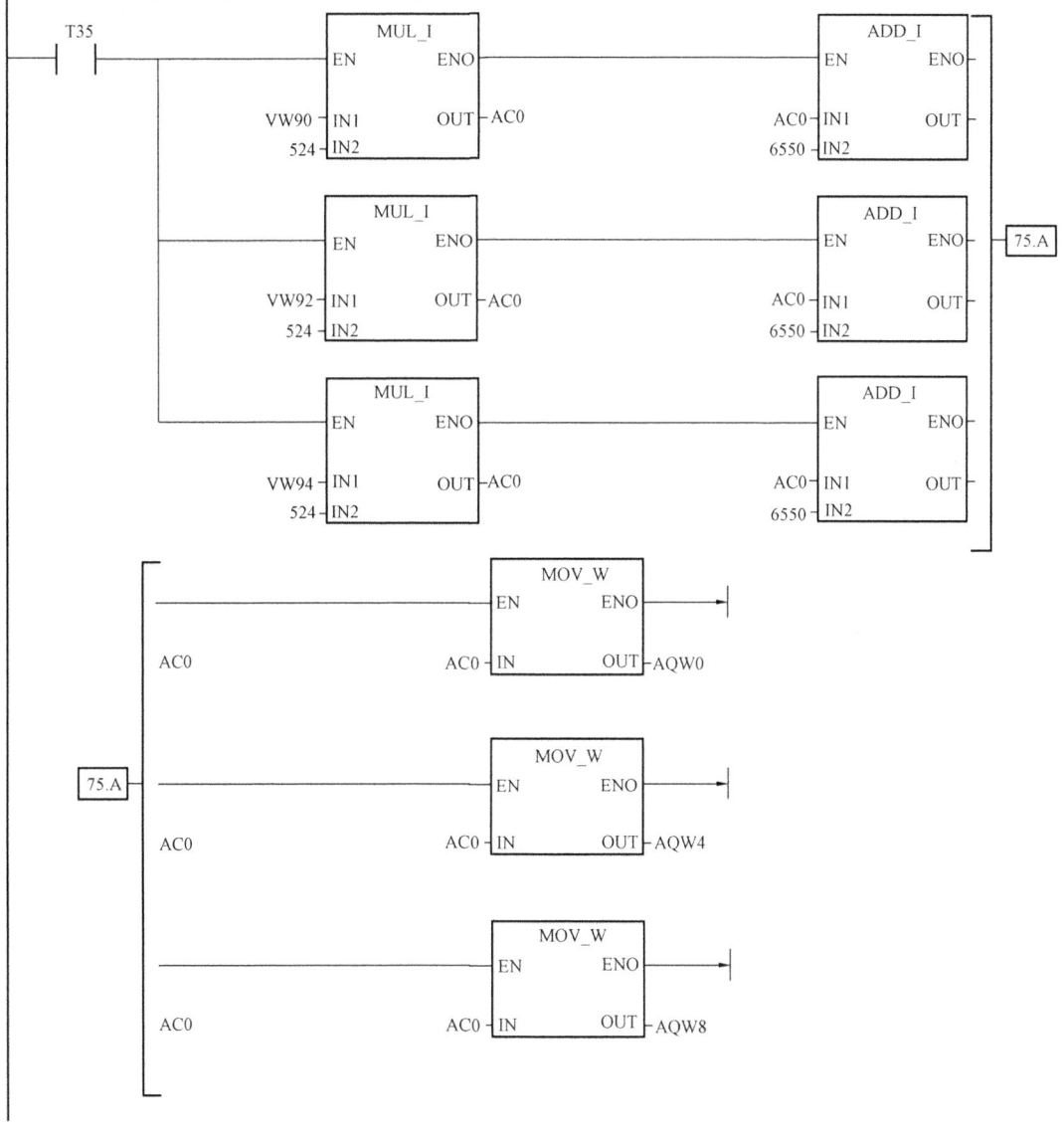

参 考 文 献

[1] 孙廷才等. 工业控制计算机组成原理. 北京:清华大学出版社,2001.
[2] 于海生等. 微型计算机控制技术. 北京:清华大学出版社,2004.
[3] 王建华,黄河清. 计算机控制技术. 北京:高等教育出版社,2006.
[4] 李世平等. PC 计算机测控技术及应用. 西安:西安电子科技大学出版社,2003.
[5] 王力虎,李红波. PC 控制及接口程序控制实例. 北京:科学出版社,2004.
[6] 薛迎成,何坚强. 工控机及组态控制技术原理及应用. 北京:中国电力出版社,2011.
[7] 苏中等. 基于 PC 架构的可编程序控制器. 北京:机械工业出版社,2006.
[8] 李友善. 自动控制原理(第 2 版). 北京:国防工业出版社,1990.
[9] 李惠光. 微型计算机控制技术. 北京:机械工业出版社,2002.
[10] 孔峰. 微型计算机控制技术. 重庆:重庆大学出版社,2003.
[11] 刘川来,胡乃平. 计算机控制技术. 北京:机械工业出版社,2007.
[12] 曾庆波,左晓英,陈秀芳. 微型计算机控制技术. 成都:电子科技大学出版社,2007.
[13] 陶永华,尹怡欣,葛芦生. 新型 PID 控制及其应用. 北京:机械工业出版社,1998.
[14] 刘金琨. 先进 PID 控制 MATLAB 仿真(第 2 版). 北京:电子工业出版社,2004.
[15] 齐志才,刘红丽. 自动化仪表. 北京:中国林业出版社;北京大学出版社,2006.
[16] 丁宝苍. 预测控制的理论与方法. 北京:机械工业出版社,2008.
[17] 席裕庚. 预测控制. 北京:国防工业出版社,1993.